普通高等教育"十五"国家级规划教材

印 刷 工 程 导 论

徐锦林　主编
刘浩学　主审

化学工业出版社
教材出版中心
·北京·

印刷工程导论是印刷工程及相关专业的技术基础课程，是继续学习后续各门专业课的入门和先导。本书除按印刷工艺顺序系统介绍基本工艺知识外，同时讲解印刷设备及材料、印品质量检测与控制技术、印刷管理知识等基础理论和基本知识，瞄准国际上印刷技术的最新发展，介绍诸如调频加网、直接制版、无轴传动、无接缝橡皮布、数字印刷、印刷质量测控系统和 CIP3 及 CIP4 数字化工作流程等国际印刷前沿技术。

本书内容选择具备系统性、基础性、新颖性和可扩展性的特色，繁简得当。可供高等院校印刷工程类本科专业及相关专业作为教材使用，也可供印刷、包装及其他相关专业科技工作者、管理工作者参考。

图书在版编目（CIP）数据

印刷工程导论/徐锦林主编. —北京：化学工业出版社，2006.6（2019.11重印）

普通高等教育"十五"国家级规划教材

ISBN 978-7-5025-8772-7

Ⅰ. 印… Ⅱ. 徐… Ⅲ. 印刷-技术-高等学校-教材 Ⅳ. TS8

中国版本图书馆 CIP 数据核字（2006）第 060736 号

责任编辑：杨　菁　　　　　　　　　　　文字编辑：陈　敏
责任校对：战河红　　　　　　　　　　　封面设计：潘　峰

出版发行：化学工业出版社（北京市东城区青年湖南街 13 号　邮政编码 100011）
印　　装：大厂聚鑫印刷有限责任公司
787mm×1092mm　1/16　印张 12¾　彩插 2　字数 323 千字　　2019 年 11 月北京第 1 版第 13 次印刷

购书咨询：010-64518888　　　　　　　售后服务：010-64518899
网　　址：http://www.cip.com.cn
凡购买本书，如有缺损质量问题，本社销售中心负责调换。

定　　价：35.00 元

序

　　教育部印刷工程专业教学指导分委员会精心选材、论证和筛选，共推荐并得到教育部批准 7 部普通高等教育"十五"国家级规划教材。《印刷工程导论》是其中之一，该教材的正式出版，将为我国印刷工程及相关专业教育与人才培养起到积极的推动作用。

教育部印刷工程专业教学指导分委员会

前　言

　　本教材是根据教育部印刷工程专业教学指导分委员会审定的《印刷工程导论》教学大纲编写的，主要作为本科印刷工程专业及相关专业的基本教材，同时也可供印刷、包装及其他相关专业科技工作者、管理工作者参考。

　　"印刷工程导论"是印刷工程及相关专业的技术基础课程，是继续学习后续各门专业课的入门和先导，目的是给学生提供一个印刷工程专业的整体概念，增加对本专业的理解，引导和启发学生学习本专业后续课程的兴趣，在内容上具备系统性、基础性、新颖性和可扩展性。为此，从第二章开始，除按印前、印刷、印后顺序介绍基本工艺知识外，同时讲解印刷设备及材料，印品质量检测与控制技术，还编入印刷管理知识，目的使学生整体上把握本专业相关技术和理论的全貌和梗概，明确各种工艺、设备、材料、检测手段在整体图文信息处理、复制过程中的地位和作用以及相互间的联系。为加强基础，书中既涉及到印刷工程的方方面面，又努力抓住基础理论和基本知识，略去细节，目的使学生抓住要领，避免与后续课程的重复。新颖性是指不仅介绍传统的印刷工艺、设备和材料等基本知识，同时瞄准国际上印刷技术的最新发展，介绍国际印刷前沿技术。为此，书中特别介绍了诸如调频加网、直接制版、无轴传动、无接缝橡皮布、数字印刷、国际先进的印刷质量测控系统和 CIP3 及 CIP4数字化工作流程等先进技术，期望使学生一开始就了解先进技术的现状和发展趋势，让学生站得高一些，看得远一些，注意培养学生关注新技术新动向的习惯。可扩展性是指内容的选择上尽力抓要领、抓重点，每种印刷工艺仅讲解现在最具代表性的工艺技术，其余则留待学生通过后续的学习、上网和生产实践活动去获取，留有充分的可扩展空间。在本书编写中，编者力求加强"大印刷"的意识，阐述了印刷工业和印刷技术在社会文明发展和国民经济中的地位作用，既讴歌了中国作为印刷古国的辉煌历史，也阐明了身为印刷大国但不是印刷强国的现状，以增强本书的文化背景，增添学生的自豪感、使命感、责任感，激发学生的学习热情。

　　本教材经教育部印刷工程专业教学指导分委员会审定推荐，并经教育部批准为普通高等教育"十五"国家级规划教材。本书第一章、第三章第七节由徐锦林编写，第二章由徐燕编写，第三章第一节至第六节由李延雷编写，第四章、第五章由曹从军编写，第六章由周世生编写。徐锦林任主编，徐燕任副主编，全书由徐锦林统稿，由刘浩学、邓普君审稿。限于编者学识水平，本教材中的不足，恳请印刷界专家学者及广大读者批评指正。

编　者
2005 年 10 月于西安理工大学

目　　录

第一章 印 刷 综 论

本章首先介绍印刷基本概念，包括印刷定义、要素、分类等内容，强调区分传统印刷（有版印刷）和数字印刷（无版印刷）。其次阐明印刷工程学科内涵和印刷工业的重要作用，旨在树立大印刷概念。再次叙述印刷术发展梗概，记述中国对印刷术发明的重大贡献，讴歌印刷古国的辉煌历史。从印前、印刷（印中）、印后技术及设备三方面概述中国印刷技术的发展变化。通过与国际先进国家的印刷业现状数据对比，阐明中国作为印刷大国而非印刷强国的地位，认清差距，把握发展方向，明确重振中国印刷工业和印刷技术雄风的使命和责任。

第一节 印刷基本概念

一、印刷与印刷工程

按国标 GB 9851.1—90 规定，印刷（printing）是指"使用印版或其他方式将原稿上的图文信息转移到承印物上的工艺技术"。印刷是对原稿上的图文信息进行采集输入、处理、传递并复制到记录媒体上的图文信息处理技术。按复制方式，可分为传统印刷和数字印刷两大类。

传统印刷（traditional printing）是指以文字原稿或图像原稿为依据，利用直接或间接方法制成印版（printing plate），把印版装在印刷机器上，涂上粘附性色料，在机器压力的作用下，使印版上一定量的色料转移到承印物（substrate）表面，再经装订成册或整饰加工，最后得到批量的与原稿内容相同的印刷品。其主要工艺过程是：原稿—制版—印刷—印后加工。尽管在现阶段，由原稿到制版可全部或主要采用数字技术，但其色料转移必须依靠印版和压力，色料转移量是模拟量。这种印刷方式称为有版印刷、传统印刷或模拟印刷。传统印刷方式适合制作大批量的复制品，同一批复制品的内容都相同。

数字印刷（digital printing）又称直接印刷，得名于将数字形式描述的版面信息直接转换成印刷品的过程，即从计算机直接到纸张之意。原稿上的图文信息，经数字化采集转为数字文件，在数字印刷机中由数字文件中的数据直接控制输出设备，使色料在承印物上着色，印刷过程无需压力和通常意义上的印版。这种印刷方式称为数字印刷、无版印刷或无压印刷。数字印刷是印刷技术数字化和网络化发展的一个新生事物，是当今印刷技术发展的一个趋势，但在目前还处于发展和市场推广阶段，在不引起含义混淆的场合，本书中通常把传统印刷略称为印刷。

广义的印刷，是指印前（prepress，由原稿制成数字文件或/和印版）、印刷（将图文信息由印版或数字文件转移到承印物表面）、印后（postpress 或 finishing，使印刷品获得所要求的形状和使用性能，如加工成册或制成盒等）的总称。狭义的印刷，仅指将图文信息由印版或数字文件转移到承印物表面的工艺技术。同样，在本教材中，印刷设备（机械）、印刷材料等也有广义与狭义之分，在阅读和学习时请予以注意。

不难看出，上述定义仅指印刷技术（印刷术，printing technology），实际上和"印刷"

直接相关的至少还有印刷工业（印刷业，printing industry）和印刷科学（印刷学，printing science）两大概念。前者指使用印刷技术制作传播信息和美化生活的产品、商品的生产部门，后者是指印刷范畴内规律性的知识体系。随着电子计算机技术与通信技术的高度发展，世界已进入信息化时代，印刷业也发生了深刻变化。印前处理技术已由物理、化学处理为主要内容，转移到以电子、电脑技术为主要内容，印刷技术已由经验导向迈向知识导向，承印物已由单纯的物理媒体转变为多种媒体信息记录材料，出版物也变为传统出版物与电子出版物并存局面。"印刷术"这一名词已增添了许多新的内涵，于是出现了"印刷工程（printing engineering）"概念。众所周知，工程是指将自然科学的原理应用到工业部门而形成的各学科的总称。印刷工程则是将物理、化学、光学、计算机科学、信息学等基础科学的原理，结合印刷工艺技术而形成的边缘性、交叉性学科。尽管印刷工程尚无国标统一的定义，但在国内多所高校已设立印刷工程相关的硕士学科和本、专科专业，印刷工程在各种学术文献中也已广为采用。印刷工艺过程本身就是涉及众多科学、技术的一个复杂的系统工程，采用印刷工程更能反映印刷术和印刷学的学科本质和丰富的技术内涵。

二、印刷要素（printing elements）

传统印刷必须具备五大要素，即：原稿（original）、印版（printing plate）、承印物（printing stock）、印刷油墨（printing ink）和印刷机械（printing machinery）。数字印刷则无印版，只需四大要素。

（一）原稿

原稿是印刷复制的对象，是载有需要印刷复制的图文信息的实物或记录媒体。原稿是制版、印刷的信息源和依据，是制版、印刷的基础。原稿的质量，直接影响印刷品的质量，所以必须选择和制作适合于制版、印刷的原稿，以保证印品质量。

印刷原稿可分为五大类：文字原稿、图像原稿、第二次原稿、印刷复制稿、实物原稿。

（1）文字原稿（word original）　文字原稿分为手写稿、打字稿、复印稿等。这类原稿要求：字迹清楚，醒目浓黑，无错别字，标点正确。

（2）图像原稿（image original）　图像原稿可分为绘画原稿、照相原稿和电子原稿。

① 绘画原稿　又分为线条原稿（line copy）和连续调原稿（continuous tone copy）。由黑白或彩色线条组成，没有色调深浅的原稿叫线条原稿，包括图表、漫画、钢笔画、木刻画、版画及计算机制作的图形稿。这类原稿要求图线清晰，黑白分明，彩色线条要有足够的密度。连续调原稿是指画面上由亮到暗、明暗层次连续变化的原稿，如照片、素描、水彩画、油画、国画等。这类原稿要求层次丰富、影像清晰、反差适中，彩色原稿要求色彩鲜艳不偏色。绘画原稿的材质多为不透明的反射稿（reflection copy），但也有用透光材料制成的，则称为透射稿（transparent copy）。

② 照相原稿　分为透射稿和反射稿，其中又有黑白稿和彩色稿之分。反射稿即为彩色或黑白照片，由照相底片冲扩而成，要求和绘画原稿中的反射稿相同。彩色透射原稿（color transparency）有正片与负片之分。彩色正片一般称为天然色正片，它由天然色反转片直接拍摄，经显影处理再反转曝光而成，故又名天然色反转片。彩色正片图像色彩鲜艳，层次丰富，反差大，清晰度好，且明暗层次和色彩与被摄物体相同。彩色负片（color negative）即天然色负片，图像是被摄物体的反像，明暗层次与被摄物体相反，色彩互为补色（complememtary）。彩色负片的反差系数较小，色彩又为实际景物的补色，所以不如天然色正片容易观察。照相原稿要求层次丰富，清晰度高，反差适中，彩色稿不偏色，复制时放大倍率

适当。

③ 电子原稿　多指以 Photo CD 形式提供的电子图像，如 ISO 标准图像原稿。

（3）第二次原稿　一般指将美术品转拍成天然色正片或负片。

（4）印刷复制稿　指用印刷品（多为印品图像）作原稿，因一般印刷品都采用半色调技术制成，所以扫描输入时通常要采取去网技术。

（5）实物原稿　指直接用于制版依据的实际物品，如刺绣、蜡染品、织物、手表等。对于平台扫描仪而言，目前只有少数高档平台扫描仪可采用实物原稿，且实物厚度（深度，与扫描时的景深有关）有一定限制。

（二）印版

印版是用于传递印刷油墨至承印物上的印刷图文信息载体。印刷时印版上着墨部分称为图文部分（image area），也称印刷部分（printing area）。印刷时不着墨部分则为非图文部分（non-image area），又称空白部分（non-printing area）。

印版因图文部分与非图文部分的相对位置的高低和结构不同，可分为凸版（relief printing plate）、平版（lithographic plate）、凹版（intaglio plate）和孔版（porous plate）。不同的印版其版材、制版方法及印刷方法也不同。

数字印刷中没有印版，着墨部分和非着墨部分由电子控制系统根据数据文件直接控制成像。

（三）印刷油墨

油墨是在印刷过程中被转移到承印物上的成像物质，一般由色料（颜料或染料）、连结料、填充料和助剂按照一定的配比量组成的均匀混合物，具有一定的流动性和黏性。油墨可按印刷方式及用途分为许多种类。各类油墨中都有黑色油墨和各种色相的彩色油墨。除一般油脂性的油墨外，还有非油脂性的水性墨，习惯上仍称为水性油墨。

（四）承印物

承印物是能接受油墨或吸附色料并呈现图文的各种物质。最常用的承印物是纸张（paper）。随着印刷科技的发展，印刷承印材料种类不断扩大，包罗万象，如纤维织物、塑料、木材、金属、玻璃、陶瓷等。与承印物相对应，在电子出版物中出现了如光盘、磁盘等多种媒体信息记录材料。

（五）印刷机械

印刷机械是用于生产印刷品的机器、设备的总称。常规印刷机的主要功能是将油墨涂布到印版上，然后加压使印版上图文部分的油墨转移到承印物的表面形成印刷品。印刷机的机组数量多少和质量高低，是决定印刷速度快慢和印刷质量优劣的前提之一。印刷机可按印版类型、印品幅面、机械结构、印刷色数等分为多种类型。除平版印刷机中有输水装置外，其他印刷机都由输纸、输墨、压印和收纸等装置组成。

三、印刷的作用与特点

（一）印刷的作用

印刷技术是图文信息的复制技术，印刷品是传播科学文化知识的信息载体。通过印刷，一份原稿变成成千上万份印品，供人阅读、学习、收藏，极大地方便了人们的信息交流、知识传播和文化继承。印刷术具有综合作用和图像处理作用。现代印刷术不仅可复制单张原稿，还可将多份原稿拼合在一起，且能进行各种变形、变调、变色处理，使其成为具有一定内容、特定效果的复制品。印刷品是文字、图像的载体，信息传递的工具，文化传播的媒介，艺术作品的再现，美化包装的方式，商品宣传的手段，是人们日常生活的精神食粮与物质基础，已成为人类生活中不可缺少的一部分。

印刷工业是知识产业，是支持科学技术发展的产业，是国民经济和政治生活中的重要部门，联合国教科文组织把一个国家印刷工业的产值占国民经济总产值的比重，看作是衡量一个国家的经济、科技、文化发展水平的标志。印刷工业发达的国家其印刷工业产值在国民经济中总是占有重要地位。据《中国印刷年鉴》等资料，2000年美国印刷工业总产值达1630亿美元，是第六大工业部门。日本的印刷工业归属于印刷、出版和相关行业中，在22个制造业中，该行业的产值排名第8，达到139320亿日元，相当于所有行业总产值的4.5%，印刷占该行业内产值的60%。2003年，英国的印刷、出版及纸品加工业及其相关产业的总营业额为450亿英镑（约合800亿美元），成为英国的第五大产业。现在印刷工业已成为工业发达国家和地区国民经济发展的支柱产业。

随着科学技术和经济的发展，印刷早已突破书刊印刷的小圈子，广泛应用于书刊、报纸、包装、商业和工业品的印刷中，其印刷载体也已发展为纸张、木材、塑料、陶瓷、金属、玻璃和纺织品等，并出现光、磁等新型信息记录媒体。数字化和网络化正在构筑一种全新的印刷生产环境和技术基础，成为当今印刷技术发展的一个焦点，诞生了无版的数字印刷和电子出版物，作为图文信息复制传播技术的印刷技术，其内涵不断丰富，不断扩大。我们必须树立起大印刷的观念，充分认识印刷在社会文明、国民经济和人们日常生活中的重要地位、重大作用，并不断采用新理论、新技术、新介质、新方法，丰富印刷科学，变革印刷技术，发展印刷工业，使中国的印刷走向未来的辉煌。

（二）印刷的特点

（1）**复制性** 印刷业是一种特殊的加工工业，其任务是复制原稿中的图文信息，原稿是印刷作业的依据和基础。印刷复制作业从原稿开始，复制方法和手段依原稿变化而变化，其复制成品除按客户特别要求外，原则上图文内容、图像的色彩层次都应该"忠实"再现原稿。从信息处理角度看，印刷过程是模拟信息的数字化（A/D转换）—数字信息处理—数字信息模拟再现（D/A转换）的过程。

（2）**政治思想性** 和其他文化传播工具一样，书刊等印刷品、出版物都是文化知识的载体，其内容属意识形态范畴，对读者的思维方法、认识能力、政治立场、文化素质等都有相当大的影响，某些出版物还担负着维护党和国家领袖人物的光辉形象、民族尊严和国家主权的重大政治责任。印刷品内容必须符合党的方针政策、国家政府的法律法规，要做到正确、准确、科学、健康。

（3）**艺术性** 印刷术是技术与艺术的结晶，一向被世界公认为"神圣的艺术"、"文明之母"。不仅所复制的图像本身是艺术品，即使是印刷品中文字字体、版式设计、装帧方式等，处处都渗透着艺术和美学的内容，处处都体现着美。复制原稿的过程，也是艺术加工的过程。印刷从业人员应具有一定的艺术鉴赏力，准确把握原稿的艺术特点和风格，采用恰当的复制手段和工艺方法，再现原稿的艺术魅力，并通过图像处理增强其艺术表现力。

（三）印刷方式、印刷机械与印刷工艺过程

1. 印刷方式分类

印刷方式很多，按有无印版可分为无版或电子印版的数字印刷和采用印版的传统有版印刷。后者按印版版面图文部分与空白部分的相对位置，分为凸版印刷（包括柔性版印刷）、平版印刷、凹版印刷、孔版印刷四大类印刷方式，称为常规印刷（general printing）。相对于这些常见的印刷方式，将采用特殊油墨和承印物、具有特殊用途的印刷方式称为特种印刷（special printing）。特种印刷是一个不断变化的概念，随着某种印刷方式应用范围的扩大，可由特种印刷变为常规印刷（反之也有可能），如柔印和孔印，现已归入常规印刷，而喷墨印刷则归入数字印刷。此处仅简介常规印刷方式，余者详见后续有关章节。

（1）凸版印刷 凸版印刷（relief printing）的图文部分处于同一平面，且高于空白部分。印刷时图文部分涂布油墨，与承印物直接接触，在压力作用下，印版上的油墨转移到纸张等承印物上形成印品。由于空白部分是凹下的，加压印刷后印品上有轻微的不平整度，如图 1-1 所示。

凸版印刷主要用于书刊报纸印刷，印品轮廓清晰、墨色浓厚，可使用较低级纸张，但不适合印刷大幅面印品。凸版材料主要有铅合金活字版，铅合金复制版，铜锌版和感光性树脂版等。由于铅字、铅合金印版有毒，凸版印刷一度衰落，目前由于柔性版兼有凸印、凹印和胶印之长，又有高速、多用、成本低等特点，凸版印刷又在重新崛起。

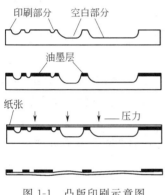

图 1-1 凸版印刷示意图

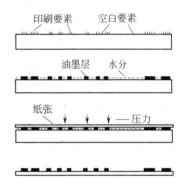

图 1-2 平版印刷示意图

（2）平版印刷 平版印刷（planographic printing）的印版，图文部分与空白部分无明显的高低之分，几乎在同一平面上。根据油水相斥原理，图文部分亲油粘附油墨，空白部分亲水不粘附油墨，从而形成印刷图像，如图 1-2 所示。平版印品表面没有凸版那样的不平整现象，印刷的油墨膜层较薄。平版印刷目前多用预涂感光版（PS 版，pre-sensitized plate），制版简便，版材轻而价廉，印制质量好，可制作大幅面印版，印刷速度快，广泛用于印刷书刊、画报、宣传画、商标、挂历、地图等，是目前占据统治地位的印刷方式。其缺点是墨层厚度有限，色调再现性不够强。

（3）凹版印刷 凹版印刷（intaglio printing）的印版，图文部分低于空白部。凹版印刷可采用三种方式表现图像阶调层次：一为印版凹陷程度，二为网点面积率与印版凹陷深度的同时变化，三为网点面积率。现在仅仅采用网点面积率可变的凹版印刷已经很少使用。印刷时，全版面涂上油墨，再用刮墨刀刮去平面上（即空白部分）的油墨，然后借助压力，将油墨转印到承印物上即可，如图 1-3 所示。凹陷部分深浅或面积不同，转印的油墨多少不同，形成与原稿图像对应的明暗层次和色调，凹版印刷是常规印刷中唯一可用油墨层厚度表现色调层次的印刷方法。凹版主要采用铜版、钢版等。凹版印品线条分明、墨色厚实，层次丰富、

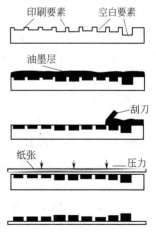

图 1-3 凹版印刷示意图

5

精细美观，色泽经久不变，不易仿造，常用于印刷有价证券、精美画册、塑料包装袋等，其缺点是制版困难，制版周期长，成本较高。

（4）孔版印刷　孔版印刷（porous printing）又称滤过版印刷。印版的种类有誊写版、镂孔版、丝网版等，目前多用丝网印刷。其印版上的图文部分是由大小不同或大小相同但单位面积内数量不等的孔洞（网眼，mesh）组成。印刷时油墨在印版的一侧，通过刮板或压辊的刮压，油墨透过印版上的孔洞转移到承印物上完成印刷，如图 1-4 所示。孔版印品墨层厚实（比凹版印刷的墨量更大，约为平版的 5～10 倍），图文突起，有浮凸的立体感，孔版印刷可在各种形状的物体表面进行印刷，应用范围广泛，主要用于印刷线路板、集成电路板、标牌、包装装潢材料、办公用品等。孔版印刷的缺点是耐印力较差，色彩和阶调还原性也不够好。

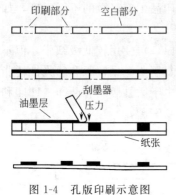

图 1-4　孔版印刷示意图

上述四种印刷方式中，如印刷时印版与承印物直接接触，印版图文部分的油墨直接转移到承印物上，称为直接印刷（direct printing）。相反，印刷时印版与承印物并不直接接触，印版图文部分的油墨通过中间载体转移到承印物上，则称为间接印刷（indirect printing）。直接印刷的印版上图文部分是反像，间接印刷的印版上的图文部分是正像。凸印、凹印和孔版印刷一般采用直接印刷，但凸印、凹印也有采用间接印刷的，如不干胶印刷、移印等。平印一般采用间接印刷，如胶印，但也有采用直接印刷的，如石印、珂罗版印刷等。

上述四种印刷方式中，平印墨层厚度最薄，凸版次之，但两者都只有几微米，凹印墨层可达 $12～15\mu m$，丝印最厚，可达 $10～100\mu m$。

2. 印刷机械

印刷机的种类很多，分类方法也很多，一般可按下述方法分类。

按有无印版分为传统印刷机与数字印刷机。数字印刷机按工作原理又分为喷墨、静电照相、电凝聚、磁记录和电荷沉积等几类数字印刷机。传统印刷机可按印版特点分为凸版印刷机、平版印刷机、凹版印刷机、孔版印刷机。

按印刷幅面大小分为八开、四开、对开、全张印刷机，在数字印刷机中常用 A0～A5、B0～B5 等表示幅面大小。

按印刷纸张形状分为单张纸印刷机、卷筒纸印刷机。

按印刷色数分为单色、多色（双色、四色、五色、六色、八色等）印刷机。

按印刷面分为单面、双面印刷机。

传统印刷机中，按印刷过程中的施压方式又可分为三大类，即平压平型印刷机（plate machine）、圆压平型印刷机（flatbed machine）和圆压圆型印刷机（rotary letterpress machine）。

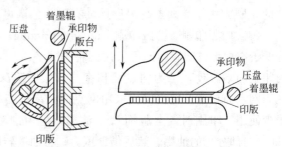

图 1-5　平压平型印刷机结构示意图

（1）平压平型印刷机　压印机构与装版机构都是平面形的印刷机，如图 1-5 所示，印刷时印版与压印机构同时全面接触，压印时印版承受的总压力很大，压印时间长，印品墨色鲜艳，图像饱满。由于压力大，不适于大幅面印刷，且印刷速度慢。一般都用于印刷书刊封面、彩色图片、包装用品或烫金压凸等印后加工。

（2）圆压平型印刷机　圆压平印刷机的压印机构呈圆筒状，装版机构为平面形。如图1-6所示，印刷时版台在压印机构下移动，压印机构在固定位置转动。印版与压印机构不是面接触，而是线接触，印刷总压力较小，因此印刷幅面可较大，速度也可较平压平印刷机快。但版台必须作往复运动，印刷速度仍受到限制。常用机型有一回转、二回转和停回转书刊凸版印刷机及传统机械打样机。

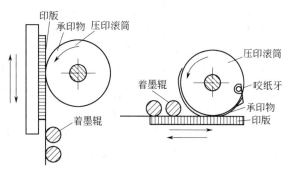

图1-6　圆压平型印刷机结构示意图

（3）圆压圆型印刷机　圆压圆印刷机的压印机构和装版机构都呈圆筒状，如图1-7所示。印刷时，压印滚筒与印版滚筒作相反方向转动，压印滚筒带着承印物与印版滚筒接触，

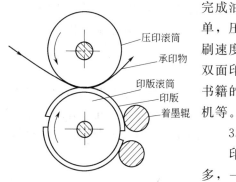

图1-7　圆压圆型印刷机结构示意图

完成油墨转移。由于两滚筒间仅作线接触，不仅结构简单，压力小，运动也较平稳，避免了往复运动的冲击，印刷速度可大大提高。而且印刷装置可设计成机组型，进行双面印刷，是一种高效印刷机。这类印刷机有：印刷报刊书籍的轮转印刷机、平版胶印机、凹版印刷机和柔版印刷机等。

3. 工艺过程

印刷复制工艺过程是一个复杂的系统工程，工序甚多，一般可将该工艺过程分为印前、印刷和印后三个部分。其中印前技术及设备发展快变化大，先后有照相分色制版、电子分色制版、整页拼版、彩色桌面出版系统（DTP）和直接制版（CTP）等。图1-8为目前最通用的DTP复制工艺过程示意图。图中栅格图像处理器（RIP，Raster Image Processor）如不输出分色胶片，而直接输出印版，则为直接制版（CTPlate），包括脱机直接制版和在机直接制版，后者又叫直接成像（DI，Direct Image）。如栅格图像处理器工作时不出印版而直接控制油墨在承印物上成像，则为数字印刷，即计算机直接到纸（CTPaper）。

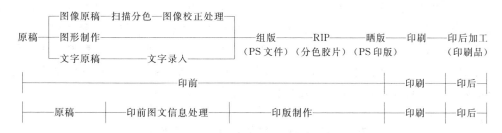

图1-8　DTP系统印刷复制工艺过程

四、印刷工程与其他学科的关系

印刷工程是一门综合性很强的工程技术学科，它主要研究印刷科学基础理论、印刷图文信息处理、印刷工艺和设备、信息记录材料、印刷材料与印刷适性、印品质量检测等。印

工程涉及到化学、光学、色彩学、机械学、电子学、美学等基础学科与工程学科。任何一件印刷品都是科学、艺术及技术的综合产物。

（一）印刷与光学的关系

印品图像的色彩来自于光，有光才有色，光源不同，同一印品呈现的色彩不同。光与色的分解与合成，是构成印刷色彩学的基础理论，贯穿于图像印刷的全过程。

光与印前制版关系尤其密切，原稿图像的信息采集、数字化，离不开制版光源和扫描分色等光学系统，胶片和印版的制作，主要靠输出光源作用于印版感光材料产生光化学反应。现代印刷机都是机、光、电结合的自动机械。印品质量检测仪器中也涉及到光学的具体应用。另外印刷油墨与光学也有着密切关系，如变色油墨经转动方向，光照射后能闪射变色；折光变色油墨，利用三维概念，具有透色、折射特点；阳光变色油墨，利用紫外线照射既可显色，也可复原。

（二）印刷与机械学的关系

不用详述，现代印刷离不开印刷机械，印刷机械的先进程度，直接影响着印品质量与产量。先进的印刷方式、高速印刷能力、墨量的精确控制、自动换版续纸、自动检测等印刷高科技在很大程度上都体现在印刷设备中。拥有先进印刷设备的类型和数量，已成为印刷企业技术力量的象征，直接影响着印刷企业的市场竞争力。印刷机械的发展依赖于机械学的发展和电子计算机的应用，机械学是印刷机械的基础科学之一。

（三）印刷与化学及材料科学的关系

纸张、油墨、印版、塑料薄膜等印刷材料的性能、状态、质量，都与其化学构成密不可分。版基处理，胶片与印版的感光及显影处理，塑料薄膜表面的化学与光化学处理，印刷过程中的墨辊、印版清洗，润版液的使用，以及印后加工中的胶黏材料等，都与化学和材料特性有着密切关系。

（四）印刷与电子学的关系

可以说，没有电子学的发展，就没有电子计算机，就没有数字图像处理，也就没有现代印刷技术。现在不管是印前、印刷、印后，处处离不开计算机和自动控制系统，离不开计算机的软件和硬件。不言而喻，数字印刷、电子出版、网络出版，更加依赖于电子学的发展，另外，所有印刷设备都需电气拖动和控制，与电工学也有密切关系。

（五）印刷与美学的关系

在印刷复制绘画、摄影等艺术作品时，需要印刷者有一定的美学修养与艺术鉴赏能力，报刊、画报等在排版设色时也需要设计者有一定的美学功底。不管是彩色印刷品还是单色印刷品，都有字体设计、图形安排、装订样式、装帧装潢设计。印刷品处处体现着美，渗透着艺术和美学的内容，印刷品是科学、技术与艺术的结晶，印刷科学与美学紧密相连。

此外，印刷还与摄影学、生物医学、心理学、数学等有着密切关系。印刷工程学科是一门与多种学科联系的交叉、边缘学科，学好印刷工程需要掌握扎实的基础科学理论，需要培养正确的思维方法和综合分析能力，需要付出艰辛的努力。

第二节　印刷技术的发展概要

一、中国印刷技术的发明及对外传播

古代，我们的祖先为了相互交流，产生了语言，先后创造了结绳记事、刻木记事方法。随着生产力的发展，为了克服长时间和远距离交流的困难，我们的祖先又创造了永久性交流的工具——文字。先有用图画描绘实物的象形文字，后来按照删繁就简、避难趋易的规则，逐步发展，创造出形声、会意等多种造字方法。字体也由殷商时代的甲骨文、商周战国时代的金文、秦代的小篆、汉代的隶书、魏晋的楷书，逐步演化为现代的简化字。文字的产生，是人类文明的一大跃进，文字是人类记录语言、交流信息、记载历史的优良工具，文字为印刷术的发明提出了需求并提供了可能。图1-9为汉字演变示例图。

图 1-9 汉字演变示例图

伴随着文字的形成和演变过程，存留文字的记录工具的载体也在不断发展。公元前3世纪中国就有了笔和墨。早先人们将文字刻在竹片（称为"竹简"）、木片（称为"木牍"）上或书写在绢帛上。多片竹简木牍用皮条串起来，便成为"册"或"策"，这就是早期的书籍，如图1-10所示。竹简木牍太重，绢帛太贵，公元前2世纪东汉的蔡伦改进了造纸术，发明了质量较高、便于书写携带保存的"蔡侯纸"，有力地推动了科学文化的传播和发展。笔、墨、纸的发明和改进为印刷术的发明奠定了物质基础。

印刷术起源于印章和拓石。早在四五千年前，我们的祖先已懂得用压印方法，制作带有印纹的陶器，后来又学会用类似于雕版凸印的方法在织物上印花，这就是原始的印刷。到了战国时代，开始出现印章。印章上的文字，有凹下的反写阴文，也有凸出的反写阳文，印出后则都成正写的文字。印章

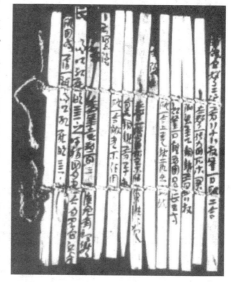

图 1-10 简册示例图

提供了一种从反写文字取得正写文字的复制技术（图1-11）。早在公元前7世纪，我国就有了石刻文字。为了节省时间，减少抄写的辛苦和避免差错，我们的祖先又先后发明了拓石的方法。石刻文字都是阴文正写，拓石提供了从阴文正写取得正字的复制技术（图1-12）。拓片是黑底白字，不如白底黑字醒目，于是人们便仿照印章的办法，将石碑上的阴文改写为反写阳文，刻在木板上做成雕刻的木版，在木版上刷墨铺纸，用类似于拓石的方法来拓印，这就是雕版印刷（woodblock printing）（图1-13、图1-14）。雕版印刷是第

一代印刷术。印章和拓石是雕版印刷的萌芽，雕版印刷是印章盖印和碑石拓印方法的结合和逐步演变的结果。

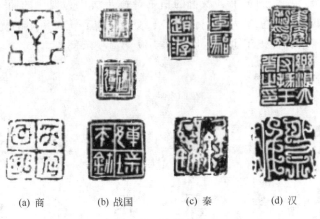

(a) 商　　　　(b) 战国　　　　(c) 秦　　　　(d) 汉

图 1-11　古代印章

图 1-12　拓印示意图

图 1-13　木刻印版图

图 1-14　拓印样与雕印样比较图

雕版印刷术的发明年代，无法具体确定，但多数学者认为，雕版印刷始于唐代而兴于宋。1900 年在甘肃敦煌千佛洞发现的《金刚经》上写有"咸通九年四月十五日王玠为二亲敬造普施"，表明印于公元 868 年，是世界上现存最早的写有确切日期的雕版印刷品（图1-15）。到了宋代，不仅官署刻书，私家和坊间刻书也非常活跃，作业过程有了明确分工，印品逐渐规范，质量不断提高，工本费逐步下降，为普及社会文化教育创造了条件。宋代雕版印刷具有以下特点：①由楷书发展为适于手工刻版的手写体，为宋体字的产生创造了条件；②印刷装帧方式由卷轴发展为册页，格式统一，便于印刷，对折准确；③发明了彩色套印技术，有了双色套印的朱印本和饾版技术（木刻水印的旧称）；④出现了雕版印刷的图画即版画；⑤发明了可快速刻字的蜡版印刷。宋代刻书，被人视为珍本，成为后代刻书之楷模，影响深远，在中国古代印刷史上占有重要地位。

图 1-15 《金刚经》局部

然而雕版印刷也存在缺陷，一是雕版印刷费时，出书周期长；二是一种书刻一套版，保存起来占用很大空间；三是雕刻中如有错行错字，无法修补而整版丢弃。为克服这些缺陷，人们逐步想到了活字印刷（type printing）。

在距今 900 多年前的宋仁宗时期（1041～1048 年），"布衣"毕昇发明了活字印刷术。他先试木字，再试泥字，其工艺包括活字制作、拣字排版、施墨印刷、拆版还字四大工序。宋人沈括在《梦溪笔谈》中对此有具体介绍，其方法是：先用胶泥刻制活字，活字的厚薄像铜钱的边缘一样，每字刻成一个阳文活字，用火将其烧硬；预先准备好一块铁板，在上面用纸灰一类的东西调拌上松香、蜡盖满；印书时把一个铁框子安放在铁板上，在框子里紧挨着排满活字，拿到火上去烘烤，等松香和蜡有点熔化后，就用一块平板在活字上按压将活字版面压平；待松香、蜡冷却硬化后即可印书；同一活字有多个以便在同一版内重复使用；字模不用时按字的韵部分类存放，便于排版拣字；印完后将铁板放在火里一烤，松香与蜡熔化，用手一抹，活字便掉落下来，一点也不会弄脏。采用这种方法排版大为简便，活字可反复使用，印后便于保存，排错后也易于改正。活字的发明对印刷技术的发展具有划时代的意义，活字印刷是第二代印刷术，由雕版印刷发展到活字印刷是印刷术的第一次革命。

在毕昇发明泥活字的启发下，后来又出现了各种材料制成的活字：如用非金属制成的泥活字版、磁版和木活字版；用金属材料制成的锡活字版、铜活字版和铅活字版。其中值得一提的是元代初年的科学家王祯，不仅设计并制作了 3 万多个木活字，而且发明了转轮排字盘，把字按号排在两个木制的大盘内，排字工人坐着排字，提高了排字效率，减轻了劳动强度（图 1-16）。王祯总结了木活字的制作方法，撰写了《造活字印书法》，这是世界上最早的系统地叙述活字版印刷的珍贵资料。

图 1-16　王祯转轮排字图

中国印刷术发明之后，就逐渐向国外传播，向东传到朝鲜、日本，向南传到越南、菲律宾等东南亚各国，向西经伊朗、埃及传到欧洲各国。可以说世界各国的印刷术，都是由中国直接或间接传过去的，或是在中国印刷术的影响下发生和发展起来的。中国是印刷技术的故乡，对世界文明做出了永载史册的贡献。

遗憾的是，中国的活字印刷术没能得到历代封建王朝官府的重视和支持，同时也限于当时生产力和科学技术的制约，长期以来活字印刷未能占据主导地位，历史上的几部大型书籍如《太平御览》、《资治通鉴》等都是用雕版印刷方式出版的。雕版印刷一直占据着统治地位，直到 19 世纪中叶以后，引进了西方的铅活字技术和相应的机械设备后，才真正开始由雕版到活字印刷的替代过程。

二、中国印刷技术的发展

通过丝绸之路，中国的印刷技术传到欧洲并很快地传播和发展起来。14 世纪欧洲已开始用木雕版印刷圣像、纸牌。德国人谷登堡（J. Gutenberg）于 1440～1448 年间，发明了铅、锡、锑合金活字，并用印刷机械代替手工印刷。由于当时是欧洲工业革命前夕，谷登堡的发明，得到冶金、化学等工业的支持，具有雄厚的技术基础，又受到政府的支持和社会的促进，铅活字印刷技术得到迅速发展。谷登堡的主要贡献为：第一，创造金属活字，活字规格易于控制，性能更完备，更便于排版；第二，用油脂调制适于金属活字印刷的油墨，大大提高了印刷质量；第三，设计制成了木质印刷机，改"刷印"方式为"压印"，为印刷机械化开创了道路。

1807 年铅活字印刷术传入中国，但是直到 20 世纪 20 年代铅活字在国内才得到普及，活字印刷代替雕版占据主导地位，真正完成印刷术的第一次革命。

新中国成立后，党和政府采取了一系列措施，中国的印刷及设备器材工业进入了一个新的发展阶段，特别是改革开放以后，中国出版印刷业有了突飞猛进的发展。据不完全统计，到 2002 年底全国共有图书出版社 568 家，出版图书 17 万种，总印张 456.45 亿印张，折合用纸量为 107.43 万吨。全国共出版期刊 9029 种，总印张 106.38 亿印张，折合用纸 25.01 万吨。出版报纸 2137 种，平均期印数 18721 万份，总印张 1067.38 印张，折合用纸量 245.51 万吨。音像出版单位 292 家，出版录像制品 13576 种，2.18 亿盒（张）。从图书、期刊、杂志的总量上讲，中国无疑是当今世界上的出版大国。2002 年，中国纸张和纸板企业有 3000 余家，纸张和纸板总产量为 3780.21 万吨，已超过日本，仅次于美国，为世界第二大产纸国，总消费量 4332 万吨，也稳居世界第二。油墨生产厂家达 300 多家，从业人员 2 万多人，年产量 25 万吨以上，仅次于美国、日本和德国，已成为世界第四大油墨生产国。版材方面不仅建立 30 多家 PS 版生产厂，近 5 年来年产量增加量保持在 20%～30% 之间，2002 年达 425 万平方米，CTP 版材也实现了本土化生产。印机制造行业也得到很大发展，全国有印机生产厂家 400 多家，年销售额超过 1000 万元的有 40 多家，销售额超过 1 亿元的有 10 多家。2002 年中国有印刷企业 9 万家，其中印刷集团 20 家（同期美国 4.5 万家，德国 1.3 万家，英国 1.2 万家，日本 3.2 万家），从业人员 300 万人（同期美国 110 万人，德国近 13 万人，英国 18.9 万人，日本 36 万人）。目前全世界印刷品市场产值约为 4500 亿美元，亚太地区占 36%，北美占 33%，中欧占 24%。亚太地区所占份额最大，而其中中国市场是重中之重。从企业规模、印刷工业总产值、印刷器材产量和市场份额等方面看，中国已成为世界印刷大国。

中国的印刷教育成绩斐然。1953 年开办第一所中等印刷专业学校——上海印刷学校（上海印刷出版专科学校的前身，现已并入上海理工大学）。1960 年在北京创办中央文化学院，开设印刷系平版专业。20 世纪 60 年代初，中国人民解放军测绘学院开办了地图制印专业中专班和大专班，武汉测绘科技大学（现武汉大学印刷与包装系）1983 年创办印刷技术专业并当年招生。1974 年，陕西机械学院（西安理工大学前身）创立印刷机械系（现为印刷包装工程学院），1975 年招收大专班，1977 年招收本科生，1990 年首次培养印刷学科方向的硕士研究生。1978 年在原中央文化学院和中央工艺美术学院印刷系的基础上成立了北京印刷学院，成为我国第一个专门培养印刷人才的高等学府。据不完全统计，目前全国开办印刷本科专业的大学已有 29 所，可以培养印刷工程专业硕士研究生的院校有 6 所以上，可以培养印刷工程或相关学科博士研究生的院校有 3 所以上。同时各地还举办各类成人教育，加上中专、技校、职业中学，已形成多层次的学历教育和继续教育，为中国的印刷事业的发展培养了并将继续培养大批有用人才。在办学规模和本科、硕士研究生人数方面位于世界前列。

中国印刷技术科研事业的成就同样令人瞩目。1956 年中国成立了北京印刷技术研究所（中国印刷科学技术研究所的前身），现今省一级的印刷技术研究所或出版科学研究所已有近 30 所。1980 年成立中国印刷技术协会，目前地方性印刷技术协会近 40 个。协会出版会刊、书籍、资料，加强印刷界产、学、研之间的联系。目前较有影响的印刷专业期刊有《印刷技术》、《中国印刷》、《印刷杂志》、《今日印刷》、《印刷质量与标准化》等 10 余种。1982 年成立了国家经委印刷技术装备协调小组，1985 年成立中国印刷及设备器材工业协会，制定了符合中国国情的"激光照排、电子分色、胶印轮转、装订联动"十六字方针，组织并领导了"六五"、"七五"至"九五"的全国印刷技术改造，取得了巨大的成功。依靠汉字信息处理技术的革命性变革，中国印刷业在短时期内，从铅字排版、照相分色、铅版印刷、手工装订发展到激光照排、电子分色、胶版印刷和装订联动。

中国的印刷产业技术的演变过程和其他国家一样，可以用数字化在生产过程中的延伸来表征，可以简单地看成数字化从印前延伸到印刷、印后，甚至到发行和销售的过程。计算机技术和数字技术首先在印前得到广泛的应用，几十年来，中国的制版工艺经历了手工制版—照相制版—电分制版—DTP制版的变革过程，目前已开始采用国际上最先进的直接制版（CTPlate）工艺，CTP装机量已近312套（2004年9月底统计数字）。国内已有4家CTP版材生产线，国际上3种主要直接制版版材（热敏、银盐和非银盐）中国都已研制成功。胶印、凹印、丝印、柔印以及特种印刷都得到长足进步，并已开始采用数字印刷和数字打样等新工艺新技术。设备方面研制出许多新产品，如程控制版照相机，各种型号的晒版机、连晒机，双色凸版轮转印刷机，单色、双色、四色平版胶印机，卷筒纸书报两用胶印机、六色凹印机，柔版印刷机，铁丝装订联动机，无线胶订机等，并已推出采用世界上最新的无轴传动技术的凹印机组。装订方面已由过去的手工作坊式变为机械化作业，再由单机联动发展为精装、平装、骑马订三种联动线。软件开发方面除方正、华光排版软件外，RIP、色彩管理、调频加网、印刷厂管理系统等都取得了重要进展。

特别值得一提的是以王选院士为代表的科技人员在汉字激光照排系统研制上的功绩。1975年，王选主持中国计算机汉字激光照排系统和以后的电子出版系统的研究开发，跨越当时日本的光机式二代机和欧美的阴极射线管式三代机阶段，开创性地研制当时国外尚无商品的第四代激光照排系统，针对汉字印刷的特点和难点，1976年发明了高分辨率字形的高倍率信息压缩技术和高速复原方法，率先设计出相应的专用芯片，在世界上首次使用控制信息（参数）描述笔画宽度、拐角形状等特性的方法，这一发明获得欧洲专利和8项中国专利，成功地解决了汉字信息的数字化存储和输出这一技术难题，推动了汉字编码、输入、汉字识别中文信息处理技术的全面发展，使中国在多字节字符的计算机输入、处理、输出、印刷方面的技术处于世界领先地位。计算机激光照排系统和电子出版系统的使用，是第三代印刷技术的标志，开创了汉字印刷的一个崭新时代，引发了中国印刷技术的第二次革命，"告别铅与火，迈入光与电"，彻底改造了中国沿用上百年的铅字印刷技术。王选院士2002年获得国家最高科学技术奖，被人们誉为"当代毕昇"、"汉字激光照排之父"。

进入21世纪，中国印刷业发展迅猛，年产值增长率除2001年都在8%以上，2004年更高达9.5%。目前中国印刷业的发展呈现出以下几个特点：①区域性印刷产业带正在形成；②对外交流与合作不断扩大；③以数字技术为主体的新一轮技术改造正在有序地进行；④印刷企业的改革在不断深化。

今天，我们面临着从模拟技术、数字技术并存，向以数字技术、网络技术和多媒体技术为基础的数字时代转变。印刷产业的技术基础发生了巨大的变化，印刷业中的信息技术含量越来越高，IT与印刷融成一体，印刷已经成为现代信息传播技术的重要组成部分。这种变化带动了产业技术、产业形态、产业管理和盈利模式的改变，影响到印刷媒体产业的各个领域。但是作为人类传播知识和文明的重要而独特的产业，传统印刷术将会借助新的科技手段得到全面更新和改造，从而获得新的生命和广阔的发展空间。

三、国内外印刷业现状比较

从印刷总产值、企业数量规模和设备器材总量来看，中国的确是出版大国、印刷大国，但是中国目前不是出版强国、印刷强国。在工业发达国家和地区，图像传播工业已成为国民经济发展的支柱产业之一，而中国的印刷工业还未成为中国经济重要支柱产业，还不是信息产业的重要组成部分。据统计，2003年中国印刷工业的总产值为2309亿元人民币，占全国当年GDP 11.6694万亿元人民币的1.98%，在全世界印刷工业总产值中所占份额还相当少。由于纸张总量的80%以上是通过不同程度的印刷加工后消费掉的，因此人均耗纸量是世界公认的衡量一个国家和地区印刷业状况的重要指标。目前世界人均耗纸量大约为45公斤，发达国家人均耗纸量有的高达100公斤以上，中国人均耗纸量为15公斤左右，大大低于世界人均水平。印刷涂布纸属高档印刷纸种，其年消耗量标志一个国家的经济文化水平。2002年中国人均消费印刷涂布纸只有1.7公斤，仅为美国的1/20。1997年全球人均印刷品年消耗56美元，目前中国人均年印刷品消耗约10美元，不到全球人均消耗量的1/5，只有美国的1/30。油墨人均占有量也不及世界前三位平均水平的1/25。中国印刷业的人均销售收入或劳动生产率还很低。中国人均为8.5万元，与德、美、日等发达国家相比，相差10多倍。中国的印刷设备目前的差距是功能少，自动化、智能化控制水平低，稳定、可靠性差。高档设备尚依赖进口，是世界上第二大印刷设备进口国，进口额是出口额的10倍。另外，国内地区东、中、西部发展不平衡，据2002年资料，西部12个省市，面积占全国70.85%，人口占27.7%，而印刷工业产值只占16.3%。而且东、中、西部内部发展差距也很大。

党的十六大为我们制定了建设全面小康社会的宏伟目标，为中国印刷业提供了更多的市场机遇。中国加入世贸组织，中国经济融入全球经济，为中国印刷业的发展提供广阔的市场空间。北京申奥成功，上海申博成功，奥运经济和世博经济中的巨大投资将转化为消费需求，将为印刷服务带来巨大商机，中国的印刷业面临全新的发展机遇。中国印刷及器材工业协会制定了到2010年中国印刷工业的"28字"技术发展方针，即"印前数字、网络化，印刷多色、高效化，印后多样、自动化，器材高质、系列化"。中国新闻出版总署负责人在2005年国际印刷发展论坛（ITPD）上指出，中国印刷业到2010年的发展目标是：①以科学发展观为指导，加快产业发展，实现印刷业生产总产值占GDP的2.5%，年平均发展速度略高于国民经济发展速度；②将珠三角、长三角和环渤海经济区建成国内先进的出版印刷生产中心；③推进印刷数字化、网络化的进程，开发先进的印刷技术装备，培育一批具有国际竞争力的骨干企业；④加快印刷市场化的进程，逐步建立起全国统一、开放、竞争、有序的印刷市场经济。到2020年，实现从印刷大国到印刷强国的转变，加入世界先进印刷国家的行列。

振兴中国的印刷业，追赶发达国家，把中国建成世界印刷强国，是我们广大印刷工作者的神圣使命，前途光明，任重道远。我们要认清差距，把握正确的发展方向，为在不太长的时期内，使中国的印刷业和印刷技术，赶上并超过世界先进水平，为弘扬印刷古国的辉煌历史，创造未来的历史辉煌而奋斗。

复习思考题

1. 什么是印刷？数字印刷与传统印刷的主要区别是什么？
2. 印刷要素有哪些？在印刷过程中各起什么作用？
3. 如何理解大印刷的概念？
4. 传统印刷方式有哪几种？各有什么特点？
5. 印刷技术的发展经历了哪几个主要阶段？中国对印刷术的主要贡献是什么？
6. 中国现阶段印刷技术发展"28字"方针的内容是什么？

第二章 印 前 处 理

印刷品的生产过程可以分为三个部分：印前（prepress）、印刷（press）和印后加工（postpress）。

印前处理涵盖了从图形、图像和文字原稿的准备、版式设计和制作到形成可用于印刷的印版的整个过程。随着近年来媒体行业突飞猛进的发展和整合，文字和图像信息的准备也已经成为电子媒体出版、网络出版、网页制作和光盘出版的必不可少的重要工序，因此，"印前"被越来越多地称为"预媒体（premedia）"。

本章介绍印前处理的基本知识，强调基础性、系统性和可扩展性。循着印前技术和工艺发展的路线，讲述从传统印前技术到数字印前技术的发展历程以及各项重要的、具有里程碑意义的技术和广泛应用的工艺。从顺序上看，先讲图文复制原理，再按印前图文信息处理、印版制作、打样的作业顺序讲解工艺，最后介绍色彩管理。因为制版属于印前技术范畴，同时提"印前"与"制版"容易引起混淆，所以在这里拟把"制版"改称为"印版制作"。因为在实际作业过程中，不论对扫描输入设备、显示设备还是对打样印刷等输出设备的色彩管理，其数据的补偿都是在印前完成的，所以编者认为将色彩管理放在印前讲解比较合适。

第一节 文字信息处理原理和方法

印刷术因对传播思想、交流信息和保存文明有着巨大的作用而被列为中国古代四大发明之一，而文字正是其中的主体。文字、图形和图像是印刷复制的三大主要对象，印刷术的发明就始于以文字为复制对象的活字印刷术。

文字信息处理，也称文字排版（word processing and typesetting），是依据文字原稿及对印刷品的要求，确定适当的字体、字号、行距、字距、版式等，并利用文字信息处理设备对文字原稿进行版面设计和排版。多数情况下，文字在成像阶段均被视为图形处理，但在印前处理阶段因为涉及到文字编码而有不同的处理方式。

现代文字信息处理技术从铅字排版开始，经历了照相排版并逐步发展到计算机排版技术，使印刷品质量有了极大的提高。

一、文字信息处理的内容及基本知识

（一）文字字体

文字是记录和传达语言的书写符号体系，不同文字都有各种各样的字体以满足不同阅读和审美的要求。除了汉字以外，中国还有蒙文、维吾尔文、藏文、朝鲜文和哈萨克文等多种民族文字。我们在印刷中使用的文字有：汉字、各少数民族文字、拉丁字母等。

（1）汉字字体 字体是同一种文字的不同体式。汉字在长期的发展演变过程中，为了适应阅读和印刷的需要，创造了多种笔画整齐、结构严谨的印刷字体（type face）。相对于追求欣赏性、自由性、个性和运笔之美的手写体而言，印刷字体更讲究视觉感受、阅读舒适感

和印刷适应性。常用的印刷字体如图 2-1 所示。宋体字形规范，棱角分明，结构严谨，端庄稳重，使人在阅读时有一种醒目舒适的感觉，是现在最通行的一种印刷字体，常用于书刊报纸的正文和标题。黑体字面正方，粗壮醒目，结构紧密，适用于作标题或重点按语，黑体又称方体或等线体。楷体特点是字形端庄，挺秀美丽，舒展自如，广泛用于各种印刷品，楷体也叫正楷或真书。仿宋体兼有宋体结构和楷书笔法，笔法劲峭，清秀挺拔，常用于排印诗集短文、标题、引文等，又称真宋体。

宋体	旧时王谢堂前燕
黑体	**朱雀桥边野草花**
楷体	春潮带雨晚来急
仿宋体	独怜幽草涧边生

图 2-1　经典汉字字体

　　除此以外，还有黑变体、隶书体、长牟体、扁牟体、扁黑体、长黑体、宋黑体、小姚体、新魏体等。而计算机排版时代的到来，更使字体的创新达到了新的高度，如图 2-2 所示。

北魏楷书简	方正精品字体	GB2312-80
北魏楷书繁	方正精品字體	GB12345-90
粗活意简	方正精品字体	GB2312-80
粗活意繁	方正精品字體	GB12345-90
大黑体繁	方正精品字體	GB12345-90
剪纸简	方正精品字体	GB2312-80
剪纸繁	方正精品字體	GB12345-90
胖头鱼简	方正精品字体	GB2312-80
流行体简	方正精品字体	GB2312-80
流行体繁	方正精品字體	GB12345-90

图 2-2　各式各样的汉字字体

　　（2）民族文字字体　　中国是一个多民族的国家，少数民族出版物中常用的民族文字有：蒙文、维吾尔文、朝鲜文、藏文、哈萨克文等。一般书刊的正文用白体，标题用黑体。

　　（3）外文字体　　外文字体的种类较多，常用的有白正体、黑正体、白斜体、黑斜体、花体等（参看图 2-3）。白体一般用于书刊的正文，黑体用于标题。

　　（二）印刷文字的大小

　　字体的大小又称为字号。印刷文字的字号以方形文字为准，对于长的或扁的变形字则用字的双向尺寸参数来衡量。常用的计量文字大小的方法有号数制、点数制和级数制，国际上通用点数制，中国现在采用的是以号数制为主、点数制为辅的混合制。

　　1. 号数制

　　号数制是将一定尺寸大小的字形按号排列，号数越大，字形越小。它是以互不成倍数的

外　文　字　体

白正体	ABCDEFGHIJKLMNOPQRSTUVWXYZ
黑正体	**ABCDEFGHIJKLMNOPQRSTUVWXYZ**
白斜体	*ABCDEFGHIJKLMNOPQRSTUVWXYZ*
黑斜体	***ABCDEFGHIJKLMNOPQRSTUVWXYZ***
花体	*ABCDEFGHIJKLMNOPQRSTUVWXYZ*
歌德黑体	𝕬𝕭𝕮𝕯𝕰𝕱𝕲𝕳𝕴𝕵𝕶𝕷𝕸𝕹𝕺𝕻𝕼𝕽𝕾𝕿𝖀𝖁𝖂𝖃𝖄𝖅
歌德白体	𝔄𝔅ℭ𝔇𝔈𝔉𝔊ℌ𝔍𝔎𝔏𝔐𝔑𝔒𝔓𝔔ℜ𝔖𝔗𝔘𝔙𝔚𝔛𝔜ℨ
方头正体	ABCDEFGHIJKLMNOPQRSTUVWXYZ
方头斜体	*ABCDEFGHIJKLMNOPQRSTUVWXYZ*
俄文	АБСДЕФГНЫЪКЛМИОРЩЯЗТПЦШХУЖ
	абсдефгныъклмиорщязтпцшхуж
希腊字母	ΑΒΞΔΕΦΓΗΙꞰΚΛΜΝΟΡΘꝶΣΤΠΥΩΧΨΖ
	αβξδεφγηιϕκλμνορθιστπυωχψζ
罗马数字	Ⅰ Ⅱ Ⅲ Ⅳ Ⅴ Ⅵ Ⅶ Ⅸ Ⅹ
日文平假名	あいうえおかきくけこさしすせそたちつてと
	なにぬはひふへほまみむむめも
日文片假名	アイウエオカキクケコサシスセソタチッテ
	トナニヌハヒフヘホマミムメモ

图 2-3　外文字体

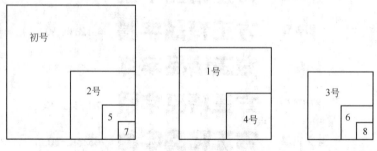

图 2-4　各种字号之间的倍数关系

三种活字为标准，加倍或减半自成系统，有四号字、五号字、六号字三个系统。例如五号字系统中，小特号字为四倍五号字，二号字为二倍五号字，如图 2-4 所示。

2. 点数制

点数制是国际通用的印刷字形大小的计量方法，是通过传统的文字计量单位"点"为专用尺度来计量字的大小。点又称磅，由英文 Point 的译音而来，缩写为 P 或 Pt。点和国际标准长度计量单位毫米之间的换算关系为

$$1P(Point) = 1/72inch = 0.35146mm \tag{2-1}$$

除此以外，有的国家采用派卡（Pica）作为字形大小的单位。派卡和点之间的关系为

$$1Pica = 12Points = 4.21725mm \tag{2-2}$$

1985 年 6 月，文化部出版事业管理局为了革新印刷技术，提高印刷质量，提出了活字及字模规格化的决定。规定每一点（1P）等于 0.35 毫米，误差不超过 0.005 毫米，如五号字为 10.5 点，即 3.675 毫米。外文活字大小都以点来计算，每点大小约等于 1/72 英寸，即 0.5146 毫米。

中国现用活字正方字身的大小如表 2-1。

表 2-1　点数制和号数制对照表

号　数	点　数	尺寸/mm	号　数	点　数	尺寸/mm
	72	25.305	三号	16	5.623
大特号	63	22.142	四号	14	4.920
特号	54	18.979	小四号	12	4.218
初号	42	14.761	五号	10.5	3.690
小初号	36	12.653	小五号	9	3.163
大一号	31.5	11.071	六号	8	2.812
一号	28	9.841	小六号	6.875	2.416
二号	21	7.381	七号	5.25	1.845
小二号	18	6.326	八号	4.5	1.581

3. 级数制

级数制是照排机采用的文字大小计量方法,它是根据手动照排机上控制字形大小的镜头齿轮移动来计算,每个轮齿为一级。"级"也可以用 K 或 J 来表示。级数和毫米间的换算关系为

$$1J=1K=0.25mm=0.714 \text{点(P)} \tag{2-3}$$

$$1\text{点}=0.35mm=1.4J(K) \tag{2-4}$$

一般照相排字机能照排的文字大小有 7～62 级。五号字近似于 14 级照排文字,四号字近似于 20 级照排文字。

(三) 版面设计与排版规格

排版时应根据版面设计要求进行操作,以书刊为例,设计主要确定下列内容。

(1) 开本大小　开本是指一本书幅面的大小,它是以整张纸裁开的张数作标准来表明书的幅面大小。通常把一张按国家标准分切好的平板原纸称为全开纸,将全开纸对折裁切后的幅面称为对开或半开;把对开纸再对折裁切后的幅面称为 4 开;把 4 开纸再对折裁切后的幅面称为 8 开,以此类推,如图 2-5 所示。由于整张原纸的规格不同,所以切成的开本大小也不同。

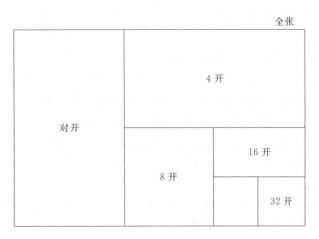

图 2-5　印刷开本示意图

（2）排版形式　确定使用横排（horizontal setting of types）或竖排（vertical setting of types）。

（3）正文　包括确定书芯的大小、位置、正文字体、字号、字间距、行间距、分栏数、栏间距。

（4）标题　确定标题的位置、字体、字号与正文的间距。

（5）页码　确定页码的位置、字体、字号。

（6）书眉　书眉是为便于查阅而在版心上端加印的供检索的条目。例如，书眉中可以包括篇章节的标题，字典的部首、字头。对于书眉，需要确定它的位置、字体、字号、书眉线粗细和长度等。

（7）其他版面设计还包括折页方式、页码安排、规矩线、版面的艺术性和均衡感等。

（四）文字排版常用术语

1. 书籍的构成

如图 2-6 所示，书籍由以下几部分组成。

（1）封皮　也称封面、外封、皮子、书封等（精装称书壳），封皮是包在书芯外面的，有保护书芯和装饰书籍的作用。封皮包括封一、封二（属前封）、封三、封四（属后封）。

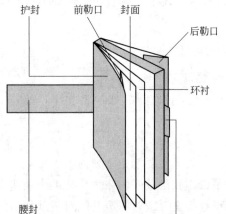

护封　前勒口　封面

后勒口

环衬

腰封

图 2-6　书籍构成示意图

（2）护封　套在封面或书封壳外的包封纸，常用于讲究的书籍和经典著作。

（3）书脊　也称后背，指书帖配册后需粘连（或订连）的平齐部分。精装书背有圆脊和方脊之分。

（4）勒口　平装书的封面前口边大于书芯前口边宽约 20～30mm，再将封面沿书芯前口切边向里折齐的一种装帧形式。

（5）扉页　衬纸下面印有书名、出版者名、作者名的单张页。有些书刊将衬纸和扉页印在一起装订（即筒子页）称为扉衬页。

（6）版权页　是一本书刊诞生以来的历史介绍，供读者了解这本书的出版情况，附印在扉页背面。内容有书名、作者、出版单位名称、印刷厂、发行者、开本、版次、印张、印数、字数、日期、定价、书号等。

2. 书刊版面结构

书刊版面结构如图 2-7 所示，由以下几部分组成。

（1）版面（type area，size）　印刷成品幅面中图文和空白部分的总和。

（2）版心（type page）　印版或印刷成品幅面中规定的印刷面积。

（3）版口（margins）　版心边沿至成品边沿的空白区域。

（4）天头（head margin）　版心上边沿至成品边沿的空白区域。

（5）地脚（foot margin）　版心下边沿至成品边沿的区域。

3. 报纸版面结构

报纸版面结构如图 2-8 所示，由以下几部分组成。

（1）报头　报纸头版左上角排报纸名称的位置。

（2）报眼　位于报头右边角上的位置。

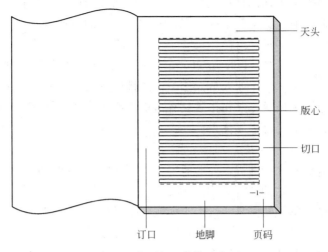

图 2-7　书刊版面结构示意图

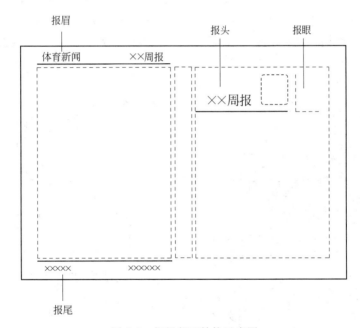

图 2-8　报纸版面结构示意图

（3）报眉　除头版以外，其他各版面上边放置报版页码、报名和出版日期等的位置。

（4）报尾　一般指在最后一版底部排报社地址、电话、代码、价格和印刷厂名称等的位置。

二、铅活字排版

铅活字排版（type composition）目前已很少采用，其排版工艺流程为：制字模→铸字→拣字→装版→打样→校对→改版→活字版。铅活字是用铅、锡、锑三种低熔点金属，按照一定的比例熔融而成的。活字排版有手工排版和机械排版两种工艺。相对于手工铅活字排版而言，使用自动铸排机提高了排版效率，减轻了劳动强度，但是并没有甩掉铅合金，环境污染依然严重。

三、照相排版

照相排版（photographic composition）是运用照相原理，按预定要求，把需要排版的文字通过光学系统准确拍摄到感光材料上，得到文字的底片或照片。照相排版取代了熔化铅合金和铸字的过程，彻底消除了铅污染的公害，减轻了工人的劳动强度，相对于铅活字排版的"热排"而言，被人们称之为"冷排"。

照相排版是在照相排字机（photosetting machine）上进行的。照排机是由照相系统、文字盘和光源组成的。由一个作业人员操作一台照排机进行文字照相印字，能印出不同大小的各种文字。对比铅活字排版，照相排版具有占地面积小、劳动强度轻、技术容易熟练、效率高、无铅尘污染、字形变化多等优点。

1. 手动式照排机排版

手动式照排机即第一代照排机，如图 2-9（a）所示。在 1896 年由匈牙利人普罗兹索尔德（E. Przsolt）发明，1910 年进入实用阶段。

手动照排机结构简单、操作灵活、造价低廉，是早期国内使用最广泛的一种。从外形上看更像是打字机和照相机的结合，下面是打字机，上面是照相机。

机器的光路如图 2-9（b）所示，在最下方的光源，发出的光经聚光镜射入棱镜，折射后进行第二次聚光，照到玻璃文字盘上，文字盘上的文字是阴字，可容纳 9415 字，用手移动文字盘，把光源对准需要的文字上并固定。光源通过主镜头，可从取景筒中观察所需要的文字，确认后打开快门，在感光滚筒上曝光，感光滚筒上可装上放大纸或胶片，便获得了文字。

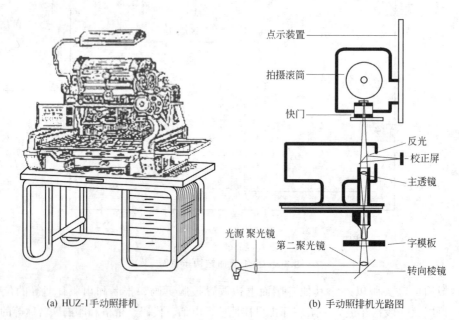

(a) HUZ-1手动照排机　　　　　　　(b) 手动照排机光路图

图 2-9　手动照排机

手动照排机利用多个不同焦距的主透镜将文字盘上的每一个字作多种不同规格的放大或缩小。同时，利用主透镜通道上的变形镜头，可以把原来正方形的文字，通过变形镜头上下移动，并旋转不同的角度，使字形变化成不同比例的长体、扁体或斜体，以适应各种印刷品上的字号、字形的要求。

2. 光学式照排机

第二代的光电式自动照排机在 20 世纪 50 年代中期被工业界认可，并于 60 年代初用电子计算机控制。它由汉字键盘穿孔机、小型电子计算机和照排主机三部分组成。

22

汉字键盘穿孔机将原稿上的文字符号变换成二进制代码坐标信息记录在原稿纸带上；在电子计算机中，由排版程序进行自动版面计算、编辑并加入排版指令，再输出排版纸带；照排主机读取排版纸带上的文字信息和排版指令，利用光学照相原理，用电子程序控制，依据排版纸带自动进行照排；最终得到照排版面。

光学式照排机使用旋转圈盘上的阴像字模库，依靠闪光灯的光通过镜头将文字成像在胶片或印相纸上。排版处理后的印字用文字信息、印字位置移动量、镜头变换等指令，都是由照排机的控制电路判读指令编码进行的，文字的大小通过旋转变倍镜来改变，字形的变化则通过特殊棱镜改变，在感光材料上印字是由脉冲马达移动透镜逐字逐行进行曝光而成的。

光学式照排机使用阴像字模，新的字模难以增加，不能满足具有各种文字的要求，广泛使用电子计算机进行文字处理排版后，印字速度受到光学式的限制，国产的照排机每秒平均照排 7 个五号字。

3. 阴极射线管式照排机

阴极射线管（CRT）式照排机是三代机，也叫全电子式自动照相排，是美国 20 世纪 60 年代中期发明的，70 年代以后，日本研制出了汉文自动照排机。

这种照排机不再使用字模板，而是将文字分解成栅格状的矩阵字模，储存在信息记忆装置中。根据排版处理后印字数据中某个字的编码，可从记忆装置中取出其文字的图像信息，用高分辨力的 CRT 以电子扫描的方式在阴极射线管的荧光屏上显示成像，再拍摄到感光材料上。在 CRT 上可以是行输出方式，也可以是页输出方式。其结构示意图如图 2-10 所示。

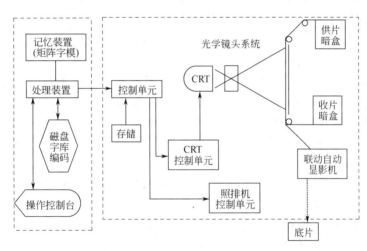

图 2-10　阴极射线管式照排机结构示意图

4. 激光照排机

第四代的激光照排机出现于 20 世纪 70 年代初期，首先由英国蒙纳（Monotype）公司研制而成，于 1979 年进入中国的印刷市场，同年推出"华光 I 型"，1985 年推出"华光 II 型"，通过国家级鉴定，1986 年推出"华光 III 型"，1987 年推出"华光 IV 型"，1990 年推出"华光 V 型"和"北大方正"。短短的十几年中，中国在汉字信息处理和计算机排版方面成绩卓著，居于世界领先地位。

激光照排的工作原理是采用激光平面线扫描的方式，由氦-氖激光器输出激光束，经计算机处理后的字型，通过多面转镜投影聚焦在感光材料上，形成文字的版面，如图 2-11 所示。

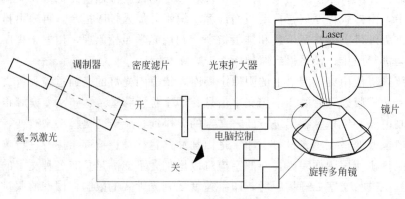

图 2-11　激光照排示意图

计算机激光汉字编辑排版系统中的精密激光照排系统由录入终端机、排版终端机、主机、照排控制机、校样机、激光照排机及其他外部设备等硬件组成，并配备各种排版软件，以及图片处理、图形处理、补字、造字、录入编辑、输出等软件。完全能满足书刊、报纸等正式出版物的编辑排版工作。

激光照排工艺流程如下：文字录入　输入文字，根据设计改变字号、字形；编辑处理行、页的划分，并存盘；打印　用汉字印字机输出样张，检查文字及其字号、字形正确与否；文字校对　样张与原稿校对，并在屏幕上进行修改，然后存盘；排版　输入排版基本数据（各页面共同的指标，如开本、横/竖排、基本字体字号、栏数、字距、行距、栏间距、插图留白等）；输出底片　激光照排机进行输出；核对　文字出错则返回文字修改，版式出错则修改排版程序，直到输出正确文字版；之后即可进行页面输出、晒版和印刷。

激光照排时用精密字模，分辨率为 29.2 线/毫米。一个五号字由 108 点×108 点组成，96 磅的特大字由 988 点×988 点组成。因此，激光照排大字光滑，小字清晰匀称，不变形，使文字质量得到了很大提高。此外，还能进行字形变化，自动变出各种大小的字形，长扁字、空心字、网纹字、向左向右倾斜字、旋转字、阴像字、立体字等，而无需增加任何存储量。

同时，更高速度计算机的使用、各种编辑处理软件的使用也使照排工艺自动化程度更高，速度更快，功能更强。

此外，由于采用超大规模集成运算芯片将字形信息复原成高质量点阵，因而可以高速产生字形点阵，速度为 650 字/秒。

四、计算机排版

计算机排版（computer composition）是在通用计算机上，运用各种排版软件进行版式设计、文字录入、编辑排版，控制激光打印机或激光照排机输出文字的排版技术和方法。

计算机排版系统包括输入设备、计算机和输出设备三个部分。

（一）计算机文字信息的输入方法

计算机文字信息处理始于西方，所以非常有利于拉丁语系和斯拉夫语系的文字处理。但对于中文、日文和韩文等东方语系而言，由于字数繁多、结构复杂，所以计算机汉字信息处理要比西文的处理复杂得多、困难得多。对计算机汉字信息处理而言，首要问题就要解决汉字输入编码方案。

汉字信息输入按输入方式不同可以分为编码输入和自然输入两大类。

1. 编码输入

编码输入是目前最实用的输入方式。它是根据汉字的字形、笔画或拼音把汉字编成代码，用 ASCII 字符或其他符号来表示汉字，再用代码直接输入。理想的编码方案应该是一字一码，编码规律简明一致，简单易学，平均击键次数少，输入速度快，输入设备具有通用性。

中国迄今已有 500 余种汉字编码输入方案或设想。大体可以分为字形编码、字音编码、音形结合编码和音形义结合编码，此外还有一些专业编码，如电报码输入法、整字键盘输入法。

（1）字形编码　按笔画或字根及其相互结构关系编码，将基本笔画以阿拉伯数字和英文字母为代码，按照汉字书写顺序输入一个汉字的多个笔画代码。字形编码的典型代表是目前广泛应用的王永民的五笔字型编码方案。

（2）字音编码　汉字拼音的要素是声母、韵母和声调，其中声母 21 个，韵母 35 个，声调 4 种（外加一个轻声）。字音编码其中可分为两种：一种是直接按《汉语拼音方案》输入汉字，汉字的码长不等；一种采用"双拼"法，每个声母和韵母各由一个字母表示，这种方法可使码长相等，例如全拼、双拼、智能拼音编码等。

（3）音形结合编码　可分两种：一种以音为主，结合汉字的字形（例如部首）和笔形（例如起笔或末笔的笔形）特点进行编码；另一种以形为主，把汉字分解成字根，结合字根的发音特点进行编码。

（4）音形义结合编码　利用汉字在音、形、义三方面产生不同程度的联系，采用联想技术，分析汉字在单字和词之间的联系，从而提高输入速度，减少重码。

2. 自然输入

自然输入是根据文字的字形或发音整体直接输入，通过计算机自动识别技术实现文字的输入，主要有文字识别输入和语音识别输入。目前编码输入仍然是主流的文字输入方式，但随着自然输入技术的发展日臻完善，识别正确率的不断提高，它将成为最理想和便捷的文字输入方法。

（1）文字识别输入　也叫光学字符识别输入（optical character recognition，简称 OCR）。它是采用扫描仪将文稿扫描成图像输入计算机，再用专用识别软件进行自动识别，将识别出来的文字以标准代码存储在计算机内，形成电子文稿，以供后续编辑处理。如图 2-12 所示。

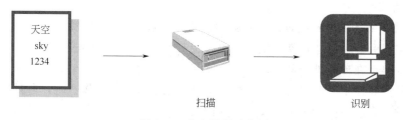

图 2-12　文字识别示意图

文字识别输入的特点是输入速度快，可输入图形和图像，但对输入原稿要求严格。

文字识别输入包括三个步骤：扫描输入、自动识别和整理输出。文字原稿经扫描得到原稿图像后，识别时先将字逐个分离出来，根据特征向量逐字分析识别；如果有相似字，则根据字词关系、语句关系和词义关系作比较判断，直到找到正确代码；将所有文字逐个识别后，即将全部文字以代码文件存储在计算机内。

常用的 OCR 软件很多，国外有著名的俄国软件公司 ABBYY 的 FineReader，国内也有清华紫光的 TH-OCR、北大方正的尚书 OCR 和汉王科技的汉王文本王 OCR 等。

（2）语音识别输入　利用不同字和词的声音特征来识别文字，实现文字输入的方法。它是用话筒把声音信号输入记录到计算机中，之后用专用的语音识别软件把连续语句中的每个字分离出来进行识别处理，并转换成计算机字符标准代码进行存储。如图 2-13 所示。

语音输入　　　　　　　　　识别

图 2-13　语音识别示意图

（二）计算机排版方式

完成文字输入后，文字原稿就以电子文稿的形式存储于计算机或其他外置存储器内，可以进行版面编排。即使用专业的排版软件，根据版面设计的要求，将已输入的文字和已制作好的图形、图像和图表等内容编排在一起，组成完整的版面。

由于使用不同类型的排版软件，排版方式可以分为批处理方式和交互方式。

1. 批处理方式

批处理方式（batch processing）排版是在输入文稿中加入专用命令注解说明版面的排版方法和要求，例如文字的字体、字号、标题位置、段落起止、页面版心等。批处理方式排版软件的功能包括：按照排版注解的语法、语义规定作语法语义的检查，按照排版注解要求，确定每一字符的字体、字号以及在版面上的位置，实现排版禁则处理等。对于报版可按分栏要求，实现自动换位，对于书版可实现自动换页、自动生成页码、安放书眉等。排版后运行批处理排版软件对文件作语法检查并进行编译处理，即可生成页面文件用于输出。在中国曾广泛使用的是 BD 排版语言和排版软件就是批处理方式排版。其排版结果可供屏幕显示、输出校样、输出阳图或阴图底片使用。

批处理方式排版效率高，版面规范，非常适于书刊排版。批处理方式排版不是所见即所得，在编辑时使用指令注解，看不到版面实际效果，可读性差，对排版工的要求高。

2. 交互方式

交互式（interactive processing）排版可以直观地在计算机屏幕上看到版面效果，操作员可以利用鼠标和键盘选择软件提供的菜单、工具箱等手段设置排版格式，实现交互控制，排版结果即时显示在计算机屏幕上。

交互式排版软件是目前主流的排版软件，具有以下特点：操作直观，所见即所得；文字编辑和版式编排合二为一，易于掌握；实现图文合一。

目前广泛使用排版软件多为交互式排版，如 Adobe 公司的 PageMaker 和 InDesign，北大方正公司的飞腾排版软件，Quark 公司的 QuarkXpress。

（三）文字信息的存储和输出方法

在计算机排版系统中，汉字的存储和输出方法有两种，即采用栅格型存储方式、矢量存储方式和曲线存储方式。

1. 栅格方式

栅格方式，又叫点阵方式，将文字用网格划分成极小的网格点作为存储、CRT 显示和输出的单位点。点阵文字精度与设备有关，文字划分越细，质量越高，但同时存储量大大增加，导致处理速度降低，因为点阵文字是以一定精度存储，因而其可以放大的倍数是有限的，不能进行任意放大。

2．矢量方式

矢量方式是采用数学的矢量线段来描述字形的笔画，即用描述字的外部轮廓的方法来产生字形，这种方法也叫矢量轮廓描述法。矢量字的最大优点是数据压缩量大，而且字形比较美观，可以对字形作各种变形和修饰，特别适合专业电子排版领域，产生高精度、高质量字形，目前国内印刷出版业和公文文书处理等应用方面，矢量字形占主导地位，长期以来方正华光系统都采用矢量字形。这种字形的缺点是输出大字时笔画不美观，由于矢量线段的作用，笔画边缘出现"刀割"现象。

3．曲线方式

曲线字的外轮廓由若干直线和曲线组成，其中曲线段采用二次曲线或三次曲线函数来描述，又称曲线轮廓描述法。最典型的是 Adobe Type Ⅰ 字体（采用三次 Bezier 曲线描述轮廓）和 True Type 字（采用二次 B 样条曲线描述轮廓）。曲线字的最大特点是字形美观，克服了矢量字放大后的字形缺陷，同时也可实现高倍率的字形信息压缩。缺点是输出低分辨率字形或小字时，容易产生误差而失真，目前多用提示信息（hint）技术来解决。

图 2-14 显示点阵字、矢量字和曲线字三者的不同及其笔画边缘的特点。

(a) 点阵字形　　　　　　　　(b) 矢量字形　　　　　　　　(c) 曲线字形

图 2-14　点阵字、矢量字和曲线字的笔画边缘的特点

第二节　图像信息处理原理和方法

一、关于图像及图像信息处理的基本知识

要理解图像复制原理，就要先从认识图像开始。在日常生活中，我们一般提到的"图"其实包括图形（graphics）和图像（image）。在计算机图形学领域，图形通常是由点、线、面、体等几何元素和灰度、色彩、线型和线宽等非几何属性组成。现代印刷意义上的图形则局限于二维的平面图形，而且可以由计算机绘图软件绘制，如图 2-15 所示。而图像可分为物理图像（也称模拟图像）和数字图像。物理图像是物质和能量的实际分布，例如照片和电影。数字图像是由具有不同颜色属性的像素点组成的阵列，它反映一种事物或场景，例如计算机显示和处理的各种色彩模式的图像。图 2-16 所示就是由计算机显示的彩色图像和黑白图像。

在描述一幅图像或评价图像质量的时候，我们通常会从颜色、层次和清晰度三个方面入手。而在彩色图像的印刷复制过程中，图像的颜色、层次和清晰度的再现和还原也是保证印刷品质量的三大要素。本节将简要介绍这几方面的基本知识。

图 2-15 单色和彩色平面图形

图 2-16 黑白和彩色图像 (见彩图 1)

（一）关于阶调层次的基本知识

图像的阶调层次是指图像中从亮到暗的变化范围以及亮暗之间的密度数据分布状况。阶调和层次再现直接影响复制图像的质量。当原稿阶调得到最佳复制时，图像会表现出赏心悦目的反差，图像中人眼敏感的细微层次也能得到充分表现；反之，如果阶调复制不佳，图像则显得晦暗不明，反差不够，亮调不亮，颜色不鲜明。良好的阶调复制不仅可以忠实地反映原稿的反差，而且可以改善不良原稿；适当校正原稿阶调，从而得到比原稿更佳的反差。

但是阶调、层次并不是同一个概念。

阶调（tone）指的是图像信息还原中，一个亮度均匀的面积的光学表现。阶调定性地描述了像素的亮暗程度。阶调值常用反射（透射）密度值（density）或网点面积覆盖率（dot area）来表示。阶调值高表示像素或像素组的亮度大；阶调值低表示像素或像素组的亮度小。

层次（gradation）是图像中从亮调到暗调之间的一系列密度等级，它表示图像的深浅浓淡的变化。层次的多少决定画面上色彩的变化和质感，它是组成阶调的基本单元。

其实，无论是阶调，还是层次，它们都是密度的函数，都是密度的外在表现。在彩色印刷复制过程中，阶调层次的再现实质上就变成了密度的再现。

另外，下列专业术语也是在描述图像阶调层次时经常会用到的。如图 2-17 所示。

连续调（contone）：从高光到暗调浓淡层次连续地变化。

亮调（highlight）：亮度较大的阶调范围。相当于印刷中十级梯尺的 1～3 成网点。

亮调

暗调

中间调

图 2-17　图像的不同阶调

暗调（shadow）：亮度较小的阶调范围。相当于印刷中十级梯尺的 7～9 成网点。

中间调（middle tone）：亮度介于亮调和暗调之间的阶调范围。相当于印刷中十级梯尺的 4～6 成网点。

高光：原稿的光亮部位，相当于印刷中十级梯尺的 1 成网点。

光辉点：原稿最亮的一点，指印刷品的绝网区域。

（二）关于色与光的基本知识

提到颜色就必定提到光，没有光就没有色。色与光总是息息相关，但光并不等于色。光是电磁场在空间传播中能引起人眼明亮视觉感受的那部分电磁波，而颜色则是这种电磁波作用于人眼后在大脑中的反映。

人眼可以看到大千世界中各式各样的颜色，归根结底看到的是物体发出的、反射的或投射的不同波长组合的光。对于发光体，它发出的光作用于人眼和视觉神经系统，进而在大脑中形成色与形的概念；对于非发光体，只有在有环境光源的条件下，光源照射到物体上，物体反射或透射部分光线使人眼产生颜色视觉。而人眼之所以能看到物体的轮廓和表面材质，则是因为不同物体或物体的不同部位所发出、反射或透射的光的波长和组成成分不同，使人眼产生不同的视觉感受。

1. 色散现象

光进入媒质后，光的传播速度要发生变化，因而光在两种媒质的界面处发生折射。实验还表明，不同波长的光在同一媒质中的波速也是不同的，或者说折射率是波长的函数，因而各色光在折射时将折向不同的方向，这就是色散现象。如图 2-18 所示，一束白色光入射棱镜，通过棱镜对不同波长光的不同角度的折射，就能看到类似彩虹的多种色光。

通过白色光的色散现象可以发现白光不是单色光，白光是由多种波长的单色光组成的复合色光。

2. 颜色的视觉三属性

人眼对颜色的敏感度非常高，可以分辨细微的颜色差异，但仅凭肉眼不能实现颜色的定量描述。对颜色的定量描述是基于颜色的三个基本特性，即色相、明度和饱和度，称为颜色的三属性。

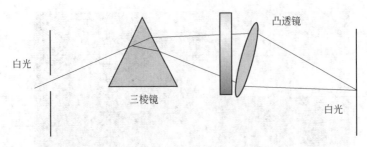

图 2-18 色散现象

色相（hue）又称为色调，是当人眼看到一种或多种波长的光时所产生的彩色感觉。色相反映色彩的相貌，是区别色彩的名称或色彩种类的属性。如：苹果是红色的，"红色"便是一种色相。颜色的色相主要取决于光的主波长，是决定颜色的基本特性。

明度（lightness）是指色彩的明暗感觉，它是表示人的眼睛所感觉到的颜色明亮程度的心理物理量。人的眼睛对于亮度的感觉和颜色的不同光谱分布有关。人眼对不同波长光（相同强度）的亮度感觉不同，实验证明：对各种颜色的亮度感觉是按白、黄、青、绿、紫、红、蓝、黑的顺序逐渐降低的。明度取决于由物体射入人眼的光能量的多少和视觉特性。

彩度（chroma）是指色彩的纯度和鲜艳程度，也称为饱和度（saturation）。纯粹色彩中无黑白色混入，达到饱和之色或称纯色。100％饱和度的颜色就是完全的单色光，饱和度越高，颜色也就越浓、越鲜明或者说越纯。如果大量混入白色光，饱和度就会降低。

3. 颜色混合基本规律

在色散现象中，我们发现分解出的彩虹色带上的多数色光还可能再分解，只有一定波长的红（red）、绿（green）、蓝（blue）三种光波不能再分解成其他色光，而且不同强度的R、G、B光可以复合成各种光谱色。在这个意义上，我们把红光、绿光和蓝光称为色光三原色（additive primary color）。

当两种或两种以上的色光同时反映于人眼，视觉会产生另一种色光的混合效果，这种色光混合产生综合色觉的现象称为色光加色法（additive color mixing process），或称为色光的加色混合。如图 2-19（a）所示，等量的红光和绿光混合得到黄，等量的红光和蓝光混合得到品红，等量的绿光和蓝光混合得到青，而等量的红、绿、蓝光加合得到白光。同时，不同强度原色光相加得到不同的混合光谱色光。如图 2-19（b）所示，不同强度的红光和绿光混合可以得到一系列不同色调。

色光加色法有两个特点：一是混合后色光亮度增大，等于原有色光成分的亮度之和，原因

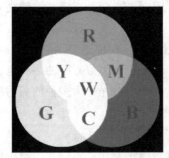

(a) 等量红、绿、蓝光相加

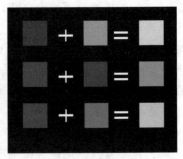

(b) 不同强度原色光相加

图 2-19　色光加色法示意图（见彩图 2）

是混合后光能量的增加；二是混合后饱和度降低，低于原有色光成分的饱和度，因此加色法不可能合成出比基色更饱和的颜色。色光的加色混合原理被广泛应用于彩色电视和投影等方面。

与色光的加色混合相反，如果从白光中减去某种色光，也能得到另一种色光的效果，我们称其为减色法。而且，如果从白光中减去不同比例的同种色光，还可以得到一系列饱和度不同的同色系光。如图2-20所示。

世间万物，所有的非发光体之所以人眼看起来有颜色感觉，都是减色法的功用。日光或其他光源的光照射到不发光物体上，由于不同物体吸收不同波长和程度的部分色光，并反射或透射出其他色光，人眼因而受到不同刺激而能看到不同色调的颜色。

颜料（pigment）和染料（dye）的呈色原理也正是色光减色法的完美体现。中性色色料（colorant）之所以能呈现黑、白、灰等非彩色颜色，是因为它们对白光

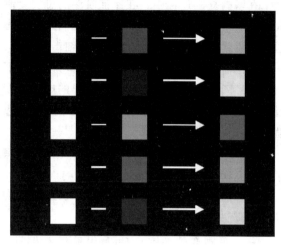

图 2-20　减色法示意图（见彩图 3）

中的红、绿、蓝三色光有不同程度的等比例吸收和反射。

具有不同色相的颜色是因为颜料或染料对白光中的红、绿、蓝三色光作不同波长范围、不同比例的吸收和反射。色相相同但饱和度不同的颜色则是因为颜料和染料对白光中的红、绿、蓝三色光作波长范围相同、但比例不同的吸收和反射。

在研究色料过程中，我们发现颜料和染料中的黄（yellow）、品红（magenta）、青（cyan）三种颜色不能由其他颜色的颜料混合而成，而且按照不同比例混合后可以合成各种颜色。因此，黄、品红、青三种颜色被称为色料三原色（subtractive primary color）。

同样，两种或两种以上的色料混合后会产生另一种颜色感觉的现象被称为色料减色法（subtractive color mixing process）。如图 2-21 所示，黄与品红混合得到红色，品红与青混合得到蓝色，黄与青混合得到绿色，而适当比例的黄、品红、青混合得到黑色。两种色料以不同比例混合还能得到一系列不同近似色。

色料减色混合与色光加色混合的最大区别在于：色料减色混合后，反射或透射的光能量减少，因此颜色越混越暗。色料减色法广泛应用于彩色印刷、绘画、摄影等领域。需要特别注意的是，对比图 2-19 和图 2-21 可以发现，虽然色光加色法色环图与色料减色法色环图中

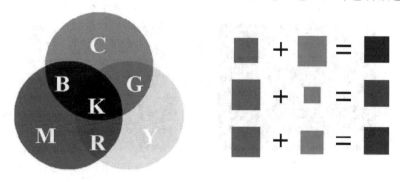

图 2-21　色料减色法示意图（见彩图 4）

都有红、绿、蓝、黄、品、青，但色光的红和色料的红呈现的颜色是有差异的。总的来说，色光的颜色看起来更饱和。

（三）关于图像清晰度的概念

在印刷复制过程中，在保证阶调的忠实复制和颜色的忠实再现基础上，细微层次的体现成为高品质印刷品的要求。例如，我们希望书本上印刷的木材、金属、织物看起来有质感，通俗地说就是"看起来像真的"。而细微层次正是图像清晰度的体现之一。

图像清晰度（image sharpness）可以从以下三个层面来度量。

（1）图像轮廓边界的锐度　边界的虚实程度，即层次边界渐变的过渡宽度。图像上边缘过渡宽度小，边界就显得实，感觉清晰度高；边缘过渡越大，边界就显得越虚，感觉清晰度就越差。

（2）图像细微反差的清晰度　相邻两明暗层次，尤其是细小层次之间的明暗差别。细微层次反差较大时，视觉感受较清晰。

（3）图像细微层次的精细程度　层次对景物细小质点的分辨力。对细小质点的分辨力越高，细微层次越好，清晰度越高。

二、阶调复制（tone reproduction）原理

在第一章印刷综论当中，我们已经介绍了在印刷工业中常用的原稿类型。从复制原理的角度来划分，印刷复制的对象可以分为线划（包括文字和图形）和图像两大类。

对于文字和图形，它们是由黑白或彩色线条组成的图文，没有色调的深浅变化。因此，线划稿复制在各种印刷工艺中都比较容易实现。如图 2-22 所示，在凸版印刷中，使线划部分高于空白部分，印刷时较高的线划部分能接触吸附油墨，再转移到纸张上，而较低的空白

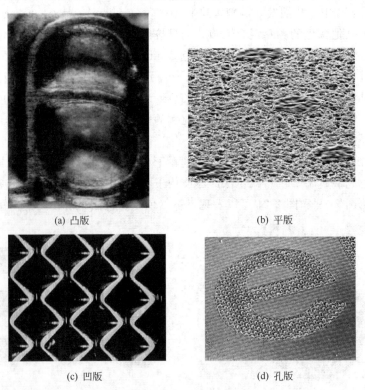

|(a) 凸版|(b) 平版|
|(c) 凹版|(d) 孔版|

图 2-22　线划稿在凸版、平版、凹版和孔版印刷中的实现原理示意图

部分则不能；在平版印刷中，只要通过各种物理或化学方法令线划部分亲油，使线划部分和空白部分产生差异，就能实现印刷时只有线划部分吸附并转移油墨到纸张上；在凹版印刷中，让空白部分处于较高的平面，凹下的线划在印刷时就能含藏油墨，并在压力的作用下转移至纸张；在孔版印刷里，用胶或其他物质封堵空白部分的网孔，而使线划部分网孔保持通透，油墨就能在印刷压力作用下透过线划部分的网孔到达纸张。

相对于文字和图形，图像的印刷复制更为复杂。在凹版印刷中，我们或许可以改变凹陷的深度，由此改变含藏油墨的多少，使颜色的深浅借由墨层厚度变化体现出来。暗调部分凹陷深、墨层厚，亮调部分凹陷浅、墨层薄，墨层厚度连续变化就可以体现原稿的浓淡层次。如图 2-23 所示。这就是在印刷品上体现连续调图像的明暗层次（即阶调）的方法之一：利用墨层厚度的变化。

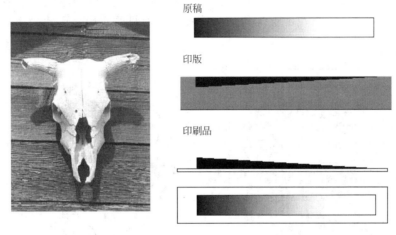

图 2-23　单色连续调原稿在凹版印刷中的实现原理示意图

但是，在凸版、平版和孔版复制工艺中，不能像凹版复制那样改变墨层厚度来体现颜色由深到浅的连续变化。图 2-24 中，是用一张制版照相机拍摄的连续调阳图底片，用它晒制出 PS 版（平版），经过印刷，得到了图中所示效果，底片上的明暗层次全部丢失了，只有黑白之别，这是由于 PS 版上和胶片中间调相对应的感光层在晒版时得不到足够的光量发生光化学反应，显影时被冲掉，形成图像的基础被破坏而造成的。

图 2-24　用连续调底片制作的阶调丢失的印刷品

如何才能用厚度不变的墨层来体现连续变化的浓淡层次呢？这就是在印刷品上体现连续调图像的明暗层次（即阶调）的另一种方法：利用网点覆盖率（即着墨面积率）。即通过加网来改变纸张上的着墨面积率，从而体现连续的阶调。我们称之为阶调复制原理，相应工艺则称为加网复制工艺。凸版印刷、平版印刷和孔版印刷都是（甚至凹版印刷中也有）利用这一方法来实现单色连续调原稿的阶调再现的。

自从印刷术发明以来，人们一直希望能在印刷品上再现各种有浓淡色调连续变化的图像。早在唐代，雕版印刷技师们就发明了饾版工艺用于复制彩色绘画作品，也有石版印刷、珂罗版印刷等技术。在近现代印刷技术当中，对连续调原稿的复制主要通过加网技术来实现。加网技术总的来看有两大类：调幅加网和调频加网。

（一）调幅加网技术

在调幅加网（amplitude modulation screening，简称 AMS）技术方面，印刷品上网点的间距相等，通过改变网点的大小来改变单位面积中的着墨比例，从而体现图像原稿的浓淡层次变化，如图 2-25 所示。从 1882 年德国的 Georg Meisenbach 发明了用网点法再现连续调图像后，人们先后发明了多种加网技术，其中常规的加网技术经历了投影网屏、接触网屏、全阶调格拉达网屏、电子加网和数字加网等阶段，提高了印刷品的质量，简化了复制工艺，在一定程度上满足了人们的需求。从应用上看，调幅加网技术已经有几十年的生产历史和成熟的工艺，也是迄今印刷工业中最主流的加网技术，而目前应用最广泛的主要是数字加网技术。

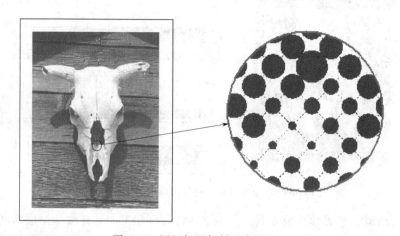

图 2-25 调幅加网复制示意图（1）

1. 调幅网点对图像阶调的传递

连续调图像经调幅加网后，图像由大小不同的、规则排列的网点组成，由网点的大小变化表现图像的明暗层次。在图像上的明亮部分，形成网点小，相对周围空白区域大，单位面积内网点总面积小，油墨覆盖率低，反射光线多，吸收光线少，给人以明亮的感觉，显得明亮；而在图像上暗的部分，形成网点大，相对周围空白区域小，单位面积内网点总面积大，则油墨覆盖率高，反射光线少，吸收光线多，使人感到阴暗，图像就显得暗。所以连续调图像经加网复制后，通过印刷品上这种图像单元与空白的对比，原稿图像的浓淡层次在印张上便可得到再现。如图 2-26 所示。

由此可见，网点是印刷品最基本的图文单位。由等间隔网点的大小变化改变着墨面积，来表现图像的明暗层次。

而彩色图像的印刷复制，则是通过青、品红、黄、黑四色网点的叠印而实现的。我们将在彩色复制原理中详细讲述。

2. 调幅网点的特性

（1）加网线数（screening ruling） 加网线数也称为网目线数，是指加网角度方向上单位宽度或长度内网点中心连线上所排列的网点数。衡量加网线数的单位是线/英寸（line/

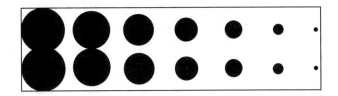

原稿

印刷品

图 2-26 调幅网点对图像阶调的传递

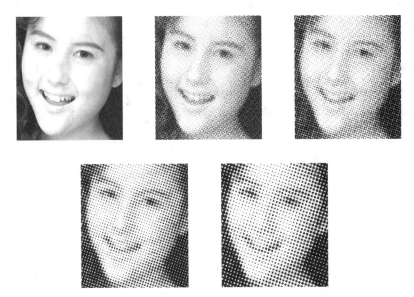

图 2-27 不同加网线数对图像清晰度的影响（加网线数由高到低顺序排列）

inch，简称 lpi）或线/厘米（line/cm）。印刷品加网线数的高低直接影响图像质量。加网线数越高，单位面积内容纳的网点个数愈多，图像细微层次表达越精细，阶调再现性愈好；加网线数越低，单位面积内容纳的网点个数愈少，图像细微层次表达越粗糙，阶调再现性愈差。如图 2-27 中可以看到，不同加网线数度图像再现清晰度的影响。

当然，加网线数是由复制精度的要求、印刷品的用途及观察距离、承印材料的性能、印刷机的精度等多个因素决定的。精细印刷品，一般使用平滑度较高的纸张印刷，应该选择高网点线数来复制。加网线数确定的一般规律如表 2-2 所示。

以上网点图像上的网点间距小于人眼最小可分辨距离，即以印刷品中间调以上的网点人眼不能分辨为原则，各种网线所需视距如表 2-3 所示。

表 2-2 各类加网线数的用途

80～100lpi	全张海报和招贴画、凸版报纸	150～175lpi	年历、明信片、画报、画册、书刊封面
100～133lpi	对开年画、教育挂图、胶印报纸	175～200lpi	精美画册、精美杂志

表 2-3　各种网线与所需视距

加网线数 $N/(1/cm)$	人眼最小可辨距离 d/mm	视距 1 /mm	视距 1.51 /mm	加网线数 $N/(1/cm)$	人眼最小可辨距离 d/mm	视距 1 /mm	视距 1.51 /mm
20	0.250	862	1293	48	0.104	359	538
24	0.208	718	1077	50	0.100	345	517
28	0.178	616	924	53	0.094	325	487
32	0.156	539	808	60	0.083	287	430
34	0.147	507	716	70	0.071	246	369
40	0.125	431	646	80	0.063	216	324

（2）加网角度（screening angle）　加网角度也称网线角度，是指相邻网点的连线与水平基准线的夹角。如图 2-28 所示。常用的加网角度有 0°（90°）、15°（105°）、45°（135°）、75°（165°）。单色印刷品一般采用 45°加网，因为从视觉角度看，45°的网点图像舒适美观，表现稳定，人眼对网点存在的敏感度最低。

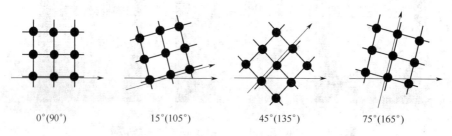

|　　0°（90°）　　|　　15°（105°）　　|　　45°（135°）　　|　　75°（165°）　　|

图 2-28　常用加网角度

但是，正是因为调幅网点的周期性分布使调幅加网技术存在先天的弱点，即不可避免的龟纹。在光学中，两个空间周期相差较小的图纹重叠时，会出现一种具有更大空间周期的图纹，我们称之为莫尔纹（Moiré Pattern）。如图 2-29（a）所示。所生成的莫尔纹的周期（间距）大小与两个因素有关：一是两空间周期之差，周期差值越小，莫尔纹间距越大；二是两空间周期的夹角，当周期相同时，周期间夹角越小，莫尔纹间距大。

同样，由于彩色印刷品是由四色或四色以上色版套印，且各色版上的网点都是周期性排列的，相互叠加必然产生莫尔纹，印刷中称之为龟纹（Moiré）。如图 2-29（b）所示。可以

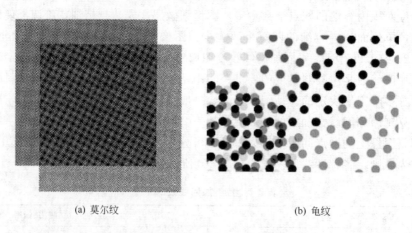

|　　　（a）莫尔纹　　　|　　　（b）龟纹　　　|

图 2-29　莫尔纹的产生（见彩图 5）

36

说龟纹是莫尔纹在印刷品上的体现，龟纹影响图像质量。

龟纹必然存在，只能尽量减小它对图像质量的影响。通常避免醒目龟纹的方法是加大各色周期网点间的网线角度以减小莫尔纹间距。实践证明，如果四色印刷中网线夹角不小于22.5°，可以有效控制龟纹对图像质量的影响。在分配四色网点角度时，尽可能把重色、主色放在45°，也可以减小龟纹的可见性。所以，多色印刷一般采用如下网点角度分配：

单色	45°
双色	深色 45°；浅色 75°
三色	Y 15°；M 75°；C 45°
四色	Y 0°；M 15°；C 75°；K 45°

（3）网点形状（dot shape） 网点形状是指单个网点的几何形状。常用的网点形状有方形、圆形、椭圆形、链形等。此外，在印刷复制中，为达到某种特殊的艺术效果而使用一些特殊形状的网点，如砖形、线形等。

（4）网点大小（dot area） 网点大小是指一个网点在单位总面积里所占的比例，通常是以"成"命名的。如一个网点面积占单位总面积的30%，则称为三成，占单位面积的10%则为一成，以此类推，一般以网点面积比例的大小分成10个阶层。一般连续调图像的暗调部分网点百分比的范围约为70%～90%；中间调部分网点变化范围约为40%～60%；亮调部分网点变化范围约为10%～30%。特殊地，100%网点区域称为实地，0%网点区域称为绝网。另外，识别网点的成数也有阴阳之分，因此判断网点大小首先要分辨观察对象是阴像网点还是阳像网点。对阴像网点图像要看透明点的大小判定成数，对阳像网点图像要看黑点的大小判定其成数多少。

有两种方法识别网点的成数：目测法和密度计法。

目测法是观察相邻两个网点之间的间距大小来判断网点成数。如图2-30所示，如果两个网点之间可以容纳三个等大网点，则可以判断其为1成网点；如果两个网点之间可以容纳两个等大网点，则为2成网点；如果两个反像网点之间可容纳两个等大反像网点，则为8成网点。依此类推，关系如表2-4所示。

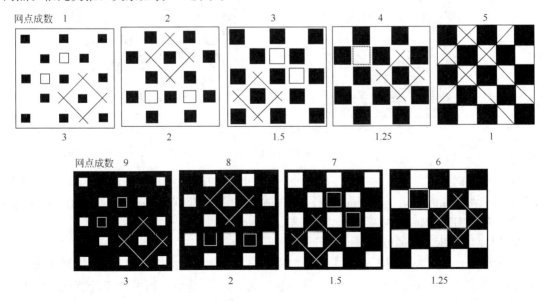

图 2-30　目测法识别网点成数

表 2-4　目测法判断网点成数

网点成数	1	2	3	4	5	6	7	8	9
相邻各网点之间可容纳等大网点的个数	3	2	$1\frac{1}{2}$	$1\frac{1}{4}$	1	$1\frac{1}{4}$	$1\frac{1}{2}$	2	3

目测法只能大致判断网点成数，更科学准确的方法是用密度仪（densitometer）测量。即用密度仪测定一定范围（即密度仪的光孔直径范围）网点与空白部分混合在一起的密度（density）值，再换算成网点百分比值，其换算公式如下。

如果被测区域的反射率为 ρ，则密度为 $D = \lg(1/\rho)$。测量出网点区域网点密度为 D_t，实地密度为 D_s，则可以用玛瑞-戴维斯公式计算出

$$网点百分比 = \frac{1 - 10^{-D_t}}{1 - 10^{-D_s}} \tag{2-5}$$

（二）调频加网技术

由于调幅加网网点的规律性分布，使调幅加网在多色套印时，易产生干涉条纹，中间调处由于网点搭角而产生阶调跳跃，网线数低时会丢失图像细节。这些缺点都制约了彩色复制技术的发展。为了克服调幅加网的缺点，为了得到色彩更丰富、图像更清晰、质感更真实的印刷品，人们不断在探索新的复制技术。高精细印刷和调频加网技术正是在这样的需求下应运而生的。

调频加网（frequency modulation screening，简称 FMS）也叫随机加网（stochastic screening），是通过大小一定的"网点"出现的密集程度（即频率）来改变印刷品的着墨面积率，从而体现原稿图像的浓淡色调变化，如图 2-31 所示。

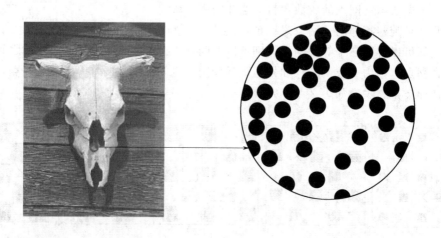

图 2-31　调频加网复制示意图（2）

实际上，调频网点有两种基本类型。一种是一阶调频网点（first order fm dot），每个网点大小固定，网点的空间分布随机变化。另一种是二阶调频网点（second order fm dot），网点的大小和空间分布频率都发生变化。如图 2-32 所示。

1. 调频加网技术发展历程

调频加网技术从理论到实践、从实验到应用经历了二十余年的时间。1982 年，德国的 Scheuter 和 Fisher 创立了调频加网理论并申请了专利，但是由于当时普通计算机的计算能力和存储容量无法满足实际的要求，调频加网技术未能付诸实践。1983 年，瑞士的 EMPA

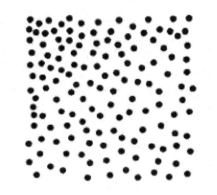

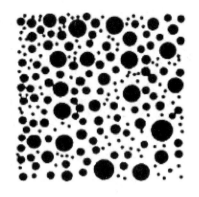

(a) 一阶调频网点　　　　　　　　　　(b) 二阶调频网点

图 2-32　调频网点的种类

与德国的 Scheuter 和 Fisher 接触，开始研究调频加网技术。1989 年 Fisher 在美国的 TAGA 上发表有关调频加网技术的论文，1992 年 Widmer 也在 TAGA 上发表有关调频加网技术的论文，但在美国未能引起重视。1991 年，在日本 KOHAN 公司的标准化讲演会上，K. Schlaepfer 作了关于调频加网技术的演讲。1993 年，IPEV（英国）在 IGAS 上展出调频加网技术，展示了这种没有网屏线数、网点角度概念的加网方法。美国称其为 stochastic screening（随机加网），欧洲称其为 FM screening（frequency modulation screening，调频加网）。

随着计算机技术的发展，调频加网理论的改进，调频加网技术有了突破性的进展。1993 年 4 月，AGFA 和 LinoType-Hell 首次展示了采用随机网点加网的印刷样张，随后 Scitex 公司推出了自己的调频加网产品 Fulltone，接着 Crosfield 公司也推出了调频加网产品。到 1994 年 3 月，世界各主要印前设备制造厂商已经普遍掌握了这项技术。

但是，调频加网技术于 20 世纪 90 年代初期首次登场以后，尽管它的来势甚猛，但至今仍只有少数的印刷厂采用了这种技术。早些年，由于普遍采用基于胶片的工作流程，工艺流程中的不稳定因素太多，很难在印版和印刷机上稳定复制小网点，所以大多数厂商尝试了一下之后又都回到传统的网目调（也称半色调）加网方式上了。

近年来，国内也加强了对调频加网技术的应用研究，在调频网的印刷适性和降低噪声（颗粒感）方面取得了重要进展，证实了在印刷厂现有生产条件下，采用国产器材，印刷调频网图像的可行性。随着 CTP 技术的不断成熟和普及，消除了早期应用调频网技术所存在的各种问题，调频网技术的应用范围有望不断扩大。最近一些厂家推出的调幅与调频混合的加网方式，为印刷厂提供了更多的选择。表 2-5 所列是目前市场上主要的调频加网技术和混合加网技术。

表 2-5　调频加网产品列表

公　司　名　称	产　品　名　称	产　品　特　点
Adobe	Brilliant	Adobe 第二级 RIP 的　个选项
Creo	Staccato	二级调频加网，采用多种网点尺寸，最新的视方佳 $10\mu m$ 调频网（Staccato10）可生成最小尺寸为 $10\mu m$ 的网点
	Fulltone	采用部分随机方式改变网点大小和间距，可采用常规打样方式及分辨率输出

公 司 名 称	产 品 名 称	产 品 特 点
AGFA	CristalRaster	AGFA Cobra RIP 和第二级 STAR 系列 RIP 的一个网点选购项
	Sublima	混合加网,综合了 ABS(Agfa Balance Screening)半调加网在中间调的优点和调频加网在高光和暗调区域的优点。两种加网都采用与加网一样的角度,来确保能从调幅加网区域到调频加网区域有一个平滑的过度
富士	Taffeta Screening	二阶随机加网,网点最小可达 $20\mu m$
	Co-Res	调幅调频混合加网
Esko-Graphics	Monet	通过同时改变网点大小和间隔实现调制
Screen	Spekta	结合了调幅与调频加网的优势,在 1%～10% 的高光区和 90%～99% 的暗调区采用所谓的"真"调频加网方式,网点尺寸固定,但网点的数量和位置是随机变化的;在 10%～90% 的中间调区域则采用调幅加网的方式,网点大小和位置随阶调变化,而数量则是固定不变的
Heidelberg	Diamond	一阶调频加网
	Satin Screening	二阶调频加网,网点大小可变,最小为 $20\mu m$,此外可变化网点间距
UGRA. FOGRA. Kohan	Velet Screen	—
Black Box Colltype	Avanced Continuous Tone	最高可以分为 21 色的高档珂罗版,调频网点点形由计算机产生
Dainippon Screen	Alphalogic FM Randot	可以在同一画面的不同部位采用不同数字加网方式
Great Hall of American Color	Megadot	采用尺寸不同的标准圆形网点调制的二阶调频网点,支持高保真彩色印刷技术
R. R. Donnelley	Accutone	自行开发成功的供轮转印刷使用的随机网点技术
Mannesmann Scagraphics	High Fidelity Screen	在 Sun Sparc-2 或 Sparc-10 工作站上运行,采用调频网点技术,可在该公司各种照排机上使用
SeeColor	Clear	采用较大胞点($40\mu m$),并可避免龟纹的准调频网点技术,与配套的 RIP 共同出售
Hyphen	Scintilla FM	网点大小为 $20\sim30\mu m$,网点大小和间距可同时改变
University of Rochester	Blue Noise	采用部分有序、部分随机的数字网点生成技术,对低分辨率的激光打印机能显著改善输出效果
Zeon	R. S. T. 随机网点技术	提供带有调频加网选项的 RIP,用户可调整网点大小和形状,带有硬件加速器
5D	Jaw's RIP	采用"模拟方砖"技术,在同一页面混合使用常规网点和调频网点
Tegra Varityper	ESCOR-FM	—

2. 调频网点对图像阶调的传递

连续调图像经调频加网后,图像由大小相同或不同的、不规则分布的网点组成,由网点的疏密变化改变着墨面积率,从而表现图像的明暗层次。在图像上的明亮部分,网点分布稀疏,单位面积内网点总面积小,油墨覆盖率低,反射光线多,吸收光线少,给人以明亮的感觉,显得明亮;而在图像上暗的部分,网点分布密集,单位面积内网点总面积大,则油墨覆盖率高,反射光线少,吸收光线多,使人感到阴暗,图像就显得暗。原稿图像的浓淡层次在印张上通过着墨面积率的变化得以再现。如图 2-33 所示。

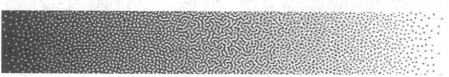

原稿

印刷品

图 2-33　调频加网阶调复制示意图

3. 调频加网技术的特点

相对于调幅加网而言，调频加网有明显的优势，如下所述。

① 不使用周期性网点结构，不会产生龟纹和玫瑰斑。由于调频网点在二维空间内是随机分布的，不存在产生龟纹和玫瑰斑的条件，因此复制图像清晰度特别高，细微层次再现能力强（图 2-34）。

② 由于不受网角限制，调频加网支持多色印刷，大大提高了颜色复制能力。另外，调频加网再现色域更广，能产生常规四色印刷无法实现的特殊印刷效果，大大扩展了色域范围。

③ 无需考虑网角和挂网系数，可用较低分辨率扫描图像，图像数据量大为减少。在传统调幅加网中，图像扫描分辨率一般是输出印刷线数与放大倍数乘积的 1.5～2 倍，但在调频加网中，扫描分辨率只需等于印刷线数与放大倍数的乘积，即可达到于常规调幅加网类似的效果。图像数据

图 2-34　调幅加网和调频加网的对比
（见彩图 6）

存储量减小，图像处理与排版速度更快，输出时间减少，从而提高印前作业的生产能力和效率。

④ 调频网点不规则分布，克服了调幅网点在 50% 的中间调发生阶调跳跃的不足，可得到更光洁的阶调。

⑤ 网点细微（$10～40\mu m$），不依赖改变网点大小体现层次，能以较低分辨率输出，对图像细微层次的再现也非常逼真。调频加网对木纹、金属、织物、皮毛等纹理的再现能力是调幅加网所无法比拟的。

⑥ 套印精度对色彩和清晰度的影响更小。如图 2-35 所示，在相同的套印误差下，调频网点图像看起来比调幅网点图像更清晰。

正因为这些优势，调频加网在胶印、柔性版印刷、新闻纸印刷等领域具有很好的发展前景。然而，与传统的调幅加网技术相比，调频加网的网点很小，一般在 $10～40\mu m$。因此，调频加网技术对胶片和印版的再现精度、纸张的白度和平滑度、油墨的细度和转移性能、印刷机的精度等材料以及设备性能的稳定性要求较高，其网点扩大规律也与调幅网点不同。这在一定程度上制约了调频加网技术在中国的推广，使调频加网工艺不能广泛应用于实际生产。但是，随着计算机直接制版的广泛应用及对调频网印刷适性研究的逐步深入，调频加网

41

图 2-35　套印误差对图像色彩和清晰度的影响（见彩图 7）

正越来越得到正确的认识和适当的应用。

三、彩色复制（color reproduction）原理

对于单色连续调图像，可以通过加网技术改变着墨面积率，从而再现原稿的浓淡层次。那么对于彩色连续调原稿呢？图像上不计其数五彩缤纷的颜色在印刷复制中又是如何得以再现的呢？如果用高倍放大镜观察彩色印刷品，你会发现平常看起来连续变化的颜色在放大镜下其实只是青（cyan）、品红（magenta）、黄（yellow）和黑色（black）的四色网点的重叠或并列。如图 2-36 所示。所以说，印刷复制当中是通过青、品红、黄和黑色四种单色半色调网点图像的叠印来再现原稿上五颜六色的颜色的。

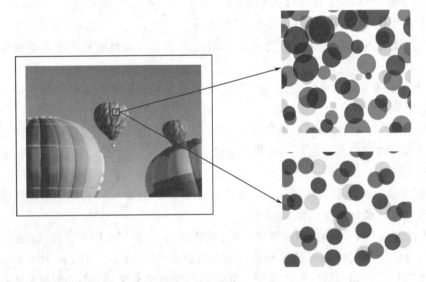

图 2-36　印刷品放大示意图（见彩图 8）

要使原稿色彩在印刷品上得到再现，就必须对原稿进行颜色分解和颜色合成两个过程。颜色分解（color separation）就是将组合的色彩进行分解，分别制成色料三原色分色版

（separation plate）。颜色合成就是对分解后的色料三原色分色版，用三原色油墨（primary ink）涂到对应颜色的印版上，再在纸张上逐次叠合，再现原稿色彩，如图 2-37 所示。

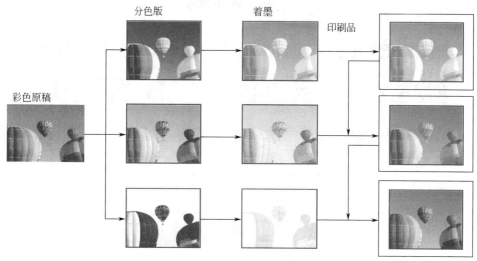

图 2-37　颜色分解与颜色合成示意图（见彩图 9）

（一）颜色分解的原理与方法

颜色分解是根据减色法原理，利用红、绿、蓝三种滤色片（filter）对彩色原稿进行分色拍摄或扫描，得到代表原稿的青、品红、黄三种分色图像信息的过程。这种分色信息在照相制版和电分制版中体现为分色片，在数字印前工艺中体现为分色的数字图像。

以照相制版为例，在照相分色时，照相机镜头上装上红滤色片，对彩色原稿进行照相，由于红滤色片能选择吸收蓝、绿色光谱，只通过红色光谱，从原稿上反射或透射到镜头的光，通过滤色片的选择性吸收和透射后，只有红光到达感光材料，使其感光还原出较多的银，形成高密度部分，原稿上反射的蓝、绿色光被红滤色片吸收，感光材料上未受光作用，只能形成低密度部分。原稿上反射蓝光和绿光的区域，即为颜料的青色部分，所以说得到的底片是青分色阴片（negative separation film）。

同理，用绿滤色片，使原稿上绿光通过，红、蓝色光被吸收，获得品红分色阴片，用蓝滤色片，使原稿上蓝光通过，红、绿色光被吸收，获得黄分色阴片。

如果以一幅包含黑、白、红、绿、蓝、青、品红、黄各色色块的典型原稿为例来分析印刷中颜色分解的过程，可以用图 2-38 很清楚地表示出来。在分析颜色分解过程时，首先要知道滤色片的性能是透过本色光，吸收其他两种原色光，而颜料的性能是吸收互补色光，反射其他两种原色光。

（二）颜色合成的原理与方法

颜色合成（color composition）是根据分色图像信息分别制作成青版、品红版、黄版，印刷时分别用各自的青、品红、黄三原色油墨着墨，再在纸张上逐一叠加，从而再现原稿彩色。我们已经知道青、品红、黄是色料三原色，不等量的三原色色料可以混合出多种颜色。颜色合成正是利用了色料的减色法混合原理，使用青、品红、黄三原色油墨叠印来再现原稿的色彩。

实际上，连续调图像是由网点组成半色调图像再现的，网点就成为再现彩色的传递基础。网点在套印时，因网线的角度和网点大小不同，彩色合成时产生两种状态：网点叠合和

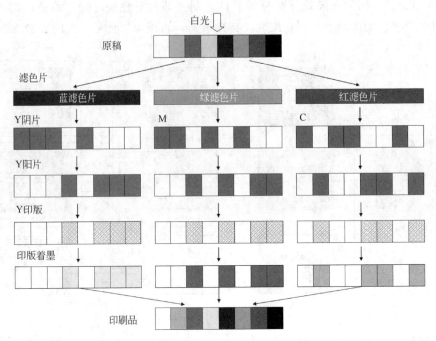

图 2-38　颜色分解与颜色合成原理示意图（见彩图 10）

网点并列。那么，相同的两种色料在混合和叠印时是否呈现相同的颜色效果？我们在下面的分析中解答这两个问题。

1. 网点叠合

光照射在油墨上，油墨会吸收某种色光，反射其他色光。当两种油墨叠合，也同样产生吸收与反射某两种色光。如图 2-39 所示，白光照射在黄、品红两油墨的叠印处时，黄油墨吸收了白光中的蓝色光，而透过绿、红色光，绿、红色光又射到品红油墨上，品红油墨吸收了绿色光，透过了红色光，红色光经白纸又反射出来，因此，在黄、品红两油墨叠合后看到

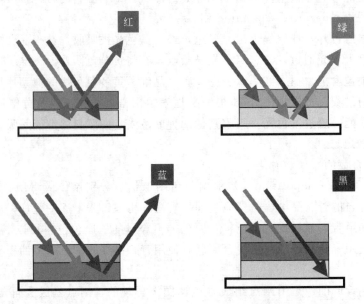

图 2-39　网点叠合呈色示意图（见彩图 11）

44

的是红色。同理，黄、青两油墨叠合后成绿色，品红、青油墨叠合成蓝色，当黄、品红、青三油墨叠合时，色光都被三油墨吸收，没有光被反射出来，所以呈现黑色。

另外，油墨吸收色光的多少与色料的浓度、透明度、墨层厚度、叠印顺序有关，所以会产生偏色。例如，当青墨叠印到品红墨上时，如果品红墨层较厚，则得到蓝紫色；如果青墨层较厚，则得到青蓝色。由此可见，通过网点叠合可以再现各种颜色，并遵循色料的减色混合原理。

2. 网点并列

当黄、品红两网点并列时，会产生什么色光？如图 2-40 所示，当白光照射在黄色网点上，黄网点便吸收蓝光，反射红光和绿光；当白光照射在品红网点上，品红网点吸收绿光，反射红光和蓝光。由于两网点并列，便将两网点反射出的红光、绿光和红光、蓝光进行空间混合，在四种色光中，红光、绿光和蓝光组成白光，余下即为红色光，所以当黄、品红两网点并列时成为红色。同样，品红、青两网点并列生成蓝色，黄、青两网点并列生成绿色。

另外，两网点并列状态下，当网点大小不同时，则产生的色光偏于大网点的一侧。如大的品红网点与小的黄网点并列，产生的色光偏红色。由此可见，通过网点并列可以再现各种颜色，且遵循色料的减色混合原理。

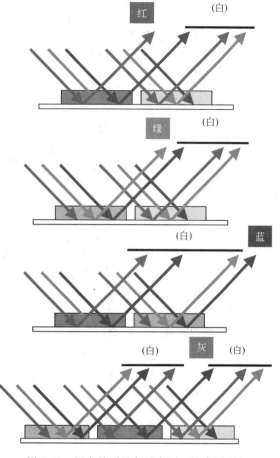

图 2-40　网点并列呈色示意图（见彩图 12）

3. 网点叠合与网点并列的分析比较

既然网点叠合呈色与网点并列呈色都遵循色料减色法规律，那么两个网点随机地处于叠合或并列时是否能呈现相同的颜色效果？

由图 2-41 分析可见，如果考虑到白纸反射和网点大小的影响，按理想模型，单位面积上大小固定的两个网点无论重叠或并列，再现颜色效果都应相同。所以说，虽然网点图像在叠印时的状态是不可控制的，但无论网点处于叠合还是并列，在理想状态下都可以呈现相同的颜色效果。

一切印刷复制过程都以颜色分解和合成原理为依据，只是在不同技术发展阶段使用不同的手段而已。在照相制版时代使用制版照相机分色，电子分色制版工艺使用电子分色机分色，如今的数字印前处理工艺则是使用扫描仪进行分色。而颜色合成都是通过原色油墨的叠印来实现的。

需要特别注意的是，我们在上面的讲述中都采用了理想模型，即我们假设滤色片、油墨等材料都具有理想的性能。而实际上无论是滤色片、油墨还是纸张都是不理想的，因此网点并列和网点叠合的呈色效果实际上并不完全相同，存在着叠印率的问题。再如，理想的红滤

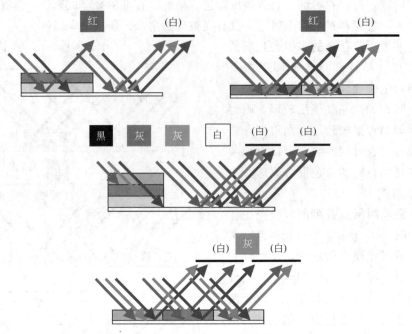

图 2-41　网点叠合呈色与网点并列呈色比较示意图（见彩图 13）

色片应该完全透过红光而完全吸收绿光和蓝光，但实际生产中的红滤色片不仅对红光不能完全透过，对绿光和蓝光也有部分透过，而不是完全吸收。同样，在上面的理想模型里，可以用青、品红、黄三色油墨再现彩色图像，但是实际生产中，由于油墨、滤色片等材料不理想，往往需要另外加一个黑版来弥补青、品红、黄三原色油墨在暗调部分再现颜色的不足，黑版可以起到增强轮廓清晰度和增强暗调反差的作用。因此，实际印刷中多使用青、品红、黄和黑四色油墨来复制原稿彩色。

第三节　印前处理工艺

我们在第二节的图像信息处理原理和方法中已经了解到：要使原稿色彩在印刷品上得到再现，就必须对原稿进行颜色分解和颜色合成两个过程。而本节即将阐述的印前处理技术正是不同技术发展阶段下的颜色分解过程的具体实现方法。

印前处理技术在近一个世纪里发生了巨大变化，经历了照相制版（photomechanical image processing/reproduction）、电子分色制版（electronic reproduction）、彩色桌面出版制版（desk-top publishing）三个主要阶段。

照相制版是利用光学成像原理，使用制版照相机对彩色原稿进行分色和加网，并通过手工方式拼合图像和文字的工艺。1852 年，英国的 Fox Talbot 将经过铬酸处理的明胶应用于照相制作图像版；1876～1886 年间，美国发明了玻璃网屏，使网目印刷成为图像印刷的主流技术。

电子分色制版是利用光电扫描技术，用电子分色机对彩色原稿做分色和加网，再用手工或电子整页拼版设备拼合图像和文字的工艺。20 世纪 70 年代，采用光电技术的电子分色机的发明和使用使图像处理的质量和速度都得到了很大提高。

彩色桌面出版是利用扫描仪、计算机和激光照排机等数字设备，能同时完成文字输入编辑、图形设计制作、图像处理，并能实现图文合一的技术。彩色桌面出版系统的使用使印前处理工艺越来越数字化，因此也常把彩色桌面出版和后来出现的计算机直接制版、计算机直接印刷等 CTP 技术统称为数字印前技术。

可见，随着技术的不断发展，制版方法和所用设备也发生了变化，但我们也可以从中清楚地认识到：无论技术和设备如何变化，都是利用减色法原理，对彩色原稿进行分色拍摄或扫描，得到代表原稿的青、品红、黄三种分色图像信息，再根据需要进行必要的加网，进而制成可以大量复制印刷品的印版的过程。即都经历了图像采集、分色、加网、印版记录的工序，这就是不同发展阶段印前技术的共性。

一、照相制版系统与工艺

照相制版是使用制版照相机，利用光学成像原理对彩色图像原稿进行颜色分解，用网屏对图像加网，再通过必要的手工图像修正，对图像和文字进行手工拼版的制版技术。

单色线条和单色连续调原稿，一般采用制版照相工艺制作阳图或阴图底片，再用于晒制印版。照相制版成本低廉，工艺操作简单，但图像处理效果也相当有限。

（一）照相制版常用设备与材料

照相制版常用的设备有制版照相机、滤色片、网屏、自动显影机、打孔机等。

制版照相机是用于对彩色图像原稿进行拍摄得到制版用底片，同时还可以结合使用镜头、滤色片、网屏、三棱镜、照明光源等部件，对原稿进行放大、缩小、分色、加网等照相工艺，以获得所需的各种底片进行分色和加网处理的设备。

如图 2-42 所示，制版照相机由基架、暗箱、原稿架、操纵机构等组成。其中机架是固定暗箱、原稿架的基础。暗箱是成像部分，它由镜头、镜头架、皮腔、暗盒等组成，暗箱后部还有装网屏架、感光片架，也可装检查影像尺寸和清晰度的毛玻璃。原稿架包括反射原稿架和透射原稿架两部分。操纵机构主要包括暗箱的移动，镜头上下、左右的移动，原稿架移动的控制装置。

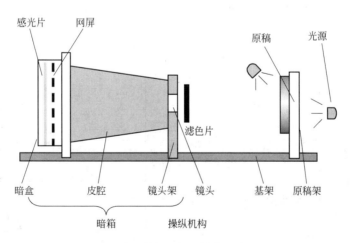

图 2-42　制版照相机结构示意图

制版照相机（process camera）按照相机对于地面的位置可以分为卧式、吊式、立式三种。

卧式照相机（horizontal process camera）结构简单，操作方便，常用来拍摄对开以下幅面的底片。吊式照相机，作业区间便于通行，操作方便，常用来拍摄对开、全张幅面的底片。立式照相机（vertical process camera）占地面积小，便于操作，常用来拍摄四开以下的底片，若用装有三棱镜的立式照相机，可以直接拍摄凸版制版用的阴图底片。图2-43是立式制版照相机。

图 2-43　立式制版照相机

（1）制版镜头（reproduction lens）制版镜头是使感光材料曝光得到原稿影像的精密光学系统，它是由多片用特种光学玻璃制造的凹凸透镜组合而成。制版镜头要求消除一般镜头的球面像差（spherical aberration）、彗星像差（coma）、像散（astigmtism）、像场弯曲（curature of image）、畸变差（distortion）、色差（chromatic）等各种像差的复消色差（apochromat，缩写为APO）镜头；制版镜头还要能满足精度高、成像清晰、反差大、能分色摄影的要求；并要求镜头的焦距与照相机所摄幅面最大尺寸相适应，一般选用镜头焦距之长等于所摄幅面最大尺寸的对角线之长。

（2）滤色片（color filter）　滤色片是对不同波长的光具有选择性吸收和透过的有色光学器件。照相时把滤色片加在镜头前，使一部分色光通过的同时，又吸收或限制另一部分色光的通过，达到选择性的感光效果，用于进行彩稿的分色照相。

（3）三棱镜（bevelled mirror）和反光镜　正像原稿经过一次常规拍摄得到的是反像底片，如果把三棱镜和反光镜附加在制版镜头前改变光路，就可以一次拍摄获得正像底片。

（4）网屏（screen）　网屏是将连续调图像经过网屏拍摄或拷贝分解成可印刷复制的像素（网点）的加网工具。照相制版工艺早期使用投影网屏，后来多用接触网屏。

投影网屏又称玻璃网屏（glass screen），它利用网屏上的网格对光线的分割作用生成大小不同等间距的网点。如图2-44所示。

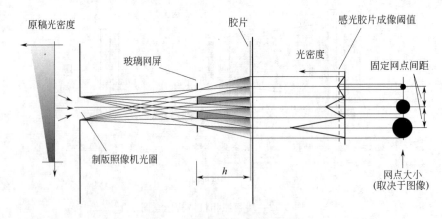

图 2-44　玻璃网屏加网成像示意图

接触网屏（contact screen）又称软片网屏，其网点结构是中心密度高，边缘密度低，每粒网点具有连续阶调的特性，故又称晕状网屏，如图2-45（a）所示。在一个像素微元上，

 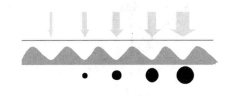

(a) 晕状网屏   (b) 网点

图 2-45　接触网屏加网成像示意图

把光量的随机分布变换成近似的正态分布，并与高反差感光材料配合，生成网点，网点大小与光量的大小相对应，如图 2-45（b）所示。

（5）光源（illuminant）　光源是一种能发出一定波长范围的电磁波的物体。制版照相用光源必须满足下列要求：发光强度大，光效高；光色接近太阳光谱，传色性能好；光强、光谱成分稳定，照度均匀；它是冷光源，防止光源热能对原稿的损伤；操作、调节、启动方便。常用的制版照相光源有：白炽灯、荧光灯、氙灯、金属卤素灯等。其中使用最多的是金属卤素灯。

（6）拷贝机（copier）　拷贝机是将拍摄的阳图或阴图底片与感光材料密附在一起，经曝光制作出供晒版用的原版的设备。其结构如图 2-46 所示。

（7）自动显影机（film processor）　自动显影机可与制版照相机、电子分色机、激光照排机配套使用，自动完成胶片的显影、定影、水洗和干燥。其结构如图 2-47 所示。

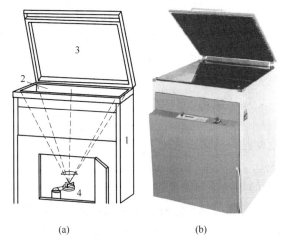 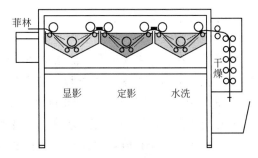

(a)   (b)

图 2-46　拷贝机结构图   图 2-47　自动显影机结构示意图

1—机架；2—玻璃板；3—机盖；4—带滤色片和透镜的点光源

（8）定位打孔器　定位打孔器是用于各分色底片精确套合的设备，包括打孔器和定位销钉。可用于照相制版和电分制版的手工晒版和拼版。

（9）密度计（densitometer）　密度计是用于测量原稿、底片和印刷品密度的光学仪器，有反射密度计和透射密度计之分。密度计是通过测量彩色物体对光的反射率或投射率来计算密度，反射密度计原理如图 2-48 所示。

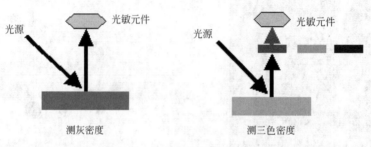

图 2-48　反射密度计原理示意图

（二）照相制版感光材料

感光材料（photosensitive media）是见光能发生变化，并经曝光和一定的化学及物理处理后能得到固定影像材料的总称。感光材料是照相制版工艺中必不可少的成像材料。

感光材料分为银盐感光材料（silver salt photosensitive media）和非银盐感光材料两大类。银盐感光材料的感光物质为分散于明胶水溶液中的卤化银，感光速度快，主要用于照相软片；非银盐感光材料的感光物质是其他材料，如铬胶、重氮盐或叠氮盐，感光速度稍慢，主要用于印版。制版照相主要使用银盐感光材料。

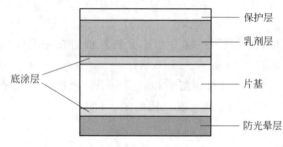

图 2-49　感光材料结构示意图

1. 感光材料的结构

感光材料是由片基、乳剂层、保护层、防光晕层及各层之间的底涂层构成。如图 2-49 所示。

片基是感光材料的支持体，若片基为玻璃则称之干版，若片基为涤纶则称之为胶片或软片，若片基是纸则称之为相纸。

乳剂层是感光材料的核心部分，处于片基之上。乳剂由银盐、动物胶和色素混合而成，见光会发生化学反应。

保护层在乳剂层之上，用于防止乳剂层被刮伤。

片基之下是防光晕层，该层含有吸光染料，用于防止因银盐颗粒散射和片基反射形成的光晕，即不该曝光部位的微量曝光。

另外，在各层之间还有底涂层保证各层之间结合的牢固程度。

2. 感光片在曝光和显影过程中的变化

图 2-50 显示了感光片在拍摄和冲洗过程中的物理化学变化。

感光片在拍摄时，曝光部分的卤化银还原成细微银粒子，感光量多的地方还原出较多银粒子，感光量较少的地方还原出较少的银粒子，此时已经形成了不可见的潜在影像，称为潜像。

感光后的胶片接着浸入显影液，显影剂是一种还原剂，它可以将带有潜像的卤化银还原成银颗粒，附加到潜像中的银粒子上。潜像银粒子多的地方，显影还原出来的银也越多，潜像银粒子少的地方，显影还原出的银也较少。当还原出来的银粒越来越多时，最终生成具有浓淡层次的可见影像。

显影后的胶片再进入定影液，使银盐还原停止，由定影剂除去胶片中残余的未曝光银盐，以免见光后继续反应变黑。定影使显影后不稳定的影像变得稳定。

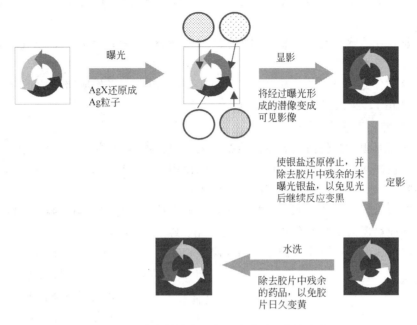

曝光
AgX还原成
Ag粒子

显影
将经过曝光形
成的潜像变成
可见影像

使银盐还原停止，并
除去胶片中残余的未
曝光银盐，以免见光
后继续反应变黑

定影

除去胶片中残余
的药品，以免胶
片日久变黄

水洗

图 2-50　感光材料在曝光和冲洗过程中的变化

最后的水洗可以除去胶片中残余的药品，以免胶片日久变黄。

3. 制版照相感光材料的分类

通过在感光乳剂制造过程中使用不同方法，或加入不同的光学增感剂和光谱增感剂可以控制照相感光材料的照相性能，包括密度（density）、感光度（sensitivity）、感色性（color sensitivity）、反差系数（contrast factor）、分辨率（resolution）、宽容度（exposure latitude）和颗粒度（graininess）等。以不同的照相性能指标为准，制版照相感光材料也有多种分类方法。

（1）按感色性分类　感色性是指感光片对不同波长光的敏感程度和感受范围。制版感光材料按感色性可以分为：①色盲片，不加光谱增感剂，可以感受蓝紫光；②正色片，也称为分色片或红光片，可以感受蓝、紫、绿和黄光，但对红光感受性差，因此可用暗红安全灯；③全色片，添加了全色增感剂，可以感受全部可见光，但对绿光相对不敏感，因而可用极暗绿灯为安全灯。

（2）按反差系数分类　反差（contrast）是感光片所能达到的最大密度与最小密度的差值，常用 $U = D_{max} - D_{min}$ 表示。而反差系数则反映了影像反差与原稿反差之关系，可用下面的公式计算

$$\gamma = \frac{影像反差}{原稿反差}$$

如果 $\gamma > 1$，则影像反差＞原稿反差，可以说影像调子较硬；若 $\gamma = 1$，影像反差＝原稿反差，影像调子适中；若 $\gamma < 1$，影像反差＜原稿反差，影像调子较软。制版感光材料按反差系数可以分为：①特硬片，$\gamma > 5$；②硬性片，$\gamma > 2$；③中性片，γ 介于 1 和 2 之间；④软性片，$\gamma < 1$。

（3）按感光度分类　感光度是感光片对光的敏感程度，它是达到一定密度所需要的曝光

量的倒数。制版感光材料按感光度不同可以分为：①高感光度材料；②中感光度材料；③低感光度材料。

中国普通胶片的感光度采用对数计算法计算，感光度度数每差 3°，感光的能力相差 1 倍，度数越大，感光越快。

（4）**按像别分类**　可分为：①负型片（negative film），影像明暗与原稿相反；②正型片（positive film），影像明暗与原稿相同。

（三）制版照相工艺

典型的制版照相工艺包括线划原稿照相工艺、单色连续调原稿的加网照相工艺、彩色连续调原稿的分色加网照相工艺。三种工艺中可以使用不同的感光材料，早期使用过手工涂布感光胶的湿版，但后期主要使用预制的各种感光胶片。

工艺步骤包括：首先装好原稿，装感光片，如果拍摄单色连续调原稿需装网屏，如果拍摄彩色连续调原稿还需安装滤色片，接着是对光、曝光、显影、定影、水洗，最后是检查。接下来，我们以典型的单色连续调原稿的加网照相工艺和彩色连续调原稿的分色加网照相工艺为例讲解照相制版工艺。

1. 单色连续调图像原稿的照相工艺

单色的连续调原稿，一般采用感光胶片，利用接触网屏，选用 45° 的网点角度进行拍摄。工艺流程为：装原稿→装感光片、网屏→加网对光→曝光→显影→定影→水洗。装原稿是将需要拍摄的原稿，安装在原稿架的中心部位。装感光片是将裁切好的感光片，安装在感光版架的中心部位，打开抽气泵，使之密附在感光版架上。同时，将网屏放在感光片的前面，通过网屏对光的分割作

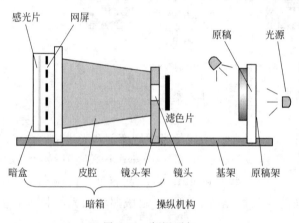

图 2-51　加网照相

用把连续调影像拍摄成半色调图像，如图 2-51 所示。对光是根据透镜公式 $1/f = 1/p + 1/q$，改变原稿（p 为物距）、感光版架（q 为像距）之间的距离，在感光版架的毛玻璃上得到尺寸正确、图像最清晰的影像。曝光是使感光片见光发生光化学反应，生成潜影。显影是在显影机中，利用显影液的化学作用，将曝光生成的潜影，还原成可见的图像影像。定影是使感光片上未感光的卤化银转变成复盐，溶于水被去除，防止再度发生暗反应，破坏了影像的清晰度。

拍摄的阴图加网底片，应符合版面清晰不发黄、无脏点，药膜无擦伤，网点光洁，密度符合晒版要求等质量标准。根据制版的需要，可以用阴图加网底片翻拍或拷贝成阳图加网底片。

2. 彩色图像原稿的照相工艺

彩色图像原稿，可以用间接分色加网和直接分色加网两种工艺，得到分色加网的阴图或阳图底片。

（1）**间接分色加网**　间接分色加网拍摄工艺，是将分色和加网分开进行，故又叫做“二步工序法”。即将原稿先分色成连续调阴图片，然后再用接触网屏翻拷或用投影网屏翻拍成网点阳图片。根据不同的制版要求，工艺过程如图 2-52 所示。间接分色加网的优点是修正

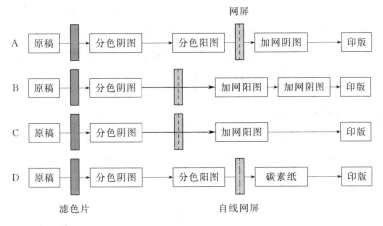

图 2-52　彩色连续调原稿的间接分色加网工艺

机会多，制版效果易于控制。但缺点也很明显，操作复杂，消耗感光片多，拷贝次数多使清晰度受损，生产效率低。目前这种工艺逐渐被淘汰。

（2）直接分色加网　直接分色加网是将分色和加网工序一步完成，分色同时用接触网屏将原稿阶调层次直接以网点形式记录在分色片上，故也称为"直挂"。工艺过程如图 2-53 所示。

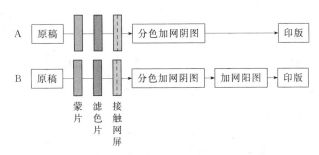

图 2-53　彩色连续调原稿的直接分色加网工艺

采用直接分色加网工艺，需要制作蒙版来压缩原稿的反差和纠正色差，还必须使用强光源、层次正确的接触网屏和高感光性能的全色片。如图 2-54 所示，直挂曝光原稿架上放置原稿和彩色蒙片，接触网屏和特硬全色片置于感光版上，分色滤色片置于光源前。

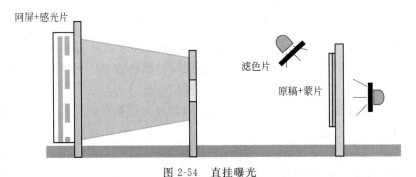

图 2-54　直挂曝光

直挂的优点是减少了翻拷次数，节省了材料，缩短了制版周期，提高了清晰度，工艺快速、简单、价廉。缺点是层次再现不如间接法好，尤其是暗调再现性差。

还需要提到的是：在实际印刷中，由于三原色油墨不理想导致三色油墨在暗调部分颜色再现效果不佳，因此往往要再制作一块黑版用于弥补油墨不理想造成的暗调再现不良。即用黑墨取代由相应的 CMY 三色油墨叠印形成的复合中性灰。黑版根据阶调范围不同可以分为三种。短调黑板作用于暗调部分；底色去除黑版作用于中调和暗调；非彩色结构黑版理论上则将复合三色灰的部分全部用黑墨替代，实际上目前大多取代 70% 左右。在照相制版工艺中，常用加黄滤色片或交换使用 RGB 滤色片的方法拍摄黑版分色底片。

（四）单色连续调照相制版工艺

通过照相得到分色加网底片以后，就可以对图像和文字进行手工拼版，得到可用于晒版的图文合一的分色加网拼版底片。如图 2-55 所示就是以简单的单色连续调印刷品为例的一个完整的胶印照相制版印刷工艺过程。

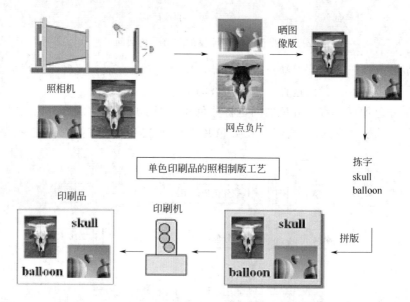

图 2-55　单色印刷品的照相制版印刷工艺

二、电子分色制版工艺

相对于照相制版工艺，电子分色制版（electronic reproduction）是一种效率更高、处理能力更强、精确度更高的技术。也正是电子分色技术出现以后，底色去除和底色增益等技术才得以广泛应用。

1. 电子分色机

电子分色机（color separation scanner or electronic color scanner）是采用光电扫描技术和电子计算机技术，从彩色原稿直接制成各分色底片的制版设备。它利用光电扫描采样技术对图像原稿进行取样，转换得到代表图像信息的模拟或数字信号，并用电子计算机对图像信号进行色彩校正、层次校正等一系列修正，之后再将模拟或数字的图像信号转换成光信号，使胶片感光，获得图像分色底片。

电子分色机由扫描部分（scanning unit）、处理部分（processing unit）和记录部分（recording unit）组成，如图 2-56 所示。

电分机的扫描系统是利用扫描头对图像原稿进行光点扫描采样，将原稿图像的浓淡色调转换成光量的强弱，再经过光电转换器把代表原稿图像信息的光信号转换成电信号。如图 2-57 所示，电分机扫描系统通常由图像信息采集和分光分色两部分组成。扫描光源经聚焦

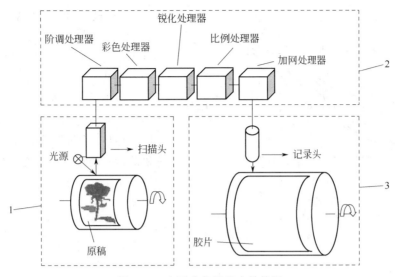

图 2-56　电子分色机基本结构图

1—扫描部分；2—处理部分；3—记录部分

投射到扫描滚筒的原稿表面，经图像表面吸收并反射或透射后进入扫描头；之后经过分光分色部件分解成代表原稿 C、M、Y 信息的 R、G、B 三色光信号；再由光电转换系统把光信号转换成电信号；最后经过模数转换系统将电信号转换成数字信号，即可进入图像处理系统。

处理部分是运用电子计算机对代表图像信息的电信号根据制版分色工艺的要求进行处理、计算、调整颜色、补偿层次等，使之达到适于印刷的要求。处理部分主要由彩色计算机、比例计算机和网点计算机组成。根据印刷复制工艺的要求，处理部分可以去除复制过程中产生的各种噪声和畸变；彩色计算机对代表图像信息的电信号或数字信号完成色彩校正、层次校正、黑版计算和校正、底色去除、清晰度

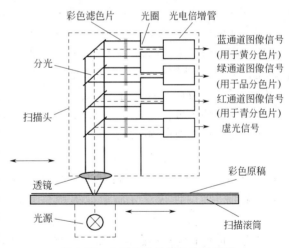

图 2-57　电子分色机扫描头示意图

强调和其他印刷工艺需要的运算；比例计算机控制图像缩放比例；网点计算机则根据图像信息进行运算比较，形成不同网角、不同形状、不同大小的网点信息。

电分机记录部分则将经过处理的电子图像信号转换成图像光信号，由记录头以光点扫描曝光记录方式记录到输出滚筒的胶片上。记录部分由记录滚筒、记录光源、记录头和控制系统构成，经过校正和处理的代表图像信息的电信号或数字信号可以直接转换成光信号，配合接触网屏的使用对感光胶片曝光处理，得到记录原稿分色信息的分色加网底片；或用网点计算机将产生的图像网点信息控制记录光源的开关，使记录胶片选择性曝光，再经冲洗得到分色加网底片。

2. 电子分色机的图像处理功能

相对于照相方式的图像处理而言，电分机的图像处理功能有了很大增强和提高。

（1）色彩校正（chromatic correction）　实际上，由于工艺过程中一些不理想因素的影响，

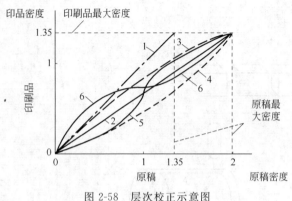

图 2-58　层次校正示意图

1—标准线性复制；2—线性压缩；3—亮调强调；

4—暗调强调；5—中间调强调；6—亮调和暗调强调

使原稿在颜色分解和合成时产生颜色误差。例如：光源不理想，光谱分布不同于日光，造成色差；滤色片波长范围及透光率不理想，造成色差；感光片不理想，反差系数小，感色性不理想，造成两端层次不足；油墨色相缺陷，产生色偏；纸张白度不理想，造成阶调和颜色的偏差。电分机的色彩校正功能本质上与照相蒙版相同，用于弥补光源、滤色片、感光材料不理想所产生的色差，并提前补偿印刷时油墨偏色和纸张白度不足对彩色再现的影响。但电分机可以提供更高精度的色彩修正和色彩处理能力。

（2）层次校正（tone correction）　根据原稿特征或复制要求，电分机可以对原稿图像的各个阶调作不同程度的强调或压缩，压缩（合并）一部分对整体再现影响较小的阶调；强调视觉较敏感的阶调或者原稿的主要阶调，如图 2-58 所示。例如，对于普通以中间调为主的肖像原稿，电分机可以强调中间调而压缩亮调和暗调，使占原稿绝大部分面积的中间调部分的细节得到充分展示；而对于以中亮调为主的雪景原稿，则可以强调中亮调而压缩暗调。

（3）细微层次强调（sharpness improvement）　电分机使用虚光蒙版电路强调细微层次，提高印品清晰度。扫描头中主光孔周围的虚光孔反射的光被光电倍增管接收，形成虚光蒙版信号。如图 2-59所示，虚光蒙版电路将主信号进行微分获得尖脉冲，再将此脉冲信号叠加到主信号上，提高主信号变化的陡率，从而提高图像视觉清晰度。

（4）黑版计算（black generation）与底色去除（under color removal）　电分机利用黑版合成电路分解原稿暗调部位的中性灰成分而形成黑版信号，以弥补青、品、黄三原色油墨不纯造成的中性灰偏色，使图像暗调层次再现更真实。同时，黑版信号经过必要处理后又作为青、品、黄三色版的底色去除信号，对暗调部分的青、品、黄作减色处理，这部分由底色去除和底色增益电路完成。

（5）倍率变化　在电分机中，纵向倍率变换是利用比例计算机的存储器，将图像信号按不同速度采样和记录来实现，纵向缩放倍率等于采样脉冲频率与记录脉冲频率之比。横向倍率变换由扫描头和记录头不同进给速度实现，横向缩放倍率等于两个横向进给电机转速之比。

（6）加网　后期的电分机采用激光电子加网，以激光为记录光源，由电子网点发生器在感光胶片上选择性

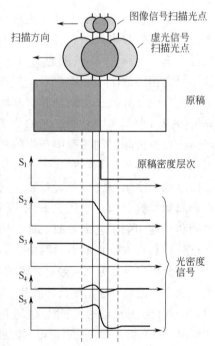

图 2-59　层次校正细微层次强调示意图

S_1—原稿层次；S_2—扫描光点主信号；

S_3—虚光信号；S_4—虚蒙校正信号；

S_5—细微层次强调结果

曝光，形成不同形状、大小和角度的网点分色底片。激光电子加网具有网点结实、边缘清晰、层次丰富、细微层次好、记录速度快、宽容度大的优点。

（7）阴阳像转换 电分机可以根据制版需要输出分色加网阴片或阳片。

3. 电分机的主要技术指标

电分机的主要技术参数决定了图像采样和记录的精度、图像复制的品质。

（1）最大扫描尺寸和最大记录尺寸 一般来说，电分机配有多个不同直径的扫描滚筒，扫描滚筒的大小决定了电分机可以接受处理的原稿的尺寸，而记录滚筒的直径和长度则决定了最大记录尺寸。例如，英国 Crosfield M656 电分机最大原稿尺寸可达 1080mm×830mm。

（2）密度范围 电分机的密度范围是指电分机可扫描分辨的最大密度和最小密度之差。电分机采用灵敏度极高，响应速度极快的光电倍增管（PhotoMultiplier Tube，简称 PMT）为光电转换元件，因而具有非常大的密度范围，一般可以达到 4.0D。

（3）扫描精度 电分机的扫描精度也称为扫描分辨率，是指电分机在单位长度内采样点的多少，单位为像素/英寸（Pixel Per Inch，PPI），但商家常用点/英寸（Dot Per Inch，DPI）来表示。电分机扫描精度也直接影响了缩放倍率，扫描精度越高，能提供的放大倍率越大。多数电分机的光学扫描分辨率一般高达 10000dpi 以上，可以提供高精度扫描。

（4）记录精度 记录精度是指电分机的记录头在单位长度内曝光点的多少，常用点/英寸（Dot Per Inch，DPI）表示。如图 2-60 所示，记录精度越高，网点边缘越光洁，层次表现越精确。

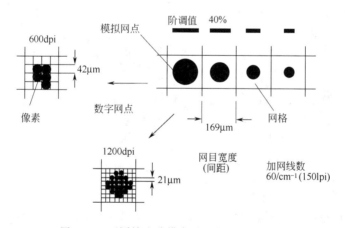

图 2-60 不同输出分辨率对网点质量的影响

（5）其他技术参数 如缩放倍率、图像校正功能、平网和渐变网的生成等。

4. 电子分色机的操作

电子分色机的操作程序如下：标定→测原稿密度→测定缩放倍率→装原稿→定标→定起始线→装感光胶片→扫描→显影。标定的作用是鉴定电子分色机与自动胶片显影机的配合是否得当。例如扫描电子连续调梯尺，应得到 0.1~1.8 的密度，如不符合要求，则要调整电压或显影时间。原稿的缩放倍率，一般用放大率测定仪测定，测定的数据应设定在电子分色机内。原稿要进行清洁处理，才能装贴在扫描滚筒上。定标是指确定电压范围以适应各种不同密度反差的原稿。定起始线是按照印刷要求的尺寸规格，确定成品裁切线。将感光胶片安装在记录滚筒上时，要在安全灯下操作，感光片应比规定尺寸略大一些。

电子分色机的扫描过程如下：扫描滚筒旋转时，扫描头的光学系统对每一个采样点进行扫描，经光电转换变成电信号，利用彩色计算机，对扫描像素进行色彩校正、层次校正、细微层次强调以及底色去除等一系列处理，再利用比例计算机完成对原稿尺寸的缩放，最后将电信号转换成与原稿扫描像素相对应的经校正过的光图像信号，通过记录头在感光胶片上曝光。电子分色机多采用激光电子加网，以激光为记录光源，由网点发生器直接在感光胶片上形成一定形状、大小、角度的网点。

扫描完成以后，将感光胶片经过显影冲洗处理，便得到了分色加网的阴图或阳图底片。扫描一次通常可以获得黄、品红、青、黑中的一色、两色或四色分色加网底片。

5. 电分制版工艺

所有彩色图像原稿经由电分机扫描、处理和输出分别得到青、品、黄、黑四张网点分色片，随后即可进入手工拼版、晒版、印刷等后续工序。以胶印 PS 版为例，以下是电分制版的完整工艺过程，如图 2-61 所示。

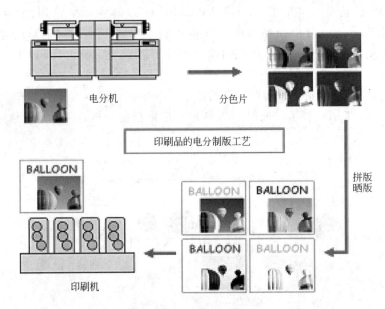

图 2-61　电分制版工艺流程

三、彩色桌面出版系统与工艺

彩色桌面出版系统，又名 DTP，是 Desk-Top Publishing System 的缩写，因其小巧可放置在桌面上而得名。彩色桌面出版系统，是 20 世纪 90 年代推出的印前处理设备，由桌面分色和桌面电子出版两部分组合而成。它的问世，从根本上解决了电子分色机处理文字功能弱、不能很好地制作图文合一的阴图底片或阳图底片的缺陷。

彩色桌面出版系统，从总体结构上分为输入、加工处理和输出三大部分。

1. DTP 的输入部分

输入设备用于完成文字录入、图形的输入和制作、图像原稿扫描输入并以数据形式存入计算机。

除文字输入与计算机排版系统相同之外，图像的输入可以采用多种设备，如扫描仪、电子分色机、摄像机、绘图仪以及卫星地面接收站等，使用较多的是扫描仪。

扫描仪（scanner）有平台式和滚筒式两种，用于彩色桌面出版系统的扫描仪应具有适合印刷要求的输入分辨率、色彩位数和扫描密度范围。

（1）输入分辨率　指每英寸采样的点数，用 DPI 表示。DPI 和网点线数 LPI 有以下的关系：

$$输入分辨率（DPI）＝网点线数（LPI）×缩放率×加网系数 \tag{2-6}$$

加网系数一般为 1～2。随着放大倍率的增加，要求的分辨率随之增大。反射原稿的放大倍率较小，以 5 倍计算，1500dpi 即可。透射原稿的幅面较小，以 10 倍计算，3000dpi 才行。有的扫描仪分辨率已达 6000～8000dpi。实际使用的分辨率，取决于输出分辨率和图像的缩放倍率。

（2）扫描密度范围　扫描密度范围是指扫描仪可以探测到的最亮处和最暗处的密度差。扫描仪的密度范围越大，它可以捕捉和分辨的可视细节就越多，在暗调部分更是如此。一般来说，滚筒扫描仪比平台扫描仪有更大的密度范围。普通平台扫描仪可识别的最大密度一般是 2.8～3.2D，而高端滚筒扫描仪可以识别的原稿最大密度可以达到 3.6～4.0D。

（3）色彩位数　色彩位数是指每一种原色用多少二进制位表示，如 8 位、16 位、24 位、36 位等。例如，一台 24 位的彩色扫描仪可以采样 RGB 三个颜色通道中的信号，每个通道每个像素用 8 位二进制表示，就可以描述 $256×256×256＝16777216$（2^{24}）种可能的颜色值。

此外，要求扫描仪能提供标准的通用数据格式，准确可靠地接受工作站的控制，同时，在保证达到扫描仪主要技术指标的前提下，扫描速度愈快愈好。

2. DTP 的加工处理设备

加工处理设备统称为图文工作站。基本功能是对进入系统的原稿数据进行加工处理，例如：校色、修版、拼版和创意制作，并加上文字、符号等，构成完整的图文合一的页面，再传送到输出设备。

目前，使用的计算机有苹果机（MAC）、PC 机和工作站等。由于可用于桌面系统的硬件设备和软件种类丰富，因此，选择适合印刷要求的硬件、软件组合成系统时，需要考虑处理速度、处理容量、系统网络、中文环境等几个问题。

（1）处理速度　图像处理要求对图像中的点逐点处理，数据量很大，要求具有很高的速度，应使用较高档次的微机或工作站。

（2）处理容量　由于高精度图像处理对输入分辨率和输出分辨率的要求愈来愈高，因此要求工作站处理数据的容量愈来愈大。同时还要求存贮有大量现成的图库和字库。

（3）系统网络　彩色桌面出版系统的工作需要联网工作，多台计算机共同完成一个任务，共享使用价格昂贵的扫描、记录设备。因此，需要选配合理的系统网络和网络服务器、文件服务器来支持。

（4）中文环境　国外的各种应用软件开发非常迅速，不可能将新型应用软件——汉化后再在国内使用，这就要求工作站有良好的中文环境以及良好的兼容开放性能，它能把新开发的西文软件，直接移植到系统的中文环境中，而且不出现任何问题。

3. DTP 的输出设备

输出设备是彩色桌面出版系统生成最终产品的设备。主要由高精度的激光照排机（Imagesetter，也叫图文记录仪）和栅格图像处理器（Raster Image Processor，简称 RIP）两部分组成。激光照排机利用激光，将光束聚集成光点，打到感光材料上使其感光，经显影后成为黑白底片。RIP 接受 PostScript（PostScript 是一个页面描述语言，由 Adobe 公司开发，现被行业所接受，并成为一个事实上的标准）语言的版面，将其转换成点阵图像，再从照排机输出。RIP 可以由硬件来实现，也可以由软件来实现。硬件 RIP 由一个高性能计算机加上专用芯片组成，软件 RIP 由一台高性能通用微机加上相应的软件组成。为了达到印刷对图像处理的要求，必须考虑激光照排机和 RIP 的输出分辨率、输出套准精度、输出加网结构、输出速度等性能指标。

（1）输出分辨率　文字分辨率一般在 700～900dpi，图像分辨率 60 线/cm 的网点，分辨率要求 2400dpi，70 线/cm 的网点则要求 3200dpi。

（2）输出套准精度　高档精美印刷品，套准精度要求最大允许误差为 5μm。一般印刷品如手册、书刊，重复精度允许为 10～15μm。低档印刷品如彩色报纸，套准精度允许误差为 15～25μm。

（3）输出加网结构　能够输出不同的网点线数和网点形状的网点。为保证彩色图像复制时不产生明显的龟纹或密度波动，要求输出设备能产生印刷性能良好的网点。

（4）输出速度　输出速度取决于 RIP 和图文记录仪的性能。以前的硬件 RIP 速度快，而软件 RIP 速度慢。但现在计算机运行速度越来越快，如今软 RIP 的处理速度也能够满足要求，而且软件 RIP 升级更简单易行，因此软 RIP 便成为主流。在输出相同质量分色片的前提下，速度愈快愈好。

此外，输出设备还应具有标准接口和汉字输出的能力，输出的幅面能达到印刷的要求。

彩色桌面出版系统的输出设备还包括各种彩色打印机，如：激光打印机、喷墨打印机、热升华打印机以及各种多媒体载体（幻灯片制作机、光盘、录像机等）。

4. 高端联网

彩色桌面出版系统与现有的各种型号的电子分色机相联，叫做高端联网（high-end networking），这是从电分制版到桌面系统的一种过渡工作方式。电分机高端联网是利用价格相对低廉的电子分色机，加入电脑接口和 RIP，达到高档扫描仪和激光照排机合并的功能。这样，既可以扫描和处理大幅图像，又可灵活运用电脑自由创意和处理图文，达到事半功倍的效果，如图 2-62 所示。

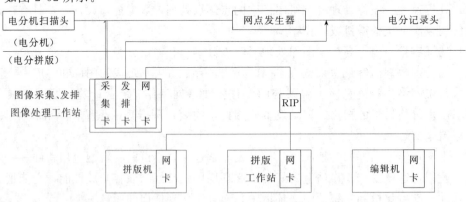

图 2-62　电分机高端联网框图

利用高端联网获取高质量的图文底片时，电子分色机接口必须解决两个关键性问题。第一，速度问题。由于电子分色机处于扫描和记录状态时，无法做到暂停的控制，所以接口及接口工作站必须足够快，能同时接受电子分色机的扫描数据和向电子分色机发送数据。第二，图文合一输出底片的方式。如果利用电子分色机的网点发生器生成网点，只加一个高分辨率的接口，就可共同完成图文合一的输出。倘若不使用电子分色机的网点发生器生成网点，只将电子分色机的记录部分作为一个照排机看待，则需另加一个 RIP 处理网点和文字。两种情况都需要 RIP 进行处理，桌面系统通过 RIP 向电子分色机发送数据。

高端联网，形成了以通用计算机为核心的整页拼版系统。不仅发挥了电子分色机输入分辨率较高、图像处理质量好的优点，而且融合了桌面系统可以图文同时处理、版面组合灵活快捷、人工创意新颖、整页数据可重复存取的特长，同时给有电子分色机的厂家提高彩色制版的能力和效率，开辟了一条极好的途径。

四、CTP 技术与工艺

（一）CTP 技术发展历史简介

直接制版 CTP（computer to plate）技术出现于 19 世纪 80 年代。这个时期是直接制版技术研究的初期阶段。所以在此期间，无论是技术方面还是制版质量方面，都不很成熟。到了 90 年代，设备制造厂商与印刷厂家密切配合，加速了这项技术的研究开发步伐，并在此期间达到了成熟和工业化应用的程度。于是，在 1995 年 Drupa 印刷展览会上，展出了多套 CTP 系统。这一举措立刻引起印刷业对这项技术的极力关注。在 1995～1997 年之间，就有许多大型印刷公司采用了 CTP 系统，实现直接制版工艺，但是由于直接制版机在此期间仍十分昂贵，所以限制了这项技术在各中小型企业的使用和推广。1997～1998 年期间，直接制版机的价位大幅度下降，并且直接制版版材开始成熟和发展，所以大量中小型印刷厂开始接受并使用 CTP 技术。针对印刷厂的情况，开发的机器幅面包括对开、4 开、8 开、16 开不等。据统计，美国到 1997 年，已有 65％ 的大型印刷厂（员工在 100 人以上）使用了 CTP 技术。据美国印刷技术权威机构 GATF 的调查，从 1995～2000 年期间，全世界已安装及预计安装 CTP 系统的数目如下（含报纸印刷业使用的 CTP 系统，包括 8 开、对开、全开机总计）：1995 年，311 台；1996 年，721 台；1997 年，1686 台；1998 年，3100 台；1999 年，6200 台；2000 年，12150 台。

从这组数据看来，CTP 的应用普及速度以每年一倍以上的速度增长着。从 1995 年到 1998 年的 3 年期间，增长的速度竟高达 10 倍。

CTP 系统之所以能以如此惊人的速度在用户群中普及，除了它有良好的制版性能和取消了软片的优点外，CTP 技术适用范围的扩大也是十分主要的原因之一。目前市场上的直接制版机可以适合大幅面、小幅面的印刷尺寸，单双色印刷和四色彩印，报纸印刷和商业印刷等多种情况的需要。所以使用起来十分灵活。

近些年来，版材的开发和改进速度也十分迅速。CTP 设备价格在五年内大幅度地下降，促进了市场的上升与发展。目前，8 开机已从以前的＄400000 降至＄150000～＄200000 之间，对开机型也已降至约＄400000。

美国舆论界评价：CTP 是一场不可避免的技术革命，它必将取代目前的胶片照排技术。1998 年 6 月美国报协主办的 NEXPO98 展览会上，共有 11 家厂商展出了各自的 CTP 系统。但没有一家有影响的厂商推出新的激光照排机及相关技术。这充分显示各厂家对 CTP 技术已不再犹豫，已进入实用阶段。

（二）CTP 直接制版机的分类

目前，CTP 直接制版机一般分成内鼓式、外鼓式、平板式、曲面式四大类。在这四种类型中，使用最多的是内鼓式和外鼓式；平板式主要用于报纸等的大幅面版材上；曲线式使用得很少。据统计，1997 年，由 29 个制造厂商提供的 58 种 CTP 机中，内鼓式有 24 种，外鼓式有 16 种，平板式有 9 种，曲面式有 9 种。在这些形式中，外鼓式逐渐呈现主流趋势。按印版类型分为热敏、光敏和传统印版。

1. 装版方式

根据自动化程度的不同，装版方式可以分为手工式和自动式两种。手工上版方式的机器价格便宜，但效率较低；而自动式上版的设备，工作效率高，但价格较贵，一般要比手动机型贵十万美元左右。而且，自动式设备在上版时，必须使用带隔离纸的一整盒印版。版的表面有一层防光护膜，所以可在明室操作，在上版时借助送版器可以自动剥离印版表面的护膜。

版材在鼓上的固定方式包括：全吸附式和中间吸附、首尾用卡夹固定两种。全吸附式对版材的尺寸没有限制，而卡夹式使用的版材幅面必须有固定尺寸。

30%的 CTP 设备带有打孔装置，一般打孔过程在曝光后进行，这样可以保证印版在印刷机上的精确定位，减少了对印版辊调节的印前准备时间，提高了印刷质量及套印、定位精度。

2. 印刷尺寸

CTP 机使用的印版根据印刷幅面及设备的要求，一般有特大幅面印版，尺寸为 66in×84in；大幅面印版，尺寸为 55in×67in；中型幅面印版，尺寸有 41in、32in、22in 三种；小幅面印版，尺寸小于 18in。现在使用最多的是中幅面和小幅面型。

3. 设备主要供应商

目前市场上大幅面设备的提供厂商有 Creo、Agfa、Esko、Heidelberg、Gerber、ECRM、Optronics、网屏公司等；中小幅面的生产厂商有 PrintWare 公司、DuPont 公司等多家。提供专用于报纸的设备有 Creo 公司、Krause 公司等。

（三）CTP 的基本工作原理

直接制版机由精确而复杂的光学系统、电路系统以及机械系统三大部分构成。

由激光器产生的单束原始激光，经多路光学纤维或复杂的高速旋转光学裂束系统分裂成多束（通常是 200~500 束）极细的激光束，计算机根据 RIP 解释后的图文信息控制每束光的开关，变成受控光束。再经聚焦后，几百束微激光束直接射到印版表面进行刻版工作，通过扫描刻版后，在印版上形成图像的潜影。经显影后，计算机屏幕上的图像信息就还原在印版上供胶印机直接印刷。每束微激光束的直径及光束的光强分布形状，决定了在印版上形成图像的潜影的清晰度及分辨率。微光束的光斑愈小，光束的光强分布愈接近矩形（理想情况），则潜像的清晰度愈高。扫描精度则取决于系统的机械及电子控制部分。而激光微束的数目则决定了扫描时间的长短。微光束数目越多，则刻蚀一个印版的时间就越短。目前，光束的直径已发展到 $4.6\mu m$，相当于可刻蚀出 600lpi 的印刷精度。光束数目可达 500 根。刻蚀一个对开印版可在 3min 内完成。另一方面，光束的输出功率及能量密度（单位面积上产生的激光能量，单位为焦耳/平方厘米）愈高，则蚀刻速度也愈快。但是过高功率也会产生缩短激光的工作寿命、降低光束的分布质量等负面影响。

制版机光源包括：气体激光（氩离子激光 488nm，功率 20mW 左右）；固体激光器（FD YAG 532nm，100mW 以上）；半导体激光（LD，半导体激光中的红外半导体激光有低功率、长寿命的优点）。

直接制版系统是一套综合性的包含多种技术的自动生产系统，它集精密机械及光学技术、电子技术、彩色数字图像技术、计算机及软件技术、新型印版及材料技术、自动化技术及网络技术于一体，是当代印刷工业的又一次重大技术革命。

第四节　印　版　制　作

一、凸版制版

凸版制版（letterpress platemaking）的方法有多种，可由照相底片晒在金属版材上，经腐蚀得凸版印版；也可由照相底片在感光性树脂上晒制成凸印版；还有用电子雕刻机雕刻成凸印版；对已制成的凸版能用浇铸等方法复制成凸印版。在使用中根据要求选择制版方法。

铜锌凸版是将准备好的正阴像底片晒到涂有感光层的铜或锌版材上，经过紧膜、显影后，用三氯化铁或硝酸腐蚀空白部分使之下凹，形成浮雕一样的图文的印版。

感光性树脂凸版（photopolymer relief plate）是以合成高分子材料作为成膜剂，不饱和有机化合物作为光交联剂而制得具有感光性能的凸版版材。感光性树脂在紫外光的照射下，分子间产生光交联反应，从而形成具有某种不溶性的浮雕图像。它与照相排版技术相结合，既提高了制版速度，又能废弃铅合金印版，使冷排更完善，为凸版印刷开创了新途径。

电子雕刻凸版是用凸版电子刻机直接雕刻版材形成印版。

目前使用最多的凸版印刷工艺是柔性版（flexography）印刷。柔性版印刷具有独特的灵活性、经济性，并对保护环境有利，符合食品包装印刷品的卫生标准，这是柔性版印刷工艺在国外发展较快的原因之一。但是，从中国目前的情况来看，胶印比较普及，凹印也已在包装行业占领了很大市场，而柔版印刷这种技术相对来说起步则比较晚，虽然近些年来的确也取得了很大的进步，但是，跟国际先进技术水平还有很大的差距。本节将主要介绍柔性版制版工艺。

（一）柔性版制版工艺流程

从原稿设计和制版工艺角度来看，柔版印刷工艺自成体系、有其自身的独特之处，传统的柔版制版工艺流程基本如下：原稿→电子分色或照相→正阴图→背曝光→主曝光→显影冲洗→干燥→后处理→后曝光→贴版。

跟胶印制版相比，主要存在以下几方面的差别：

① 可再现的色值范围，胶印为 1%～99%（或 2%～98%），柔印为 3%～95%；

② 网点扩大（50% 处），胶印为 15%～20%，柔印为 30%～40%；

③ 加网线数，胶印一般可以达到 175L/in，而柔印加网线数一般不超过 150L/in。

（二）分色片的尺寸变形

柔性版最明显的特点是具有弹性而且版材有一定的厚度，当柔性版安装到圆柱形滚筒上之后，印版沿着滚筒表面产生了弯曲变形（distortion），这种变形波及到印版表面的图案和文字，使得印刷出来的图文不是设计原稿的正确再现，甚至发生严重的变形。柔性版装到滚筒上之后在滚筒的周向上产生的这种静态变形（拉伸变形）总是避免不了的。为了对印刷图像的变形进行补偿，必须要减少晒版负片上相应图文的尺寸。制版前设计原稿或分色时应该考虑到印版的伸长量，应在原稿中的周向长度尺寸中减去相应值以作补偿，这样印刷出的产品才会符合尺寸要求。

缩版率除了跟版滚筒的半径、双面胶的厚度有关外，还跟版材的厚度有关，平面曝光制作柔性版时，一般采用下面的公式来计算分色片的缩版率：

$$缩版率(百分比) = K/R \times 100\% \tag{2-7}$$

式中，R 为版滚筒的印刷长度；K 为系数。其中 K 取决于所用版材的厚度。举例来说，当版材的厚度为 1.70mm 时，K 值为 9.89mm；而当版材的厚度为 2.29mm 时，则 K 值为 13.56mm。

（三）柔性版网点传递规律

1. 网点扩大的原因

印刷中的网点扩大是不可避免的，造成网点扩大的原因主要有两个：一个是机械原因，即在压印的一瞬间，印版网点上的油墨会因为挤压的作用而产生一定的变形，从而造成网点扩大；另外一个原因是光学方面的原因，也就是说网点扩大是由于光的反射作用而引起的，光线在网点墨膜的边缘部分发生散射，从而在视觉产生相当大的网点扩大。光学网点扩大取决于油墨的透明度和纸张的平滑度、吸收性能等。

2. 柔性版网点传递规律

在柔性版印刷中，由于所用的感光树脂版的弹性比较大，而且在印刷过程中又需要施加一定的印刷压力，尽管在柔性版印刷中采用轻压力印刷，但还是会导致印刷品上图像网点的扩大、图像的伸长，并引起色彩和层次复制的变化。在实践中，通过测定并绘制相应的柔版印刷特性曲线可以看出，柔性版印刷过程中的网点扩大是十分严重的，10%以下的网点难以控制，因此，对于高光区应作特殊处理，应该尽量放平网。对于网点扩大的补偿，可以在扫描图像时进行，也可以在照排机上完成，最好在照排机上完成，曝光后生成的小网点的边缘形状比较整齐，质量比较好。

3. 影响因素

（1）加网线数的影响　加网线数越高，则网点扩大越严重。

（2）印刷压力的大小　印刷压力越大，网点扩大越严重，反之则网点扩大程度越小。所以，在柔版印刷中应该尽量保持"零压力"。

（3）网点形状　不同形状的网点，如圆形网点、方形网点、链形网点和椭圆网点，它们在不同阶调下的网点扩大情况也不相同。在柔性版印刷中常用链形网点，对于高光区的小网点，采用调频网点（FM）效果最好。

（四）柔性版的制作

目前，柔性版印刷中所采用的版材基本上都是固体感光树脂版，其感光机理是：感光树脂在一定的光量照射下，分子迅速分解，产生活泼而极不稳定的高能态基团（游离基），高能态基团再引发含不饱和键的树脂发生聚缩反应。柔性版的制版过程主要包括以下几道工序：

① 对版材进行背面曝光，目的是固化底基，因而确定印版上浮雕的高度，即浮雕的深度；

② 将印版与阴片放到一起，用紫外光进行正面曝光，在印版上形成图文部分，并使之固化；

③ 将印版置于溶剂中刷洗，目的是刷去版材上未曝光部分，使图文部分形成浮雕；

④ 将印版放在烘干器中烘干，促使印版中吸收的溶剂尽快挥发，使印版的厚度恢复到原来的标准值；

⑤ 后曝光及去黏处理，对烘干后的版材进行后曝光及去黏处理，能够进一步固化字肩及底基，并改善柔性版的印刷性能，提高柔性版的耐印力。

（五）柔性版制版过程中应注意的问题

① 大面积实地尽量不要跟小字、网点等细部放在一块版上，即使是同一色也要尽量分

成两块版，如果实在无法分开（比如印刷机色组数量的限制等原因），可以考虑适当地局部进行垫版。

② 尽量避免大面积多色实地色块叠印。

③ 文字规格不能太小，阴文字更是如此，否则，当印刷品压力变化时，印刷出的图文呈现较大的变形量，使阳图文变粗、阴图文变细或糊死。

④ 独立细线条的宽度应大于 0.2mm。

⑤ 在柔性版印刷中，网纹传墨辊上的着墨孔的雕刻角度一般是 45°，因此，在采用普通型网纹传墨辊印刷时，印版应避免采用 45°的网线角度，避免出现印刷品龟纹。

⑥ 避免沿印刷滚筒的水平方向设计宽而长的条杠和实地，那会引起机器振动。理想的是斜线、曲线、波线及其他不规则的曲线。

⑦ 版面上避免设计较大的圆形图案。因为当印版发生弹性拉伸或弹性压缩时，会使规则的几何图案变得不规则，圆形变成了椭圆形。

⑧ 避免严丝合缝的精确套印要求。

⑨ 原稿设色要考虑到印刷机最多能印几色。

⑩ 在运用油墨叠色时，不宜用两块大小相等的色块相叠印，以避免套印不准而影响印刷质量。可以在较大面积的实地色块上利用其局部地方叠印文字或图样纹样以及叠印局部的色块。

二、平版制版

（一）平版制版技术简介

平版印刷（lithography）的印版与凸版印刷、凹版印刷的印版都不同，平版印刷的印版上印刷部分和空白部分几乎在同一平面上，其所以能印刷，是靠空白部分具有良好的亲水性能，吸水后能排斥油墨，而印刷部分具有亲油性能，能排斥水而吸附油墨。印刷时便利用这一特性，先在印版上用水润湿，使空白部分吸附水分，再上油墨，因空白部分已吸附水，不能再吸附油墨，而印刷部分则吸附油墨，印版上印刷部分有油墨后便可印刷。

现今采用的平版印刷，大部分采用将印版上的图文先转印到橡皮布的滚筒上，再由橡皮布转印到纸（承印物）上的间接印刷方法，这种平版印刷叫胶印（offset printing）。因橡皮布有弹性，能印制精细的图文。

平版制版历史上经历的主流制版工艺有蛋白版制版、平凹版制版、多层金属平版制版等。

蛋白版制版又叫阴像晒版，它是以高分子蛋白与 $Cr_2O_7NH_4$ 混合成感光液，使用阴像底片晒版，见光部分为印刷要素，印刷图文以硬化的蛋白膜作为基础。蛋白版印刷部分的基础是感光胶层，胶层上涂有脂肪性强的显影墨，形成亲油性的印刷部分。印刷部分微高于空白部分，基础仅是硬化的胶层，所以这种印版的耐磨性与耐印力低，不能适应高速印刷机的要求。此外，图文容易肥大，所以现在较少使用。其优点是操作简单，成本低等。

平凹版印版是使用聚乙烯醇与重铬酸盐混合作为感光液，用阳像底片晒版制作印版的，所以又称聚乙烯醇版，其工艺也叫做阳像晒版。该制版方法为增强图文部分的耐印力，使图像凹下 $3\sim5\mu m$，就叫平凹版（deep-etched plate）。平凹版的工艺过程比蛋白版复杂，但印版上图文质量精细，耐磨性好，耐印力在 3 万～5 万印，曾是国内平版的主要晒版方法。随着预涂版（PS 版）的普及，平凹版正在被逐步取代。

多层金属平版（multi-metal plate）是由两层或三层不同的金属组合而成的平版印版。

印刷部分和空白部分分别选用不同的金属，印刷部分采用亲油性的金属，如铜等，空白部分采用亲水性的金属，如铬、镍等。多层金属版按金属层数可分双层金属版和三层金属版。由于多层金属版的印刷部分是铜，它的亲油性能很好，空白部分是铬，具有良好的亲水性和较高的耐磨性，这样就能缩减印刷时对水分温度的传递，使印到纸张上的油墨层显得厚实、有光泽、鲜艳，提高了印刷品的质量。耐印力可高达 100 万印，适合印数大的胶印轮转机使用。多层金属版在制作上比较复杂，需要一整套电镀设备，又要使用许多有色金属，成本也比较高，所以在使用方面受到一定限制。

预涂感光版简称 PS 版，是 pre-sensitized plate 的缩写，是指预先在铝版上涂布了感光层然后销售给印刷厂使用的印版。它是用重氮或叠氮、硝基等感光剂与树脂配制成的感光胶，涂布在版基上，干燥后可存放备用，所以叫预涂感光版。使用 PS 版晒版时，可省去从磨版到烤版等一系列工序，直接与底片密接曝光、显影等即可，具有操作简单、耐印力强、性能稳定、质量好等优点。PS 版胶印是目前最主流的平印工艺。

（二）PS 版成像原理和制版工艺

预涂感光版按照感光层的感光原理和工艺，分为阳图型 PS 版和阴图型 PS 版。

1. 阳图型 PS 版

阳图型以 P（positive）表示，即 P 型，用阳图底片晒版。阳图型的感光剂是利用重氮化合物见光后分解，然后用稀碱溶液显影而被溶解，露出铝版基，形成印版的空白部分，即非图文部分，而未见光部分的感光层未发生任何变化，也不被稀碱溶液所溶解，仍留在版面上，构成印版的亲油印刷部分，可直接亲油墨。

此外，也有用叠氮化合物分解出氮烯基或通过氢原子转移等改变溶解性，在这种感光液中加有线型酚醛树脂等高分子化合物，使图文基础牢固，而不需要加亲油性基漆补强，所以这类版材又称为内型。

2. 阴图型 PS 版

阴图型以 N（negative）表示，即 N 型，它用阴图底片晒版。阴图型的感光剂，一般是利用重氮化合物见光后交联或聚合，成为不溶于显影液的物质，而未见光部分溶于显影液，因此，曝光后显影可除去未感光层，露出版基，构成亲水性的空白部分，而见光部分的不溶性物质具有亲油性，成为图文基础，由于该部分耐磨性小，耐印力较低，为了改进这一弱点，在图文上涂布补强基漆，所以这类版材称为外型。

预涂感光版的晒版工艺流程为：曝光→显影→除脏→烤版。

预涂版的曝光方法与平凹版曝光相同，晒版光源可用具有近紫外光波段的光源。

显影可用手工显影，也可用 PS 版显影机进行显影。手工显影用长绒刷，将显影液倒在版面均匀刷显，并不断更换新鲜药液。用 PS 版显影机显影，把晒好的印版放入机器，印版自动前进，边移动边自动喷液进行显影，进而用水冲洗，烘干后印版从机器输出。

版面上不需要的部分或脏点，可用除脏液把它除去，操作时可用小毛笔蘸上药液在版面上擦涂，然后用水冲洗清洁。

预涂感光版的感光层本身具有颜色，在铝版上显示比较明显，一般不用上墨，即可直接上机印刷，如果不立即印刷，则要存放起来，室内光线太强时，印版上的图文部分会感光，所以也需要上墨，上墨的方法可以用圈墨方法，也可用墨辊滚墨方法。

烤版的目的是要提高印版的耐印力，一般预涂版的耐印力为 10 万印左右，如经过 230℃温度烘烤 10min 左右，印版耐印力能提高 4～5 倍。烤版有专用的 PS 版烤版机。

（三）无水平版（waterless printing plate）**成像原理和制版工艺**

通常的平版印刷是根据油水不相混合的原理，进行制版和印刷的。在印刷时要用水来润湿版面上的空白部分，使其不吸附油墨，但这部分上水后，由于水的因素而造成印品色泽降低，纸张伸缩影响套印等弊病。

干式平版是不用水润湿版面进行平版印刷的方式，或者叫无水平版，过去用平凸版制版法，制成版面图文比空白部分高 $25\sim30\mu m$。印刷时用凸印着墨法，不用版面着水，称为干胶印。现今在铝板上形成排斥油墨的空白部分，进行制版印刷。

如图 2-63 所示，无水平版是在铝版基上利用硅橡胶或硅树脂作为斥油性的空白部分。它的图文部分为铝版基或其他亲油基础，而空白部分则使用硅橡胶或硬化的硅树脂感光层。

无水平版不使用润版液，避免由于纸张吸水导致的纸张变形、套印不准、印品光泽度差等。

三、凹版制版

凹版上图文部分低于空白部分，空白部分处于较高的同一平面上。在四大印刷中，凸版、平版和孔版都是以网点面积的大小或线划的粗细疏密来表示图像层次，只有凹版能同时利用着墨面积率和墨层厚薄的变化来体现层次，因而所能体现的层次也更丰富。而且，区别于凸版和平版，凹版的图文是直接制作在印版滚筒上，印刷时需要先将凹版滚筒安装在印刷机上。

从制版工艺角度看，凹版主要分为腐蚀凹版和雕刻凹版两大类。

腐蚀凹版包括影写版、加网凹版和道尔金加网凹版，这三种凹版都拥有垂直网孔。

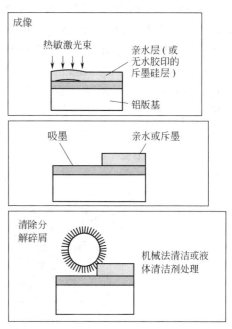

图 2-63　无水胶印原理示意图

影写版国内又称照相凹版（photogravure），其网孔大小相同，深浅不同，主要通过墨层厚度变化体现原稿的浓淡层次，如图 2-64（a）所示。它是用敏化的碳素纸晒白线网屏，再晒连续调阳像底片，底片的不同层次使透光率不同，因而导致感光层不同程度的硬化；之后将碳素纸上的感光层过版转贴到铜滚筒上，用温水浸泡溶去未感光胶层；然后用氯化铁溶液腐蚀，由于感光层具有不同的硬化度，腐蚀液渗透强弱不同，使腐蚀时间的长短不同，形成不同深度的凹陷，从而得到影写版。

加网凹版的网孔深浅相同，大小各异，它是通过网孔着墨面积的变化来体现原稿层次的，如图 2-64（b）所示。加网凹版是用网目调阳像底片直接在涂有感光层的滚筒上曝光，经冲洗后腐蚀得到的凹版。加网凹版的制版工艺与影写版相比，具有操作简单、稳定可靠、效率高等优点，但它有丢失高调部分的缺陷。

道尔金加网凹版具有大小和深浅都变化的网孔，它是通过着墨面积率和墨层厚度的双重变化来体现浓淡层次，如图 2-64（c）所示。道尔金加网凹版是影写版和深度相同的加网凹版这两种工艺的结合，它在感光的碳素纸上先用网目调阳片晒出大小不同的网格，再用连续调阳片晒出不同厚度的硬化感光层，并把感光层过版到印版滚筒上，再腐蚀得到凹版。这种工艺操作简单、稳定可靠、效率高、能更好地表现层次。

(a) 影写版　　　　　　　　(b) 加网凹版　　　　　　　(c) 道尔金加网凹版

图 2-64　三种类型的腐蚀凹版

雕刻凹版有手工或机械雕刻凹版、电子雕刻凹版、激光雕刻凹版和电子束雕刻凹版。

手工雕刻凹版是用各种刻刀在铜版上雕刻而成的，可以直接刻出凹下的线条，也可以在铜版上先涂一层抗蚀膜，划刻抗蚀膜露出铜版表面，再进行化学腐蚀。如图 2-65（a）所示。机械雕刻凹版是利用彩纹雕刻机、浮雕刻机、平行线刻版机以及缩放刻版机等机械直接雕刻，或划刻铜表面的抗蚀层再腐蚀制成凹版。手工或机械雕刻的凹版线条细腻，版纹精巧，主要用来印刷需要防伪的纸币、债券等。

电子雕刻凹版（electronic engraved gravure）是 20 世纪 60 年代出现的方法，利用光电原理，以照相底片为原稿，直接输出计算机中的页面信息，利用电子电路控制雕刻机，在铜印版滚筒表面上直接雕刻出面积和深度同时发生变化的倒锥形网孔，制成凹版。如图 2-65（b）所示。电子雕刻凹版是目前使用最广泛的凹版，被广泛用于包装产品的印刷。激光雕刻凹版（laser engraved gravure）和电子束雕刻凹版是近几年新发展的非接触凹版雕刻新技术。

(a) 手工雕刻凹版　　　　　　　　　　(b) 电子雕刻凹版网点

图 2-65　雕刻凹版示意图

接下来，我们将主要介绍目前使用最多的雕刻凹版制版工艺。

（一）电子雕刻凹版系统构成和制版工艺

1. 电子雕刻凹版系统构成

早期的凹版电子雕刻机是由原稿滚筒（或叫扫描滚筒）、印版滚筒、扫描头、雕刻头、传动系统、电子控制系统等组成，如图 2-66 所示。电子雕刻机的结构和工作原理类似于电子分色机。

利用扫描头对图像原稿进行光点扫描采样，将原稿图像的浓淡色调转换成光量的强弱，再经过光电转换把代表原稿图像信息的光信号转换成模拟的电信号，再通过处理电流信号控制雕刻头在铜滚筒上进行雕刻。

电子雕刻机工作时，原稿滚筒和雕刻滚筒同步运转，雕刻系统同时沿着滚筒轴向移动，用尖锐的钻石刻刀或激光在印版滚筒上雕刻出网孔。雕刻系统由扫描系统通过计算机来控制，铜滚筒上形成的规则网孔是计算机的一个附加信号生成的，该信号能使刻刀连续有规则

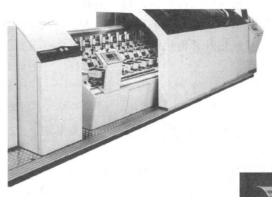

(a) 凹版电子雕刻机

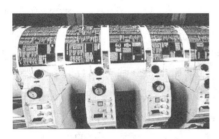

(b) 凹版电雕机扫描部分

(c) 凹版电雕机雕刻部分

图 2-66　凹版电子雕刻机

地振动。网孔的大小及深度由原稿的密度来决定，并可以在计算机上调整原稿密度和网孔深度之间的数量关系。刻刀振幅决定网孔深度，刻刀形状和角度决定网孔形状。

如今，全数字化的凹版电子雕刻机通常被看作是数字印前处理系统的一种输出设备，因而不再包括原有的扫描部分。它与数字印前处理系统组成的凹版雕刻系统，具有灵活的图文输入、处理和雕刻功能的凹版电雕系统。印前处理后的数字图文信息经过解释后送到电子雕刻机，电雕机根据数字信号控制刻刀、激光或电子束雕刻得到凹版。

2. 电子雕刻的凹版制版工艺

电子雕刻凹版的制作过程包括准备印版信息、准备印版滚筒（包括车、磨等）、安装印版滚筒、测试、雕刻和镀铬。

（1）准备印版雕刻信息　如果使用早期模拟电雕机，需要制作扫描底片，采用的是连续调的乳白片，造价昂贵，底片质量很难控制；到 20 世纪 80 年代，电子雕刻机加入电子转换组件，因此大多使用分色加网的底片制版；而在数字凹版电雕系统中，雕刻图文信息全部在数字印前处理系统中准备，无需任何底片。

（2）安装印版滚筒　雕刻前清除版面的油污、灰尘、氧化物，再用吊车将印版安装在电子雕刻机上。

（3）测试　根据原稿的要求和油墨的色相，结合印刷产品特点制定试刻值，例如，装饰印刷的纸张比较粗糙，吸墨性强，雕刻深度须在 $45\sim50\mu m$ 才能达印刷要求。通过测试各阶调层次，确定雕刻层次曲线以及确定雕刻线数和点形。

（4）雕刻　雕刻系统运转，印版滚筒表面被雕刻成深浅不同的网孔。

（5）镀铬　在印刷过程中，由于油墨中可能存在杂质，纸面的不光洁以及尘沙，都可能带到印版滚筒上，又经钢片刀刮墨，使印版表面磨损、粗糙而起脏，为了防止凹版滚筒的磨损，加强滚筒表面的耐磨性，以增加耐印力，所以采用镀铬的方法提高其硬度。同时，版面镀铬后还可以长期保存，不致受空气氧化及其他化学气体的影响。镀铬完成后需用细砂纸将版面打光，再用冷水冲洗，然后干燥。

3. 电子雕刻凹版的特点

电子雕刻凹版具有如下特点。

① 不用碳素纸和化学腐蚀，质量稳定，无公害。

② 采用电子雕刻，层次稳定。

③ 配有褪缝功能，可制得无边缘凹版，提高印刷精度和质量。

④ 可由同一底片雕刻多块相同凹版，减小了复制凹版之间的质量误差。

（二）激光雕刻凹版制版工艺

激光雕刻凹版制版技术包括两种技术。一种是 1995 年出现的激光刻膜腐蚀制版技术，另一种是 2001 年面世的激光直接雕刻锌滚筒技术。

激光刻膜腐蚀制版技术是采用激光雕刻保护层加腐蚀的工序。先在加工好的印版滚筒表面喷一层保护胶，这种胶可以保护滚筒表面不被腐蚀。之后使用计算机控制激光在涂胶的滚筒表面成像，通过激光使图文信息网孔部分的保护胶汽化。再通过腐蚀工序使网孔部分被腐蚀，而有保护胶的部分则不被腐蚀，从而得到代表图文信息的网孔。

激光直接雕刻锌滚筒技术是利用高强度激光熔化铜滚筒表面的锌镀层，从而得到凹形网孔。之所以要在铜滚筒表面镀锌，是因为铜是非常好的导体以致热能在铜表面太容易扩散，不能形成雕刻网孔。目前，Daetwyler 公司的直接激光雕刻系统逐渐获得了市场认同，到 2004 年该公司已有 12 套雕刻系统在包装领域投入安装使用。激光直接制版技术的诞生，使凹印制版更轻松、更随意、更有效地制造出高清晰度的边缘效果，尤其对细小的文字有非常好的表现，同时又不需要化学腐蚀等不易人为控制的工艺过程。

（三）雕刻凹版制版工艺

雕刻凹版是凹版印刷中最早的制版工艺，它是使用手工或机械方法在各种版材上雕刻得到凹形图文的总称。雕刻凹版多采用钢板，也有铜板和锌板。

雕刻凹版的印品油墨量大，因此能进行厚实的印刷。由于凹版印刷时压力较大，使纸张有凸印的效果；雕刻凹版能印刷很精细的清晰的线划，凹版刻线能极细，甚至可印 0.02mm 的细线，而其他印刷方法不可能印到如此细的程度，所以证券等贵重印刷品，以及创作铜版画等都采用这种特殊的印刷方法；此外，这种印刷品具有细腻、精致、优美的线划层次，是格调高雅的高级印刷品。雕刻凹版原版的雕刻，要有高超的技术，制版、印刷也要有特殊的设备、机械和技术。

1. 手工雕刻凹版

手工雕刻凹版工艺有雕刻法和腐蚀法两种。

用雕刻法手工制作凹版时，需要先将雕刻图文转印或描绘在版材上，再利用刻刀、刻针等雕刻工具直接雕刻制成凹版。手工雕刻凹版有直刻法、针刻法和镂刻法三种。直刻法是将图像轮廓转印到版材上，用雕刻刀手工雕刻，直接制成图像凹版。针刻法是使用刻针等工具在金属版材上手工雕刻得到凹版图像的工艺。镂刻法是用压花铲和压花辊的工具在版材上滚压形成均匀细微的砂目，直接得到凹版用作底纹版。

用腐蚀法制作凹版则是在板材上涂布防蚀膜，然后雕刻防蚀膜得到图文，再用腐蚀液腐蚀得到凹版。腐蚀法有蚀刻法和蚀镂法两种。蚀刻法是将防蚀膜涂布于版材，用蚀刻针手工刻绘去掉防蚀膜，再用化学腐蚀得到凹版。蚀镂法是将树脂或沥青撒在版面上，加热使之固着，用防蚀剂刻画阴图，再腐蚀得到图像凹版。

2. 机械雕刻凹版

机械法雕刻凹版是用精密的雕刻机械，通过机械性的移动，刻制平行线、彩纹（由波状线、弧线、圆、曲线、椭圆等组合成的花纹）等几何花纹的凹版。雕刻机是钻石刻针或钢刻针与金属版材或涂布在版材上的防蚀膜接触刻绘的。

主要雕刻机械有平行线雕刻机、彩纹雕刻机、浮凸雕刻机和缩放雕刻机。

四、孔版制版

孔版印刷的印版印刷部分是由孔洞组成的，油墨可以通过网孔转移到承印物上形成印迹，非图文部分是不能通过油墨的，所以印刷时承印物上无油墨。

孔版印刷使用的印版有誊写版和丝网版两大类。

誊写版是在特制的蜡纸上，用铁笔刻划出文字图画，或用打字机打字，或用电火花扫描制成印版。用誊写版印刷，俗称"油印"，它是 1886 年由爱迪生发明的，曾经是各单位最常见的办公用文件的复制方法之一，主要用来复制办公用的文件。

丝网印版（screen stencil）版面呈网状，由漏空图文的膜层、丝网、网框组成。近年来丝网印刷有较大发展，用于印染、标牌、印刷线路板，也可用于彩画及少量地图等的复制。

根据建立膜层方法的不同，丝网制版（screen platemaking）有照相丝网制版和数字直接成像丝网制版两大类，另外还有红外线丝网制版法、腐蚀法丝网制版和电镀法丝网制版等非主流工艺。

（一）丝网制版的设备及器材

1. 丝网

丝网是丝网印刷制版的基本材料，它是感光胶膜的承载体。一般要求丝网具有薄、强、网孔均匀、吸水性小、伸缩性小、回弹性好、耐磨耐腐蚀的特点。

丝网按照编织使用的材料分为绢网、丝绵混纺丝网、的确良（Decron）丝网、尼龙丝网、涤纶丝网、维尼龙（Vinyon）丝网、不锈钢丝网、铜丝网等。不同材质的丝网具有不同的耐久性、强度、弹性。绢丝网可以提供高精度，不锈钢丝网则提供很好的耐印率。

按照编织方法又分为平纹织网、斜纹织网、拧织网等。织法不同则网厚不同，可以提供不同的墨层厚度。需要墨层薄的图文，大多采用斜纹织网。

丝网的规格一般用丝网目数来表示，即丝网每平方厘米（cm^2）的网孔数目，目数愈高，丝网愈密，网孔愈小。需要墨层厚的图文，选用拧织的低目数绢网或尼龙网。

丝网一般为黄色、橙色、红色、深红色等。丝网一般不用白色，以防止晒版时产生光的散射，影响图像质量。而且由于感光材料都是在蓝紫光及紫外光部分有较大的吸收峰，所以丝网也不用绿色、蓝色、紫色。

选择丝网时，要综合考虑成本、透墨性、耐印率、印品精度要求、承印物表面状态，选择不同材料、目数、编织结构的丝网。

2. 网框

网框是指支撑丝网用的框架，由金属、木材或其他材料制成。木质网框可以采用云杉、柏、白松、美杉、娑罗木等，金属质多用铝或钢。

网框要轻便，并有足够抗张强度。

3. 绷网机

绷网机是将丝网绷紧在网框上的专用设备。绷网机上装有绷网夹，绷网夹夹住丝网的边缘，用压缩空气牵动，在一定的张力下，丝网粘贴在框架上，如图 2-67 所示。

4. 丝网晒版机

丝网晒版机是专供晒制丝网印版的设备。晒版时，为了使丝网与底片紧密接触，须在丝网上放一块厚的海绵，同时在海绵和丝网之间加一块黑色绒布，防止透过丝网射到海绵上的光又被海绵反射到丝网上，如图 2-68 所示。

图 2-67　绷网机

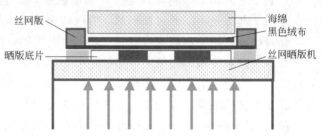

图 2-68　丝网晒版机晒版示意图

（二）直接法丝网制版

直接制版法（direct stencil）是把感光液直接涂布在绷好的丝网上，经曝光、显影制成丝网版。直接法是最为广泛的一种丝网制版方法，其特点是成本低、工艺简便、耐印率好，但多为手工操作，质量差，有一定的技术难度。如图 2-69 所示。

图 2-69　直接法丝网印版

（1）绷丝网　剪裁尺寸比网框四周稍大的丝网，把丝网的四边固定在绷网机上，将其拉紧，用张力计测定绷网的张力，网框放在张紧的丝网下面，把黏合剂刷涂在网框的四周，待其干燥后，再从绷网机上卸下网框。

（2）丝网清洁处理　用 20% 的氢氧化钠溶液对绷好的丝网进行脱脂处理，然后用水冲洗干净，目的是为了加强感光胶与丝网的黏牢和提高耐印力。

（3）涂布感光液　将感光液放入不锈钢槽中，把网框倾斜放置，槽与丝网端接触，一边槽倾流出胶液，一边慢慢地把槽往上提，沿着丝网进行涂布。重复涂布、干燥多次，直到胶膜达到要求的厚度，约 $10 \sim 30 \mu m$ 厚。涂布感光胶要求涂布的膜层厚薄均匀，不起泡，无砂粒和裂纹等。

（4）曝光　把阳图底片和丝网的胶膜密合在一起，放入专用的丝网晒版机，抽真空后曝光。曝光时间取决于感光液的性能、光源、灯距等因素。

（5）显影　把曝光后的丝网框浸入水中，用水枪喷射冲洗丝网面，将未曝光的胶层刷掉，形成漏空的图文，晾干后再进行一次全面曝光，使胶膜的牢度增加，提高耐印力。

（6）干燥　显影后要立刻干燥，还应避免温度过高而引起图膜松弛变形。

（7）修版　丝网版干燥后，对印版的质量进行检查。

72

（三）间接法丝网制版

间接法丝网制版（indirect stencil）是先在涂有感光液的胶片上制版，再转拓到丝网。其工序主要有曝光、活化处理、显影、冲洗、转拓、涂胶、去除片基和修整。间接法工艺复杂，印品质量好，但耐印率差，成本高，如图 2-70 所示。

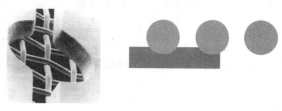

图 2-70　间接法丝网印版

（1）曝光　在感光胶片上密附阳图底片在平版晒版机上进行晒版。

（2）活化处理　曝光后，感光胶片的受光部分胶膜硬化，在 1.5%～3% 的过氧化氢溶液中浸泡 1～2min，对胶片进行活化处理。

（3）显影　用温水显影，使感光片的片基上形成版膜，再用冷水冲洗。

（4）转拓　将显影后的胶片、胶膜向上平铺在桌面上，再在胶膜上放置绷好丝网的网框，并在丝网上放吸水纸，用橡胶辊滚压，即可粘着。

（5）涂胶　将专门配置的胶或直接制版法使用的感光胶，用笔涂填网框的四周，再用热风干燥。

（6）去除片基　剥离感光片的片基，即得丝网印版，经必要的修整，即可印刷。

间接法制版操作复杂，但图文边缘光洁，不需要专用的晒版机。

（四）直接间接混合法丝网制版

直间法丝网制版（direct/indirect stencil）是先把感光胶层用水、醇或感光胶粘贴在丝网网框上，经热风干燥后，揭去感光胶片的片基，然后晒版，显影处理后即制成丝网版。其工序包括粘贴感光胶片、干燥、剥离片基、晒版、显影、修整，如图 2-71 所示。

图 2-71　直接间接法丝网版

直接间接法具有直接法和间接法的特点，操作也比较简单，耐印力和清晰度也介于两者之间。

（五）喷墨法丝网直接制版法

喷墨法丝网制版是采用数字喷墨成像的丝网直接制版技术。数字图文信息经印前系统处理后传输到数字喷墨机，通过程序控制喷墨头，向涂有感光胶的丝网版喷射不透明染料，在丝网版上形成的不透明染料图文起到传统工艺中阳图底片的作用；再进行正常曝光、显影、干燥硬化和修整，就可以得到丝网版。喷墨法丝网版输出精度可以达到 600～1000dpi，加网线数可以达到 150lpi，如图 2-72 所示。

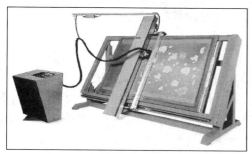

图 2-72　喷墨丝网制版机

（六）激光丝网制版法

激光丝网直接制版也是一种计算机直接制版技术。它是采用高能量的激光对网版上的光硬化型感光层进行曝光，见光部分感光胶硬化形成空白部分，未见光部分感光胶则在显影时被冲洗干净，透出网孔形成图文部分。也可以使用光分解型感光胶。

激光成像丝网制版能直接接受数字印前系统输出的图文系统信息，是制版速度最快的方法，而且可以制作大幅面丝网印版。但激光丝网制版只适用于金属丝网，多用于纺织和陶瓷印刷。

第五节 打 样

打样（proofing）是通过一定方法由印前处理过的图文信息复制出各种校样的工艺过程。校对一般是通过对照原稿与样张进行的。从工序上看，打样是印前处理和印刷之间的工序，起到承上启下的作用。通过打样，可以发现和校正印前图文处理和制版过程中的错误并予以及时校正；合同样张可以交由客户审核和签样，校对版面设计、文字和色调复制质量，确认印刷品的最终效果和质量；打样也可为后续印刷提供标准彩色样张作为印刷依据，保证印品质量。

常用的样张类型有版式样（position proof 或 blueprint）和彩色样（color proof）。版式样用于检查排版的正确性，确保文字、图形和图像的内容、尺寸和位置正确。彩色样主要用于确认印刷复制的色彩效果。

打样有机械打样、照相打样、数字打样和计算机软打样等多种方法。

一、机械打样

机械打样（press proofing）也称为传统打样或印刷法打样，可以使用印刷机或专用的打样机进行打样。如图 2-73 是最常见的圆压平打样机。

(b) 打样机上纸

(c) 打样机上版部分

(a) 打样机全景

图 2-73 圆压平打样机

机械打样的特点是：机械条件和实际印刷时基本相同；使用与正式印刷时相同的纸张和油墨；环境与印刷是基本相同，如温度和湿度。因此打样样张的颜色和阶调效果在印刷时是可以再现的，可以供委印人校对，签字付印，印刷时也可以利用样张控制印刷品的颜色和层次。这也是许多印刷厂商至今仍不愿舍弃传统打样的重要原因。

但是，机械打样需要专门制版和印刷，工序多，工期长，费用高。而且 CTP 直接制版、凹印、柔印时不便采用机械法打样。随着数码打样技术日臻成熟，质量日渐提高，耗材越来越便宜，机械打样受到越来越强的挑战。

二、照相打样

照相打样（photographic proofing）是运用照相原理和模拟印刷油墨色相的色粉或色膜，根据分色片制作彩色样张的方法。主要有彩片叠合法、色层叠合法、转印法、电子照相法和银盐照相法等。

（1）彩片叠合法　彩片叠合法是在透明片基上，涂布由重氮感光剂制成的感光片，分别与相应色相的分色底片密接曝光，制成单色的图像，把黄、品红、青、黑四个单色图像叠合在一起。观察时需用透射光，也可在片基下衬以白纸，如图 2-74 所示。

（2）色层叠合法　色层叠合也叫叠印法，是将含有某种颜色色料的感光液涂布在不透明的白色片基上，在晒版机中与相应色相的阴像底片密接曝光，经水显影后得到单色图像，第二个颜色则再重复进行。

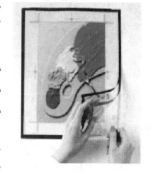

图 2-74　彩片叠合法
（见彩图 14）

（3）转印法　转印法是将其他载体上的各分色色层转印到一张承印物上得到彩色图像的方法。转印法可以是将各彩色片上形成的单色图像依次转印到承印物；或是将含色料的感光层转印到承印物，再经曝光形成图像；或是将有感光性粘合层的胶片复合到承印物，曝光后涂布色粉。转印法中最为人知的是克罗马林打样（cromalin toner proofings），它使用了与油墨色相非常接近的色粉，因而其打样效果被广泛接受。

（4）电子照相法　电子照相法是对涂布光导体的纸基表面进行充电，使纸基具有感光性，再使用阳像底片曝光，受光部分失去电荷，形成静电荷潜像，之后将带有相反电荷的色粉与潜像接触，通过吸附色粉形成彩色图像。

（5）银盐照相法　银盐照相法是在白色的三醋酸片基上涂布多层乳剂，乳剂中含有黄、品红、青的偶氮染料和感光卤化银，用颜色滤色片依次曝光形成彩色图像。这种方法由于成本高，几乎不用于彩色校正打样。

相对于传统打样而言，照相打样有工艺简单和工期短的优点，但其高成本或差强人意的打样效果又制约了它的广泛应用和接受。

三、数字打样

数字打样（digital proofing）也称数码打样，是以数字印前处理得到的数据文件为依据，直接以数字方式输出到打印机上得到彩色样张的方法。数字打样技术是用彩色打印机模拟印刷打样颜色的技术，它不再是用油墨在正式印刷的纸张上印样张，而是用色料和其他颜料在合成材料载体上打印彩色样张。

一个完整的数字打样系统包括彩色喷墨打印机（inkjet printer）或彩色激光打印机（laser printer）、计算机及数字打样控制软件组成。如图 2-75 所示。数字打样可以使用彩色激光打印机、彩色喷墨打印机、彩色热升华打印机或热蜡打印机等，但大幅面喷墨打印机以其高速度和高品质而独占鳌头。同时，根据不同打样校对目的，数字打样系统可以输出版式样张、内容样张和彩色样张，分别用于校对版面、图文内容和颜色。

由于数字打样使用的呈色剂和纸张与印刷机不同，彩色打印机的色域与传统印刷打样的色域不完全一样，必须由数字打样控制软件把颜色校正到印刷色域。因此，印前系统输出的

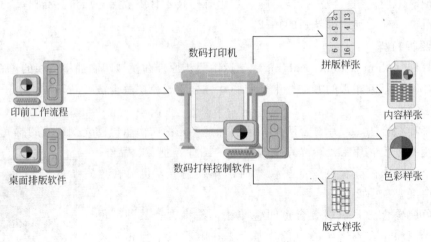

图 2-75　数字打样系统示意图

数字图文信息首先进入数字打样控制软件，由它根据印刷机和打印机的 ICC 特征描述文件进行色彩管理，将颜色数据转换，再送到打印机输出样张，以便模拟出实际印刷的效果。

与传统打样相比，彩色数字打样有许多技术优势。

① 速度快。数字打样可以直接将计算机制作好的版面输出，减少了传统打样的出片、晒版、显影等中间环节，提高了生产效率，满足客户对时间的要求。

② 投资小，成本低。与传统打样设备相比，数字打样设备的投资要低得多。由于在出片前就可以打样，减少了胶片和印版消耗。

③ 操作简单，一致性强。数字打样的过程基本由计算机控制，人为干预的因素少，就能够保证样张的基本一致性。

④ 应对灵活。同样的印前图文数据，只要在彩色数据计算时采用不同设备的 ICC 彩色特征描述文件，数字打样就可以模拟不同印刷条件下的印刷效果。

⑤ 特别适合与凹印、柔印、直接制版等不能打样或不易打样的工艺配合使用。直接制版由于不出胶片，无法使用传统打样，凹印和柔印等印刷方法的打样困难，数字打样方法正好提供了一种解决方案。

目前，计算机直接制版和数字印刷技术日渐成熟，并逐渐被广泛使用或接受。在计算机直接制版和数字印刷工艺中，由于不需要胶片，因此传统模拟打样技术就不再适用于打样确认，由此为数字打样技术的不断成熟和广泛应用提供了动力和机会。尽管在过去相当长的时期内，人们还无法接受数字打样这一新技术，但随着技术的发展，数字打样技术将不再受到人们的排斥。而且，现在多数数字打样厂商还推出了真网点数字打样产品，能同时精确再现色彩和真网点，可以更接近真实地预示印刷结果。

四、计算机软打样

计算机软打样（soft proofing）是通过彩色显示器显示的彩色复制效果来检查版面的实际输出效果的技术。

印前处理软件的"所见即所得"功能使计算机软打样可以在印前处理的任何阶段使用，随时检查版面图文，并即时予以更正。但是，目前计算机软打样多用于检查版式和内容，如果要用于色彩管理，就必须配置高精度和高品质的显示系统，并严格控制环境照明条件。

第六节 色彩管理

一、色彩管理的基本概念

在我们生活的环境中，色彩几乎无所不在，与每个人发生着极为密切的关系。复制精美的色彩对于每个人的情绪、情感、个性有着深刻的影响，其最重要的目的在于准确地传达信息，刺激消费者的购买欲望。而在印刷行业内部，印刷商和客户之间对印刷品色彩满意度的分歧也并不偶然。因此，对于以忠实再现自然界色彩为终极目标的印刷技术而言，复制色彩的控制技术无疑是这个产业的核心技术之一。但是，色彩是一个极其复杂的主题，即便今天的印前处理数字化已经达到很高的水平，印刷技术和设备也具有越来越大的稳定性和可控性，要做到高品质的彩色复制仍需经过相当严格的管理和控制。色彩管理正是在这种要求下应运而生。

色彩管理系统（Color Management System，简称CMS）的作用就是管理色彩，即在色彩传递、复制过程中，实现色彩的忠实再现。从某种意义上讲，色彩管理是一个关于色彩信息的正确解释和处理的技术领域，即管理人们对色彩的感觉，要在色彩失真最小的前提下，实现图像的色彩数据在不同种类、不同厂家的软硬件之间，即在不同色彩空间之间进行正确的传递变换。

从印刷复制角度来看，色彩管理的主要目的是保证同一图像的色彩从输入到显示、再到输出的过程中所表现的外观尽可能地匹配，最终达到原稿和复制品色彩的和谐一致。在网络时代，人们对色彩管理的要求更高，要求不论在什么媒体上，再现的图像颜色，就是设计者所做所见到的颜色，不仅是软打样的"所见即所得"，而且是"所得即所见"。在网络终端的另一个人所得到的、所见到的颜色即为设计者所见到的、所设计制作的颜色。

二、色彩管理的必要性

色彩管理或者说色彩控制一直是印刷复制中最重要最困难的工作。人们一直希望印刷复制品能忠实再现原稿。那么以前为什么不提色彩管理而仅提色彩校正呢？其原因就在于在电子分色制版时代，采用的是一个封闭的系统，从分色、制版到最后印刷输出，是一个完整的色彩传递过程，所有的设备均已被调整为已知的设定值，依靠闭环反馈结构来调整系统中和色彩相关的工作参数，并达到相对准确的色彩传递效果。

随着印刷科技的发展，数字网络出版、数字化印刷及开放的系统架构时代的来临，各式各样印刷设备如数字打样机、MAC或PC彩色屏幕、印刷机等的色彩沟通与色彩重现能力遭受到考验及冲击，究其原因在于各印刷复制媒体设备对于色彩的表现或复制均有其独特的色彩处理模式及显色能力。例如，显示器和数字相机使用RGB加色法显色，而数字打样机、印刷机采用CMYK减色法显色。在此种情况下，尤其是运用在开放式生产流程的系统架构时，色彩的复制结果将变得几乎无法预测。举例来说，下列情形几乎每一个印刷从业人士都曾遭遇过：扫描仪的扫描结果与原稿始终有不小的差距；不同的应用软件将图像由RGB模式转换成CMYK模式时得到不同数值，缺乏一致性；同一个版面文件在显示器上显示的颜色和数字打样机打印出来的结果以及印刷结果截然不同，甚至同一幅图像在不同厂家的显示器上也不能得到一致的颜色；印刷时用不同的纸张和油墨，得到的印刷品存在颜色差异。

为了要解决彩色复制中的这些色彩品质的问题，近年来各国的研究单位或国际厂商将研究开发焦点放在寻求一种与设备色彩显示无关的色彩表示方法及模块，即色彩管理技术

（color management technology）上。色彩管理技术是一种跨媒体（cross-media）数字色彩方面的工业标准技术，采用这种技术使得印刷厂商可以将不同厂商的机器设备整合在一起，同时能有效地控制彩色再现和复制品质。这在过去传统的封闭式色彩系统（close-loop color system）中是绝对不可能的，因为这些不同的设备，其数据虽然没有改变，但是因为不同的设备具有不同的色彩表征方式，即其颜色空间是与设备相关的颜色空间（device-dependent color space），所以会得到不同的色彩。因此必须进行色彩管理，才能有效地对色彩实施全程控制，使相同的色彩数据在不同系统、不同设备都可获得尽可能一致的输出色彩效果，达到精确、可重复的色彩复制。

三、基于 ICC 标准的色彩管理基本框架

基于 ICC 标准的色彩管理解决方案主要是根据国际色彩联盟（international color consortium，简称 ICC）组织所提出的工业标准建立的。其主要目的是针对目前所使用的所有图像文档格式进行整合，并在此标准下定义各种复制色彩设备的特性以支持建立各媒体设备的色彩特征描述文件（ICC profile）。也就是将输入设备、显示设备、打印输出设备及印刷设备经过特征化（device characterization）的标准程序处理后，产生色彩特征描述文件，并将其嵌入图形和图像文件中，使不同设备的色彩特征描述文件能够通过不同的色彩空间转换模式（rendering intent）相互连结。利用色彩特征描述文件进行不同设备间色彩空间的转换（color rendering intent），进而达到管理色彩的目的，解决各种设备的色彩一致性的问题。

ICC 色彩管理系统（color management system，简称 CMS）的结构如图 2-76 所示。

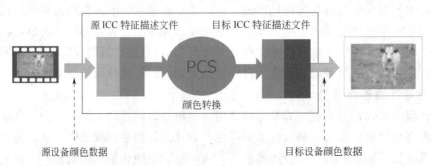

源 ICC 特征描述文件　　　目标 ICC 特征描述文件

PCS

颜色转换

源设备颜色数据　　　　　　　　　　　目标设备颜色数据

图 2-76　ICC 色彩管理系统结构示意图

ICC 色彩管理系统由以下三方面内容构成。

（1）标准的与设备无关的颜色空间　如图 2-77 所示，处于 ICC 的色彩管理系统中心位置的是一个标准的与设备无关的颜色空间（device-independent color space），称为特征描述连接色空间（profile connection space，简称 PCS），也称参考颜色空间（reference color space）。通过这个标准色空间，将任一个具体设备的颜色值转换为具有唯一性的色度值，以它为桥梁，再向其他颜色空间转换。国际彩色联盟确定 CIELAB 或 CIEXYZ 作为 CMS 中的标准颜色空间。

（2）用于描述设备颜色特征的特征文件（Device ICC Profile）　设备特征文件也称目标特征文件（Destination Profile）。印刷复制过程中的设备主要有三类：输入设备（input device），如扫描仪、数码相机等，显示设备（display device），如计算机的显示器等，输出设备（output device），如打印机、印刷机等。对应地，设备特征描述文件也分为三类。设备特征文件是用以描述媒体设备色彩特性的数据文件，国际色彩联盟提供了一套工业界可以依循的彩色特征描述文件标准，只要各种设备的特征文件符合 ICC 标准，即可利用 ColorSync

等色彩管理软件，达到色彩重现的目的。

（3）色彩管理模块（color management module，简称 CMM） 色彩管理模块 CMM 的作用是解释设备特征文件，并根据设备特征文件所描述的设备颜色特征进行不同设备间的颜色数据转换计算。如图 2-77 就是色彩管理模块进行从 CMYK 色空间到 Lab 与设备无关色空间的计算转换示意图。

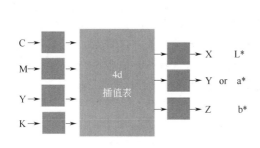

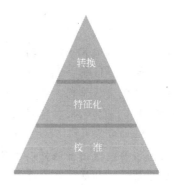

图 2-77　CMM 颜色转换示意图　　　　　图 2-78　色彩管理的三个步骤

四、色彩管理技术

进行色彩管理，基本需要三个步骤。这三个步骤简称为"3C"，即校准（calibration）、特征化（characterisation）和转换（conversion）。如图 2-78 所示，第一步是校准，即校准仪器；第二步是特征化，即确立设备颜色特性；最后是转换，即进行色彩空间转换。

（1）校准（calibration） 校准是指调校仪器达到标准状态。所有仪器必须校准后才可使用，确保仪器的表现正常。设备校准是色彩管理过程中的重要步骤，因为显示器、输入和输出装置（扫描仪和打印机等）和颜色测量仪器（密度计和色度计等）的表现性能会因时间而改变，需要经常校准以确保所有装置都符合由制造商制定的状态或条件。

（2）特性化（characterisation） 特性化也称为设备特征描述，它是指每个色彩输入或色彩输出仪器都有一定的色域（color gamut）或色彩表现能力。特征化的目的是确立设备或呈色物质的色彩表现范围，并以数学方式记录其颜色表现特性（character），以便进行色彩转换时使用。实际操作时，首先要使用色度计或分光光度计等测色仪器测量设备再现的标准色块图，再用色彩管理软件（如 profile maker、profile wizard）将测得的数据与标准颜色数据进行比较计算，得到该设备的 ICC 特征文件。

（3）转换（conversion） 转换即色域转换，它是指源设备和目标设备之间的色彩转换，由色彩管理模块完成。由于各个设备和呈色材料的色彩范围各有不同，就需要通过转换解决色域映射的问题，主要指由较大色域压缩到较小色域时处于小色域范围外的颜色如何映射的问题。例如，彩色显示屏是 RGB 色彩，而彩色印刷是 CMYK 色彩；而且不同彩色显示器和不同制造商的四色油墨的色域范围也可能不相同。色彩管理中的色彩转换不是提供百分之百相同的色彩，而是尽量发挥设备和呈色材料所能提供最理想的色彩，同时让使用者可以预知结果。

应该指出，色彩管理技术还在不断完善和发展之中，目前还存在一些问题。如色彩空间转换通常使用查找表，期望值常常要由插值得到，而插值算法不是唯一的，且每一种插值算法都会带来误差。再如色域映射方法中，相对色度法和绝对色度法，ICC 的方法与 CIE 的定义不一致。另外色彩管理也不是万能的，任何彩色印刷设备的色域都有一定的界限，无论用什么办法也不能超越这个界限，并不是有了色彩管理，就能想印什么颜色就能印出什么颜色。人们期待的色彩管理系统应是利用易于操作的可视化工具实现正确的彩色复制，而使用色彩管理的操作人员则不必对彩色复制工艺有很深刻的理解，就像不懂微机原理的人也可正确操作微机一样。正如有的学者指出的那样，当色彩管理这一话题从普通彩色复制人员口中消失时，色彩管理肯定已经成为一门成熟的技术。

复习思考题

1. 计算机排版中文字信息的输入有哪几种方法？各有何特点？

2. 什么是文字信息存储的点阵方式、矢量方式和曲线方式？各有何特点？

3. 什么是色光三原色、色料三原色、颜色三属性（色相、明度、饱和度)？

4. 什么是色光加色法和色料减色法？二者之间有何联系和区别？

5. 图像清晰度可从哪三个层面来度量？其含义是什么？

6. 简述印刷图像的阶调复制原理。

7. 什么是调幅加网？什么是调频加网？各有何特点？

8. 什么是彩色印刷复制中的颜色分解和颜色合成原理？如何实现？

9. 掌握感光材料的结构及各层的作用。

10. 什么是感光材料的感光度、密度、反差系数、反差、感色性、解像力、宽容度？

11. 什么是龟纹？网点角度对四色印刷有何影响？印刷复制工艺中应如何避免醒目的龟纹产生？

12. 制版印刷过程中造成色差和阶调差的因素有哪些？

13. 什么是电分机？简述其结构和工作原理。

14. 什么是彩色桌面出版（DTP)？DTP系统通常由哪些硬件和软件构成？

15. 与其他传统制版方式比较，DTP制版有何优点？

16. 什么是柔性版？柔性版印刷有何特点？主要应用在哪些领域？

17. 什么是胶印？简述胶印的原理。

18. 简述PS版的感光原理、种类、工艺流程。

19. 凹版印刷复制有何特点？常用的凹版有哪几种？分别用在哪些领域？

20. 比较丝网制版的各种方法在制版工艺、印品质量等方面的差别。

21. 打样有何作用？常用的彩色打样的方法有哪些？各有何特点？

22. 什么是数码打样？它相对于传统打样方法有何优缺点？

23. 在印刷生产过程中为什么要进行色彩管理？色彩管理的作用是什么？

第三章 印　　刷

原稿经印前图像处理、制版并签样后，即可进行印刷。在这一工艺环节中，我们利用印刷设备使油墨从印版转移到承印物上，形成印刷图文。在本章中首先讲述印刷设备和纸张、油墨等印刷材料；然后依次介绍平版印刷（重点为胶印）、凹版印刷、凸版印刷（重点为柔性版印刷）和孔版（重点为丝网印刷）印刷四种常规印刷方式；其次简要介绍几种特种印刷方式；最后介绍数字印刷新技术。在平版印刷部分还介绍一些新技术、新工艺等。

第一节　印刷设备及材料

一、印刷设备

印刷（printing）是采用一定的工艺方法对原稿图文进行大量复制的技术。在这一过程中，印刷机（printing machine）通过压力或其他方式将油墨转移到承印物上，形成印刷图文。本文将对印刷机总体加以介绍。

（一）印刷机的组成

印刷机种类繁多，用途各异，其组成也各不相同，但有其结构上的共同点。

印刷机主要结构包括以下几个部分：输纸（料）部分，输水部分（胶印机独有），输墨部分，印刷部分，收纸（料）部分。

除此以外，印刷机一般还包括以下部件。

传动系统：传递动力，实现印刷机的各种运动。

定位部件：对承印材料进行定位控制，保证套印准确。

传纸（料）部件：完成承印材料从输纸（料）机构到印刷部件之间的传递，承印材料在印刷部件中不同色组之间的传递。卷筒纸（料）印刷机无此部件。

控制系统：如墨量控制、自动套准系统、自动检测承印材料故障、张力控制系统等。

（二）印刷机的分类

常用印刷机的分类方法多种多样，这里讲述传统有版印刷机的主要分类方法，数字印刷机在本章第七节中介绍。

1. 按承印材料幅面分类

根据承印材料的最大幅面可将印刷机分为全张印刷机、对开印刷机、四开印刷机、八开印刷机等。

2. 按印刷机适应的承印材料形式分类

按印刷机适应的承印材料形式可将印刷机分为单张纸（料）印刷机、卷筒纸（料）印刷机及其他承印材料形式的印刷机。

3. 按印刷色数和面数分类

按同一印刷过程中的印刷色数可将印刷机分为单色、双色和多色印刷机。根据同一印刷过程中印品印刷面的情况可将印刷机分为单面印刷机和双面印刷机。

4. 按印版结构分类

因为印版结构有凸版、平版、凹版和孔版四种形式，故可将印刷机分为凸版印刷机、平版印刷机、凹版印刷机、孔版印刷机和多种版组合的印刷机和变换版印刷机（采用可变换印版类型的印版支承体结构的印刷机）。

5. 按压印形式分类

根据印刷机施加压力的形式不同可分为平压平印刷机、圆压平印刷机和圆压圆印刷机。

（1）平压平印刷机　平压平印刷机（platen press）的压印机构和印版版台均为平面。把印版装在版台上，由着墨辊给印版上墨，然后将承印材料铺在印版上，再由压印板施压完成印刷。由于是两平面接触施压，故印刷总压力大，印刷速度慢，适用于四开以下幅面，如活字版、铜锌版打样机、圆盘机等就属于平压平印刷机。

（2）圆压平印刷机　圆压平印刷机（flat-bed cylinder press）的压印机构为圆形滚筒，称为压印滚筒，印版版台为平面。印版由着墨辊上墨，在压印滚筒下方往复移动，压印滚筒带着承印物边旋转边加压印，压印滚筒旋转的表面线速度与印版版台平移速度相等。由于采用圆压平方式，压印机构施加的压力较平压平印刷机小，印刷速度较快，幅面较大，印刷质量较好。例如目前应用的胶印打样机即属于圆压平的压印方式。

（3）圆压圆印刷机　圆压圆印刷机（rotary letterpress）又称轮转机。其压印机构和印版版台均为圆形滚筒，分别称为压印滚筒和印版滚筒，两滚筒连续旋转，线接触完成印刷过程，故印刷压力小，运动平稳，生产效率高，适于高速多色印刷。

二、承印物

承印物（printing stock）是接受油墨以形成可见的印刷图文的材料。承印物的种类非常繁多，如纸张、塑料、金属、陶瓷、纺织品、木材、玻璃、皮革等，但在印刷包装行业中应用最广泛的是纸张和塑料。

（一）印刷纸张

纸张（paper）是中国古代四大发明之一，它是由东汉蔡伦在民间造纸术基础上加以改进而成，印刷用纸一般是由植物纤维原料经过制浆、抄纸等加工工艺制成的。

1. 印刷用纸组成

印刷用纸由植物纤维、胶料、填料、色料等组成。

（1）植物纤维　印刷用纸的基本原料是植物纤维。目前中国造纸常用的植物纤维有以下几类：籽毛纤维类，如含棉纤维的棉花、破布等；茎秆纤维类，如麦草、稻草、竹、芦苇、玉米秆、蔗渣等；韧皮纤维类，如亚麻、黄麻、大麻等；木材纤维类，如杉树、松树等针叶木材和杨木、桦木等阔叶木材。木材已逐渐成为印刷用纸的主要原料。

（2）胶料　在纸张中加入胶料主要是为了增强纸张的抗水性，同时还能增加纸张强度和光泽，并提高纸张在印刷过程中抗起毛、抗掉粉的能力。常用的胶料有松香胶、石蜡胶、淀粉、动物明胶及合成胶料等。胶料的用量一般在 0.25%～9%，过多的胶料会降低纸张的吸墨能力。

（3）填料　在纸张中加入填料可以提高纸张的不透明度、白度和表面平滑度，提高纸张的紧度、光泽度及对油墨吸收的均匀性，提高纸张的可塑性，降低纸张的吸湿性。常用的填料主要是一些颗粒细小均匀、白度高、折射率高、水溶性差的白色粉末。如滑石粉、碳酸钙、白土等。普通印刷纸张中填料含量大约在 10%～15%，过多的填料会显著降低纸张强度并影响纸张的印刷适性。

（4）色料　在纸浆中加入色料可以校正和改变纸张的颜色。植物纤维在制成纸浆时虽经漂白，但仍会呈现一定的颜色，如浅黄等，因此需要加入一定的色料使纸张呈现较高的白度。另外，生产色纸时需要用色料进行调色。

2. 常用印刷纸张

印刷用纸张有新闻纸、凸版印刷纸、胶版印刷纸、胶版印刷涂布纸（铜版纸）、凹版印刷纸、字典纸、地图纸等。下面介绍几种常用纸张。

新闻纸主要用于印刷报纸、低档期刊、短期书籍。新闻纸不施胶，纸质松软，弹塑性较好，吸墨性较强，有一定的机械强度，不透明性好。因新闻纸木质素和杂质含量高，易发黄变脆。

凸版印刷纸主要用于书刊、杂志印刷。凸版印刷纸不施胶或轻微施胶，特性类似于新闻纸，吸墨均匀，平滑度、白度、抗水性等优于新闻纸，但吸墨性不如新闻纸。

胶版印刷纸主要用于彩色画报、海报、宣传画、商标等。胶版印刷纸表面平滑，质地紧密，伸缩性小，抗水性强，吸墨性不太高，印品有光泽。

铜版纸主要用于各种精美彩色印刷品、高档彩色画报、画册等。铜版纸是在原纸上涂布涂料，然后经超级压光制成，白度高、平滑度高、光泽度好、表面强度高、吸墨性不太快。

凹版印刷纸适用于彩色凹印印品，如彩色画报等。凹版印刷纸平滑度高、抗水性好、白度高、纸张强度高。

3. 印刷用纸的规格

（1）尺寸　按 GB/T 147—1997《印刷、书写和绘图用原纸尺寸》规定，卷筒纸的宽度尺寸为 787mm、860mm、880mm、900mm、1000mm、1092mm、1220mm、1230mm、1280mm、1400mm、1562mm、1575mm、1760mm、3100mm、5100mm；平版纸幅面尺寸为 1400mm × 1000mm、1000mm × 1400mm、1280mm × 900mm、900mm × 1280mm、1220mm × 860mm、860mm × 1220mm、1230mm × 880mm、880mm × 1230mm、1092mm × 787mm、787mm × 1092mm，后面的尺寸是纵向尺寸。

图书、杂志开本及幅面尺寸按 GB/T 788—1999 规定，全张纸 A 系列尺寸为 890mm × 1240mm、900mm × 1280mm，B 系列尺寸为 1000mm × 1400mm。

（2）质量　纸张的质量用定量及令重来表示。

定量（basic weight）是指每平方米纸张的质量，单位是 g/m²，故定量又称克重。一般，定量小于 200g/m² 的称为纸，定量大于 200g/m² 的称为纸板。

令重（ream weight）表示每令全张纸的总质量（1 令纸为 500 张全张纸），单位是 kg。计算公式如下。

$$令重(\mathrm{kg})=\frac{一张全张纸的面积(\mathrm{m}^2)\times500\times定量(\mathrm{g/m}^2)}{1000} \qquad (3\text{-}1)$$

4. 书刊印刷用纸的计算

书刊正文印刷的用纸量，可以按下列几种方法计算。

（1）按开数计算　　　　用纸令数 = 页数 × 印数 ÷ 开数 ÷ 500　　　　　　　　（3-2）

（2）按基数计算　基数是指各种开本数的倒数。如 32 开，基数为 1/32。

用纸令数 = 页数 × 基数 × 印数 ÷ 500　　　　　　　　（3-3）

（3）按印张计算　印张（printed sheet）是指一个双面印刷的对开幅面纸张。

用纸令数 = 印张 × 印数 ÷ 1000　　　　　　　　（3-4）

平装书刊封面的用纸量计算方法与正文基本相同，但要考虑书脊用纸量。

5. 纸张的印刷适性

纸张的印刷适性（printability）是指纸张的固有特性是否与某种特定的印刷条件相适应。纸张的印刷适性一般有以下几个方面。

（1）定量 纸张的定量影响纸张的物理性能。

（2）厚度 纸张的厚度（thickness）表示纸张的厚薄程度。厚度的变化影响纸张的不透明度和压缩特性，同时同一批纸厚度变化太大将影响其印品质量。

（3）平滑度 纸张的平滑度（smoothness）是指纸张表面的平整、光滑的程度。采用表面平滑度较高的纸张进行压印时能以最大的接触面积与印版或橡皮布的图文部接触，使油墨均匀地转移到纸上，获得较好的印刷效果。如平滑度低则需增加压力和墨层厚度或使用橡皮布转移墨层来达到较好的印刷效果。

（4）光泽度 纸张的光泽度（gloss）是指纸面的镜面反射与完全镜面反射的接近程度。大多数纸张对光线的反射是介于完全镜面反射和漫反射之间的。纸张的光泽度影响纸张的着墨效率和印刷品的光泽度。

（5）白度 纸张的白度（brightness）是指纸张的洁白程度。它直接影响印刷品的呈色效果。因为白度较高的纸张几乎可以反射全部色光，所以印品色彩鲜艳、纯正。

（6）不透明度 纸张的不透明度（opacity）是反映纸张透印程度的指标。双面印刷时应采用不透明度较大的纸张。

（7）粗糙度 纸张的粗糙度（roughness）是指纸张表面凹凸不平的程度。它也可以用来表示纸张的平整、光滑程度。

（8）挺度 纸张的挺度（stiffness）是指纸张的抗弯曲特性。对于单张纸印刷而言，这一指标具有重要意义。

（9）含水量 纸张的含水量（moisture）是指纸张中所含水分的重量占该纸张重量的百分比。纸张的含水量过大，影响印迹干燥，纸张强度降低。纸张的含水量过小，则纸张发脆，易产生静电故障。

（10）松厚度 纸张的松厚度（bulk）是指 1 克重的纸张的体积。它是紧度的倒数。纸张的紧度是指 1 立方厘米纸张的重量。一般而言，纸张的紧度与耐破度和抗张强度成正比，与撕裂度、透气度成反比。另外，纸张的紧度还反映纸张的吸墨性和不透明度。因为纸张的吸墨性，取决于纸张内部的疏松程度，即纸张内部空隙所占空间的大小，用紧度表示。厚度和紧度这一对关系中，国际上更多的是测量纸张的松厚度。同样，松厚度也是纸中空隙大小的函数。

（11）表面强度 纸张的表面强度（surface strength）是指纤维与纤维、纤维与胶料、纤维与涂料间的结合力。结合力越强，纸张的表面强度就越高，否则就会在印刷中出现掉粉、掉毛现象，影响印品质量。

（12）抗张强度 纸张的抗张强度（tensile strength）是指纸或纸板所能承受的最大张力，以宽度为 15mm 的标准试样测得的纸张断裂时的载荷来表示。抗张强度对于高速轮转印刷用纸是一个尤其重要的指标。

（13）吸墨性 纸张的吸墨性（ink absorbency）是指纸张对油墨的吸收能力。它主要影响墨层的干燥速度，印品的色彩饱和度及墨膜对纸张的附着力，纸张吸墨性过高，易形成粉化或透印。纸张的紧度（或松厚度）在一定程度上反映纸张的吸墨性。

除上述指标外，有时我们还要考虑纸张的 pH 值、纸张的丝缕方向等，以保证印刷质量。

（二）**塑料**

塑料（plastic）是以合成树脂为基本成分的高分子有机化合物，在一定的温度、压力等条件下可塑制成一定形状并且在常温下保持形状不变的材料。它是包装印刷领域广泛使用的一类承印材料。

1. 包装印刷常用塑料薄膜

（1）聚乙烯　聚乙烯（PE）是乙烯的加成聚合物，无毒、无味、无嗅，来源广泛，价格低。它可以通过吹塑、压延、流延等方法制成薄膜。聚乙烯膜具有透明度高、化学稳定性好、防潮、抗氧化、耐酸、耐碱、气密性一般、热封性能好的特点，同时具有一定的物理机械性能，是塑料包装印刷最重要的材料。根据聚乙烯的密度不同可将其分为低密度聚乙烯（LDPE）、线性低密度聚乙烯（LLDPE）、中密度聚乙烯（MDPE）和高密度聚乙烯（HDPE）等。

（2）聚丙烯　聚丙烯（PP）是丙烯的加成聚合物。它是用量仅次于 PE 的包装印刷材料。其特点是密度低（约 $0.9g/cm^3$），透明度好，耐热性好（超过 $100℃$），熔点高，机械强度高，弹性好，耐有机溶剂、耐强酸、强碱、油，但静电高，印刷中需用抗静电装置。印刷常用聚丙烯膜有双向拉伸聚丙烯膜（BOPP）、拉伸聚丙烯膜（OPP）、未拉伸聚丙烯膜（CPP）和聚丙烯热收缩膜等。

（3）聚酯　聚酯（PET）是由二元或多元醇和二元或多元酸缩聚而成的高分子化合物的总称。用于包装的聚酯薄膜是乙二醇和对苯二甲酸二甲酯缩聚所得的聚对苯二甲酸乙二醇酯。其特点是透明性好、机械强度高、尺寸稳定性好、有较强的弹性和韧性、阻隔性较好、耐热、耐酸、耐药、耐有机溶剂，但不耐强碱、静电较大。故聚酯膜不易热封且印刷时应进行抗静电处理。

2. 塑料薄膜的印刷性能

塑料薄膜的性能一般包括热性能、力学性能、阻隔性能、表面性质和粘接特性、光学特性、电性能等。热性能包括熔融温度、玻璃化转变温度、热膨胀系数、热导率、熔融热、比热容等；力学性能包括拉伸强度、撕裂强度、冲击强度和爆破强度、耐折叠性、耐挠曲针孔性、耐应力开裂性、耐磨性等；阻隔性能包括扩散性、溶解性、渗透性等；表面性质和粘接特性包括表面张力、润湿性、黏附强度、内聚强度、黏着性、摩擦性、热封性等；光学特性指光泽性、透明度等。塑料薄膜的化学结构决定了其密度、热性能、阻隔性能、化学特性及摩擦性能，而强度、黏度、弹性、应力松弛及蠕变特性等主要受构成聚合物的长链性质影响。

塑料薄膜的印刷性能主要有以下几项。

（1）分子结构　分子结构（molecular structure）有极性与非极性之分。非极性的高分子塑料薄膜不易接受印刷油墨，如 PE；极性较弱、聚合度较高的，亦可视为非极性结构，如 PP。因此，印刷前需对薄膜进行表面处理，目前主要采用电晕放电处理。

（2）尺寸稳定性　尺寸稳定性对于印刷而言是极为重要的，而温度变化对保持塑料薄膜的尺寸稳定性是非常有害的。

（3）表面张力　表面张力（surface tension）是决定塑料薄膜表面性能和粘接性的一个重要因素，因而对印刷、表面处理、粘接、润湿等起着决定性的作用。塑料薄膜表面张力小，表面能低，不易被油墨浸润。因而需采用电晕放电等处理方法增加塑料的表面张力，使其大于或等于油墨的表面张力。

（4）润湿性　润湿性（wetting property）是表面张力的函数，它表示液体在塑料薄膜表面的铺展能力。塑料薄膜表面的粘合和印刷依赖于塑料薄膜的润湿性。

另外，塑料薄膜的化学稳定性越强，越难吸附油墨；同时，制造塑料时添加的助剂在吹塑后易在薄膜表面形成油污，影响印刷。

三、印刷油墨

印刷油墨（printing ink）是印刷中用来呈色的物质，它是由色料和连结料组成的稳定的粗分散体系，具有良好的流动和转移特性。

（一）油墨的组成

油墨由色料、连结料、填料和助剂（附加料）等组成。

（1）色料　油墨中的显色物质，印刷油墨使用的色料通常是颜料和染料。颜料包括无机颜料和有机颜料。无机颜料一般是由络合物、金属氧化物、无机盐或单质元素等组成的颜料。有机颜料则是有色的有机化合物，有天然和人工之分，它们不溶于水、油和有机溶剂。染料也是有机化合物，它可溶于水，但当染料染色于载体硫酸钡、氢氧化铝、铝钡白等上面，再用沉淀剂使其固着于载体上形成不溶的色淀性颜料，则可供制造印刷油墨。

（2）连结料　连结料是油墨的主要组分。它能将色料均匀分散，并使油墨具有一定的黏性、流动性和转移性能。在油墨转印至承印物上后，连结料干燥成膜将色料固着在印品表面，形成墨膜。连结料是由少量的天然树脂、合成树脂、纤维素衍生物等溶于干性植物油或溶剂中制得的。它对油墨的流变性、附着性、成膜性起着重要作用，并影响油墨的色泽和酸值。

（3）填料　油墨中采用的填料主要有碳酸钙、硫酸钡、氢氧化铝、铝钡白和硅酸铝等。填料是白色透明、半透明或不透明的粉末。在油墨中使用填料主要是为了减少颜料用量，降低成本，并调节油墨的性质，如流动性和稠度等。

（4）助剂（附加料）　助剂是油墨的辅助成分，主要用来调节油墨的印刷适性。助剂主要有干燥剂、稀释剂、撤黏剂、冲淡剂、抗氧化剂等。可以根据生产要求在油墨中添加不同助剂，使油墨性能满足实际生产需要。

（二）油墨的分类

（1）按印刷方式分类　按印刷方式可将油墨分为凸版印刷油墨、平版印刷油墨、凹版印刷油墨、孔版印刷油墨和特种印刷油墨。

（2）按干燥机理分类　按干燥机理可将油墨分为渗透干燥型、挥发干燥型、氧化结膜型、热固化型、光固化型和冷却固化型等油墨。

（3）按干燥方法分类　按干燥方法可将油墨分为自然干燥型、热风干燥型、红外线干燥型、紫外线干燥型和冷却干燥型等油墨。

（4）按油墨原料分类　按制造油墨的原料可将油墨分为干油型油墨、树脂油型油墨、有机溶剂型油墨、水性油墨、石蜡型油墨和乙二醇型油墨等。

（5）按油墨特性分类　按油墨特性可将油墨分为磁性油墨、光变油墨、香味油墨、发泡油墨、防伪油墨、耐光油墨、耐热油墨、耐酸油墨、耐摩擦油墨、耐溶剂油墨等。

（6）按承印物分类　按承印物不同可将油墨分为纸张油墨、金属油墨、塑料油墨、玻璃油墨等。

（7）按油墨的用途分类　按油墨的用途可将其分为书刊油墨、新闻油墨和包装油墨等。

（三）油墨的印刷性能

（1）着色力　着色力（tinctorial strength）表示油墨着色的强度。它取决于色料对光的选择性反射、油墨中色料的多少及分散度。着色力强，则油墨用量少，印刷性能好。

（2）遮盖力　遮盖力（coverage）指油墨遮盖底色的能力。它取决于色料的不透明度、填料的多少及不透明度。遮盖力的大小影响多色印刷的色序。

（3）黏度　黏度（viscosity）是度量流体黏性的物理量。黏度的大小取决于连结料的黏度、颜料和助剂的用量及分散度等。黏度直接决定油墨的流动性，影响印刷时油墨的转移。黏度过大，易导致掉粉、拉毛；反之，则油墨易乳化、起脏。

（4）屈服值　屈服值（yield value）是指流体开始流动时所需要的最小剪切应力。它取决于连结料的性质和油墨的结构。屈服值过大，油墨流动性差、不易打开；反之，则网点起晕、不清晰。

（5）触变性　触变性（thixotropy）是指油墨受到外力时由稠变稀，静置一段时间后又恢复到原有稠度的现象。触变现象是体系结构的破坏和形成之间的一种等温可逆过程。触变性取决于油墨内部分子间的结构形式和结构稳定性以及色料粒子的含量和润湿状态。触变性的存在使油墨在输墨系统中受力后，提高其流动性和延展性，便于油墨转移到承印物。当转移完成后，由于外力消失，油墨流动性和延展性降低，形成固着良好的印迹。但触变性不宜过大，否则不利于墨辊传墨。

（6）流动性　流动性（flow property）是指油墨在自身重力或外力作用下，像液体一样流动的性质。它和油墨的黏度、屈服值和触变性有关。它影响油墨印刷时的传墨、匀墨、转移等过程。

（7）细度　油墨的细度（fineness）是指色料、填料在连结料中的分散度。油墨的细度与印品质量有密切关系，细度高的油墨适于印高线数印刷品，而且，油墨颗粒粗大易引起印刷故障。如在胶印中堆墨、糊版及毁版等。

（8）油墨的干燥　油墨的干燥（drying）指油墨附着在纸张上形成印迹后，从液态或糊状固化成膜的变化过程。根据连结料的不同，油墨的干燥形式可分为渗透干燥、挥发干燥、氧化结膜干燥、光固化、热固化、冷却固化等。常用的平版印刷油墨主要是氧化结膜干燥，凹版油墨采用挥发干燥形式，凸版油墨主要是渗透干燥。

（9）拉丝性　拉丝性（lengthiness）是指油墨形成丝状纤维的能力。常用墨丝长度（length）来表示，即油墨被拉成丝状纤维而不断裂的长度。油墨的拉丝性决定油墨分离和转移的能力。若墨丝过长，易导致飞墨；反之，则可能影响输墨。

第二节　平　版　印　刷

平版印刷（planography）是用图文部分和空白部分几乎处于同一平面上的平印版进行印刷的工艺技术。平印版有石版、珂罗版、蛋白版、平凹版、多层金属版、预涂感光版（PS版）等多种形式。目前平版印刷主要是使用预涂感光版（PS版）或CTP版的平版胶印。

平版胶印（offset lithographic）是一种间接印刷方式，印版上涂布的油墨必须经橡皮布转印至承印物形成印迹。印刷过程中还需使用润版液。由于采用轮转印刷方式，印版空白部分和图文部分同时受压，所以胶印机印刷时所需压力较小，印刷速度较快。

一、平版印刷机

平版印刷的设备目前主要是胶印机（offset printing press）。胶印机主要由输纸、输水、输墨、印刷及收纸等部分构成。

胶印机有圆压圆型和圆压平型两类。印刷机主要是圆压圆型，圆压平型则主要是胶印打样机。按承印物又可将胶印机分为单张纸胶印机（sheet-fed offset press）和卷筒纸胶印机（web-fed offset press）。

1. 单张纸胶印机

（1）输纸部分 单张纸胶印机的输纸部分（sheet feeder）由带自动升降机构的输纸台、纸张分离机构、纸张输送机构、纸张定位机构及检测控制机构组成。图 3-1 为单张纸胶印机的输纸部分的示意图，纸张的定位机构参见图 3-3。

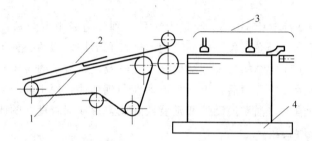

图 3-1 单张纸胶印机的输纸部分示意图

1—纸张输送机构；2—纸张；3—纸张分离机构；4—输纸台

纸张的分离机构有摩擦式和气动式，目前常用气动式。气动式纸张分离机构如图 3-2 所示，一般包括松纸吹嘴机构、分纸吸嘴机构、压纸吹嘴机构和递纸吸嘴机构。

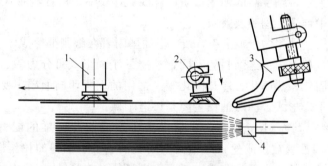

图 3-2 气动式纸张分离机构

1—递纸吸嘴；2—分纸吸嘴；3—压纸吹嘴；4—松纸吹嘴

当气动式输纸机工作时，由松纸吹嘴将纸堆上部的纸张吹松，分纸吸嘴从吹松的纸张中分离出最上面的一张纸，压纸吹嘴一边在分离开的纸张下面吹风，一边用压纸脚压住未被分离的纸张，递纸吸嘴把分离出来的纸张送到输纸板上，纸张经输纸板到达前规和侧规处进行横向和纵向定位，如图 3-3 所示。侧规在输纸板左右各有一个，单面印刷时，习惯上使用设备操作边的侧规（在输纸板左边）；双面印刷时，当印完正面再印背面时，就需要使用图 3-3 中输纸板右边的侧规进行定位，以保证双面印刷套印准确。定位完成后，纸张进入印刷部分开始印刷。在输纸板上配备有双张、空张、纸张歪斜检测装置，若出现故障，输纸机构会自动停止输纸。

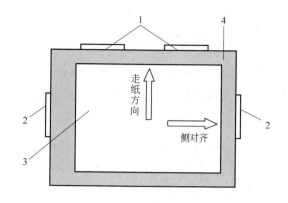

图 3-3 纸张的定位机构

1—前规；2—侧规；3—纸张；4—输纸板

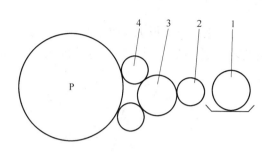

图 3-4 胶印机的润湿装置

1—水斗辊；2—传水辊；3—串水辊；4—着水辊

（2）印刷部分（printing unit） 纸张定位完成后，由递纸机构咬住纸张，前规让开，纸张进入印刷部分。根据胶印的油水不相溶原理，安装在印版滚筒上的平印版在印刷前要先上水，因而胶印机有润湿装置（dampening unit），也称输水机构，如图 3-4 所示。

胶印机的润湿装置一般包括水斗辊、传水辊、串水辊和着水辊等。工作时，水斗辊间歇转动，将水传给传水辊，传水辊间歇摆动，将水传给串水辊，串水辊再将水传给着水辊，由着水辊将水传到印版上。

上完水的印版，在印刷前要由着墨机构（输墨装置）上墨。着墨机构（inking unit）一般包括墨斗、墨斗辊、传墨辊、匀墨辊、串墨辊和着墨辊等，如图 3-5 所示。工作时，墨斗辊将油墨从墨斗传给传墨辊，再由传墨辊将油墨传给串墨辊、匀墨辊，最后由着墨辊均匀地将油墨传递到印版滚筒上。在这一过程中，串墨辊轴向窜动，改变油墨的轴向分布；匀墨辊使油墨沿周向均匀分布。

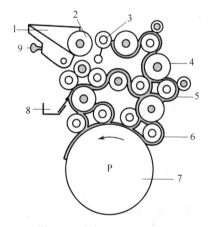

图 3-5 胶印机的着墨机构

1—墨斗；2—墨斗辊；3 传墨辊，4 串墨辊，5—匀墨辊；
6—着墨辊；7—印版滚筒；8—洗墨槽；9—墨量调节螺丝

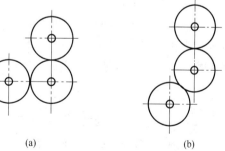

图 3-6 胶印机三滚筒的常见排列方式

胶印机的印刷装置主要由印版滚筒、橡皮滚筒、压印滚筒、离合压机构、传纸装置以及控制机构组成。胶印机三滚筒的常见排列方式如图 3-6 所示，目前多采用图 3-6（b）的形式。

当纸张进入印刷部分进行正常印刷时，控制离合压机构使印版滚筒、橡皮滚筒和压印滚筒按图 3-6 中所示位置接触（即合压）进行印刷；停机或故障时，滚筒互相不接触，即离压。

当纸张从输纸板进入印刷部分或完成一色印刷进入下一个色印刷时，由传纸滚筒或其他递纸装置完成纸张交接。纸张从输纸板进入印刷部分的滚筒式旋转递纸原理如图 3-7 所示。

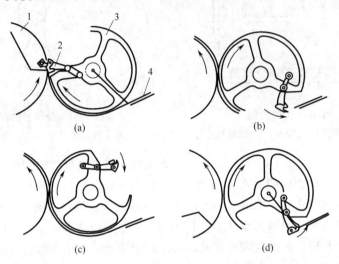

图 3-7　滚筒式旋转递纸原理
1—滚筒；2—摆臂；3—传纸滚筒；4—纸张

（3）收纸部分　单张纸胶印机的收纸部分（delivery unit）多采用链条传送器，它由收纸链条、收纸台和计数器等组成。收纸链条上的叼纸牙排将印张从压印滚筒接出，通过链条传动传送到收纸台上，收纸台上有自动撞齐装置撞齐纸张，计数器自动计数，纸张堆积到一定数量即可更换收纸台。

2. 卷筒纸胶印机

（1）输纸部分　卷筒纸胶印机的输纸部分一般包括自动接纸装置、导送机构和制动机构。它既可以保证在不停机的情况下更换纸卷，同时又使纸带张力恒定且大小合适，保持印刷过程稳定。高速自动接纸过程如图 3-8 所示。当正在印刷的纸卷小到规定的直径时，纸卷回转支架开始回转并使新纸卷与纸带保持一定的距离，然后由加速带对新纸卷加速，待两者等速时，用毛刷进行粘接，最后切断旧纸带。

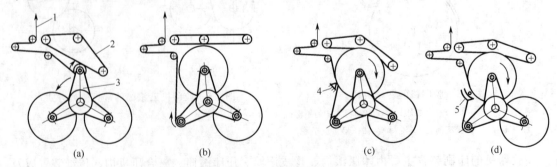

图 3-8　高速自动接纸原理
1—纸带；2—加速带；3—回转支架；4—毛刷；5—切刀

（2）印刷部分　卷筒纸胶印机印刷部分与单张纸胶印机基本相同，但其滚筒排列方式除三滚筒形式外，还常用B-B型结构［如图3-9（a）］，和卫星型结构［如图3-9（b）］。

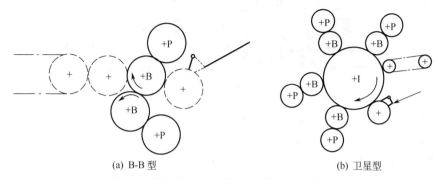

(a) B-B 型 　　　　　　　　　　　　　(b) 卫星型

图 3-9　卷筒纸胶印机的 B-B 型和卫星型结构

（3）干燥部分　由于卷筒纸胶印机印刷速度快，如果纸张吸墨性差，印刷后油墨不能尽快干燥，就会出现背面蹭脏，影响印品质量。这时，就需要卷筒纸胶印机干燥装置。常用的干燥装置有热风干燥装置、红外线干燥装置、紫外线干燥装置等。

（4）收纸部分　卷筒纸胶印机的收纸部分有复卷装置和折页装置等。若印刷完成后，需另行进行印后加工处理的，就用复卷装置将纸带重新卷好。一般，印刷好的纸带都进入折页装置进行折页、裁切等加工，使其成为一定规格的报纸或书帖。

3. 胶印新技术

随着印刷技术的发展，平板胶印新技术层出不穷，部分胶印机已采用了诸如无轴传动、无接缝橡皮布、自动装卸印版、自动套准、墨量预设置、自动清洗滚筒和胶辊等。目前，单张纸胶印机已经达到每小时2万印；卷筒纸胶印机转速达到每小时10万转。由于篇幅所限，这里仅介绍以下几种胶印新技术。

（1）无轴传动技术　在传统的印刷机传动系统中，设备各部分的动力来自主驱动电机，再由齿轮传动箱和机械长轴将动力分配到各个印刷单元和部件，如图3-10所示。机械传动系统虽然坚固，但若想保证设备的工作精度，必须提高零部件加工精度，这样就需要精度很高的机械加工设备，而且，机械零件易磨损，在运动中有冲击和振动。因此，现代胶印机设计采用类似机床行业中数控机床的设备驱动装置——伺服电机，每个伺服电机单独为一个印刷单元提供动力，并通过数字化的控制系统来保证运动精度。伺服电机通过传感器和数字化控制系统控制印刷机的卷筒纸张力、印刷速度和精度，避免了采用机械长轴和齿轮传动带来的弊端，这就是无轴传动（shaftless driven），如图3-11所示。无轴传动方式的传动精度高，容易控制和操作。无轴传动技术最早使用在卷筒纸胶印机上，但从理论上而言，所有凸版印刷机、平版印刷机、凹版印刷机、孔版印刷机都可以采用无轴传动。

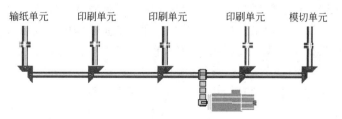

图 3-10　传统印刷机传动系统

91

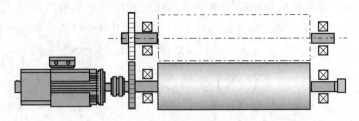

图 3-11　无轴传动示意图

（2）无接缝橡皮布技术　在传统胶印机中，橡皮布安装需要装夹和锁紧，所以有效印刷幅面受限。同时，由于滚筒存在空挡，所以在运动时易导致振动和墨杠条纹。圆筒式设计的无接缝橡皮布技术对胶印机来说是一个巨大的进步。对于卷筒纸胶印机而言，无接缝橡皮布与同样周长的传统橡皮布相比，有效印刷面积大，有效裁切幅面也大，节约纸张。同时，无接缝橡皮布技术的应用有利于胶印机朝大幅面、高速度和高质量方向发展。

（3）自动换版系统　以前，装卸印版完全是手工操作，印版安装调整时间长，印刷生产效率低。自动换版系统可实现印版装卸自动化，换版快捷准确，有效降低印刷准备时间，显著提高生产效率。另外，海德堡公司研发了轮转印刷机在全速运转的情况下分离印版滚筒的技术，可以将轮转印刷机的印版滚筒和墨辊之间分离出至少 1in 的缝隙，在设备全速运转过程中更换一张印版只需一个运转周期。曼罗兰公司的 ROLAND700 等设备也可以不停机分离、更换印版。

（4）新型输纸部件　常用的胶印机输纸部分有输纸板，输纸板上有传送带、压轮和毛刷等，海德堡 CD-102 用单条真空吸气带取代了输纸板上的传送带、压轮和毛刷等，纸张靠真空吸附来进行传递，纸张到达前规减速达 65％；高宝公司则去掉了侧规，纸张在前规定位后，进入一个鼓中，两个分离的传感器检测纸张位置，由伺服机构调整纸张定位。

（5）新型收纸台　海德堡 CD-102 上扬式收纸台采用了无扰流收纸咬牙、密封式收纸链条，并在整个收纸链条的上方设计了蜂槽式下压吹风装置，在其下部安装有测量风速的管口，高速收纸轻松平稳、易于调节，避免了纸张起皱。

二、平版印刷前的准备

1. 印刷用纸的准备

首先，检查纸张的规格（纸张类型、尺寸、定量等）是否符合该产品生产作业指导书的要求，然后，检查纸张的印刷适性是否满足工艺要求。如前所述，纸张的性能对印刷质量有着重要的影响，因此，有条件的企业应对纸张进行印刷性能检测。

纸张的含水量对胶印来说尤为重要。在印刷时，都希望纸张达到印刷条件下的平衡含水量（balance moisture）。所谓纸张的平衡含水量，是指纸张在一定的时间和环境条件下，吸收水分量和释放水分量相等。因此，在印刷前应对纸张进行调湿处理。避免纸张过度吸湿产生的荷叶边、纸张脱水产生的紧边及正反面含水量不同导致的卷曲等"纸病"。

纸张的调湿处理通常采用吊晾的方法进行，即将纸张在印刷车间或晾纸室用晾纸机分沓夹挂起来，下面用鼓风机吹风，使纸张达到印刷车间的平衡含水量。也可以将纸张在比印刷车间相对湿度高 5％～8％ 的条件下进行调湿处理，使其达到平衡含水量。若上述调湿效果不理想，还可以采用在高湿度的环境中让纸张充分吸水，然后和印刷条件相同的相对湿度条件下达到平衡含水量。

实验证明，环境的温湿度变化影响纸张的含水量。环境相对湿度每变化±10％，纸张含水量变化±1%；相对湿度不变，温度每变化±5℃，纸张含水量变化±0.15%。因此，印刷车间一般控制在温度 18～24℃，相对湿度 45%～65%。根据季节不同，温度和湿度可以有一定的变化。

2. 油墨的准备

印刷产品不同，所采用的纸张、油墨等材料也不同。在油墨的选择上，首先要根据产品要求、印刷纸张和印刷色序确定所用油墨的色相。若原色墨不能满足色相要求，就需要调配专色墨。

其次，调节油墨的黏性和流动性。比如，环境温度高时，油墨应稠一些；纸张结构疏松、表面粗糙、吸墨性好时，油墨可适当稀一些等。

再次，应根据版面图文面积、印刷墨层的厚薄、纸张的吸墨性、油墨的着色力、印品尺寸和印数等确定油墨的用量。

最后，还应根据印刷环境温湿度、纸张的性能、油墨的性能、印刷色序和辅助料的加入量等确定燥油的用量。一般，后印油墨比先印油墨燥油用量多；铜版纸、胶版纸比新闻纸燥油用量多；环境温度低、湿度高时，燥油用量多。

3. 润湿液的准备

胶印是利用油水不相溶的原理来完成印刷的。胶印过程中所用的水称为润湿液或润版液（fountain solution），它是由水和无机酸、无机酸盐和胶体等组成。在印刷过程中，润湿液供印版润湿除脂，提高空白部分的亲水性以抵抗油墨的侵蚀，保持水墨平衡。

润湿液大致可分为普通润湿液、酒精润湿液和非离子表面活性剂润湿液三大类。

普通润湿液由水、亲水胶体和电解质组成，常用电解质有磷酸、磷酸二氢铵、磷酸铵、重铬酸铵、硝酸铵等。电解质在印刷过程中会在磨损的印版空白部分形成新的亲水无机盐层，保持印版空白部分的亲水性。

酒精润湿液是以乙醇或异丙醇的水溶液润湿印版的一种润湿液。根据配方不同，酒精润湿液可以含有亲水胶体和电解质。由于酒精润湿液可以降低水的表面张力，减少供水量，保持润版稳定性，因而使用广泛。

非离子表面活性剂润湿液是用非离子表面活性剂取代酒精的低表面张力润湿液，一般是把非离子表面活性剂含有其他电解质的润湿液中配制而成。由于其表面张力小，润湿性能好，能减少润湿液用量，且无挥发性，因而成为高速多色胶印的理想润湿液。

在使用润湿液时，应根据油墨的种类、油墨的性质、印版图文、印版结构和类型、燥油的用量、车间环境温度、纸张特性、印品墨层厚度、印刷速度等确定润湿液的用量并控制润湿液的 pH 值。

4. 印版的准备

为了避免印版上机后出现问题，在印刷前应进行印版复核，复核内容包括：印版的种类，印版的厚度，印版有无凹凸伤痕，背面有无异物，印版的色别、色调、规格，各种色标，规矩线，尺寸，版面图文以及网点质量等。

（1）印版色别的鉴别　一般，在制版时，习惯在版上用版标字母标示出该印版的色别；如无相应版标，可以用网点角度和版面图文特征来判断印版色别。通常，印刷时都有一些习惯上的网点角度安排，主色版用 45°，黄版多用 90°，其他两色版用 15°或 75°。可以根据网点角度安排的习惯结合原稿色调来判断印版色别。另外，也可以依据版面图文特征来判断印版色别。这种方法需要将单色印版和付印样张（或原稿）对照判断：如一幅人物头像，其肤色较深为黄版，头发、眉毛层次较深为黑版，嘴唇层次较深为品红版等。

(2) 版面图文检查　印版图文应与原稿对应无误，文字、线划完整无缺。

(3) 印版色调检查　印版色调应与样张相应层次相符，网点百分比恰当，印版色调过深或过浅均影响印品质量。

(4) 网点质量检查　可借助放大镜观察印版网点，网点应饱满、结实、清晰，符合印刷要求。

除以上各项外，还要检查版上的规矩线和色标是否齐全、位置是否正确，印版图文是否居中，咬口尺寸是否正确等。

5. 色序的安排

一般，四色胶印印刷色序采用黑、青、品红、黄或黑、品红、青、黄，但胶印的印刷色序安排应综合考虑印刷机、油墨、纸张以及印刷工艺的要求。例如，暗色先印，亮色后印；透明性差的油墨先印，透明性强的油墨后印；遮盖力强的油墨先印，遮盖力差的油墨后印；原稿以暖调为主的先印黑、青，后印品、黄；原稿以冷色为主的先印品，后印青；干燥慢的油墨先印，干燥快的油墨后印等。

6. 橡皮布的准备

胶印图文需从印版转移到橡皮布，再由橡皮布将图文转移到承印物表面。橡皮布具有良好的弹性，在较小的压力作用下使滚筒处于完全接触的滚压状态；另一方面，橡皮布的使用减小了印版磨损，提高了印版耐印力。胶印用橡皮布表面应能被油润湿，并具有较强的疏水性、吸墨性和良好的传墨性能等；耐油、耐溶剂，只有很微小的溶胀；耐化学性、耐酸性、耐碱性良好；物理机械性能好；径向抗张力大，伸长率小；厚薄均匀，平整度误差平均不能超过 ±0.04mm；肖氏硬度在 65～70 左右；橡皮硫化程度好，弹性恢复率保持在 80%～90%；底布织物细密均匀、光洁牢固、伸缩性小；底布和内胶层粘合性好，不易分裂。

胶版印刷用橡皮布（blanket）有普通橡皮和气垫橡皮布（air blanket）两类。普通橡皮布主要由耐油性好的表面橡胶层、底布（棉布骨架）和弹性胶层组成，如图 3-12 所示。橡皮布的厚度有 1.6～1.7mm 和 1.8～1.9mm 两种。普通橡皮布的缺点在于动态压缩时，被压缩部分的表面胶层会向两端伸展，从而产生弹性变形，出现"凸包"现象，如图 3-13 所示。橡皮布的"凸包"现象易导致图文印迹伸长或网点位移。

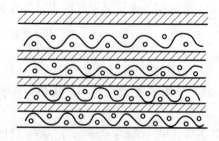

图 3-12　普通橡皮布结构示意图

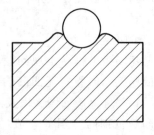

图 3-13　普通橡皮布弹性变形

气垫式橡皮布在普通橡皮布表面胶层下增加了一层微孔海绵状的胶层，其中分布着许多封闭的充气球体，如图 3-14 所示。气垫式橡皮布具有良好的可压缩性和瞬时复原性，不产生"凸包"，具有良好的印刷适性，适于高速印刷。

橡皮布的安装应注意表面平整、各处张力一致，均匀地包裹在衬垫外面且不能歪斜。橡皮布安装不当会产生诸如套印误差、降低印版耐印力等问题，而且橡皮布在使用过程也会老化，失去弹性，导致亲油性下降，网点转移不全、不实，加剧印版磨损。

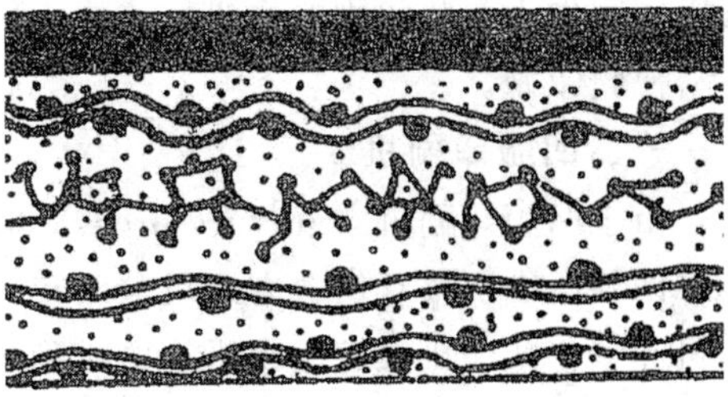

图 3-14　气垫式橡皮布结构示意图

7. 衬垫的准备

衬垫是校正滚筒压力时印版滚筒和橡皮滚筒切削量的填充物质，又称包衬。衬垫一般分为硬性衬垫、中性衬垫和软性衬垫三种。它们具有不同的挤压形变值和弹性。

硬性衬垫由橡皮布和衬纸组成。它以较小压力，较小的弹性获得图文墨迹的正确转移。网点结实饱满，网点扩大小，层次清晰，印刷质量优于其他衬垫，但对设备和工艺要求苛刻。其橡皮布滚筒的包衬厚度小于 2mm，挤压形变量（印刷压力）0.04～0.08mm。

中性衬垫由橡皮布、夹胶布（或橡皮布）衬纸组成。它硬度适中，印刷网点清晰、边缘光洁，网点扩大值小。其橡皮布滚筒的包衬厚度在 3～3.50mm 之间，挤压形变量在 0.15～0.20mm 之间。

软性衬垫由橡皮布、毡呢和衬纸组成，弹性好、形变量大，但网点易扩大，点形不好，印刷质量欠佳，主要用于磨损较大的旧印刷机。其橡皮布滚筒的包衬厚度大于 4mm，挤压形变量在 0.20～0.25mm，甚至可达 0.30mm。

需要说明的是，衬纸一般以绝缘纸、牛皮纸和胶版纸为主，也可根据需要选用其他纸张。

除以上印刷前的准备工作外，还需要水辊绒、汽油等材料和工具。

三、平版印刷

在做好印刷前的准备工作后，就可以准备进行试印刷了。在开机前，须要安装、校准印版；检查纸路（包括输纸、传纸和输纸）；调整印刷压力；检查供水、供墨情况。

试印刷时，洗净印版胶膜，用汽油除去干结墨迹。开机用过版纸试印，调整四色版套印精度；调水、调墨，使水墨逐渐平衡；抽检印张，观察有无质量问题并进行调整，使设备印刷条件稳定，印张墨色达到样张要求后签付印样正式印刷。

在正式印刷过程中，应随时注意抽样检查，观察套印是否准确，抽检印张有无印刷故障，墨色深浅是否符合样张要求，水墨是否平衡，印版、纸路、墨路及机器工作状态有无异常等，确保印刷正常进行。

印刷结束后，应及时清洗输墨系统和输水系统，并对需留用的印版涂胶封版。

第三节　凹版印刷

凹版印刷（intaglio printing）是一种直接印刷方式，其印版空白部分在同一平面上，而图文部分是下凹的。印刷时，印版滚筒或给印版滚筒传墨的墨斗辊的一部分浸入墨槽并连续转动，使印版满版涂墨，然后用刮刀刮去印版滚筒空白部分的油墨，再经压印将印版滚筒图文部分的油墨转移到承印物上。凹版印刷压力大，墨层厚实，印品层次丰富、色彩鲜艳、质感强。由于凹版印刷采用金属滚筒印版，所以印版耐印力高，适于进行长版活印刷。目前，凹版印刷作为包装印刷的主要方式之一，多采用挥发干燥的溶剂型油墨，可进行纸张印刷和塑料薄膜印刷。

一、凹版印刷机

由于凹版印刷机（gravure press）采用圆压圆型印刷方式，因而又称为轮转凹印机。

凹版印刷机按其供料方式可分为单张凹印机和卷筒型凹印机；按印刷色数可分为单色凹印机和多色凹印机；按印刷机组的排列形式可分为机组式凹印机、卫星式凹印机和层叠式凹印机；按承印物的不同可分为纸张凹印机和塑料凹印机；按凹版制版工艺不同可分为照相凹版印刷机和雕刻凹版印刷机；根据其用途不同，还有商业印刷用凹印机和有价证券印刷用凹印机等。下面，仅按供料方式对凹版印刷机加以介绍。

（一）单张纸凹印机

单张纸凹印机（sheet-fed gravure press）的承印物主要是纸张。单张纸凹印机主要由输纸部分、输墨部分、印刷部分和收纸部分等组成。

1. 输纸部分（sheet feeder）

单张纸凹印机的输纸部分与胶印机相同，在此不再赘述。

2. 输墨部分（inking unit）

单张纸凹印机的输墨部分由给墨装置和刮墨装置组成。凹印机采用短墨路输墨方式，无匀墨辊、串墨辊，输墨部分结构简单。

（1）给墨装置　单张纸凹印机的给墨装置有开放式和封闭式两类；开放式又有直接着墨和间接着墨两种形式。

直接着墨（如图3-15所示）是将印版滚筒的一部分直接浸在墨槽中，印版滚筒转动使其满版上墨，再由刮刀将空白部分的油墨刮去。

间接着墨（如图3-16所示）由半浸在墨斗中旋转的墨斗辊将油墨传给与其接触的印版滚筒，再用刮墨刀刮去空白部分的油墨。

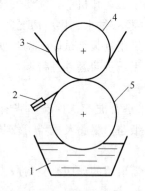

图 3-15　直接着墨示意图

1—墨斗；2—刮刀；3—承印物；
4—压印滚筒；5—印版滚筒

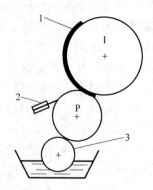

图 3-16　间接着墨示意图

1—承印物；2—刮刀；3—墨斗辊

封闭式给墨装置（如图3-17所示）多采用喷淋方法对印版滚筒进行着墨。将印版滚筒置于密闭容器中，用喷嘴将油墨喷淋到印版滚筒上，由刮墨刀刮去空白部分的油墨并回收利用。封闭式给墨装置可以减少溶剂挥发，有利于保证油墨黏度稳定，防止环境污染，因而被广泛使用。

（2）刮墨装置　凹印机的刮墨装置主要由刮墨刀、刀架和压板等组成。刮墨刀是 0.15～0.30mm 厚的钢制刀片，它具有良好的弹性。安装时，由压板压紧以增加其弹性，再用刀架夹住，由螺丝压紧。目前，也有一些凹印机采用特制的擦拭滚筒代替刮墨刀。

3. 印刷部分（printing unit）

单张纸凹印机的印刷部分主要由压印滚筒和印版滚筒组成。其排列方式如图 3-18 所示，一般多采用垂直式和倾斜式两种滚筒排列方式。

根据印版滚筒和压印滚筒直径之比不同，滚筒排列有 1∶1 型和 1∶2 型两种。如图 3-19 所示。

印版滚筒和压印滚筒直径相同时，称为 1∶1 型。在这种结构中，两滚筒等速转动，进行压印。由于传统的凹版印刷用压印滚筒需要留有空挡来装衬垫，所以，印版滚筒的整

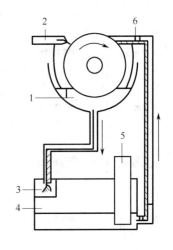

图 3-17　封闭式给墨装置示意图
1—墨槽；2—刮刀；3—过滤器；
4—油墨箱；5—墨泵；6—喷墨管

个圆周不能全部作为版面来用，有效印刷面积较小。随着印刷技术的发展，出现了套筒式的凹版包衬，这时，压印滚筒不需要留有空挡，印版滚筒可以全部作成版面来使用。

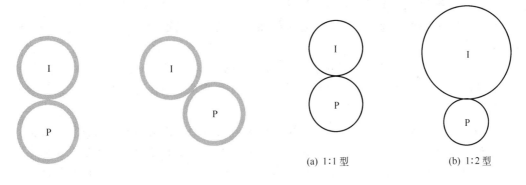

图 3-18　凹印机滚筒排列方式

(a) 1:1 型　　(b) 1:2 型

图 3-19　凹印机印刷部件的基本类型

若印版滚筒直径是压印滚筒直径的 1/2，称为 1∶2 型。在这种结构中，印版滚筒可以全部作成版面，使有效印刷面积增大。由于压印滚筒旋转一周，印版滚筒旋转两周，着墨和刮墨各两次，故着墨效果好，但易磨损印版。

由于凹印的印版滚筒和压印滚筒均为金属滚筒，为保证油墨良好转移，在压印筒上加有 3.5mm 衬垫，来调节压力。同时，为降低制版成本，印版滚筒多采用无轴式设计。

4. 收纸部分（delivery unit）

单张纸凹印机的收纸部分与胶印机基本相同，但由于凹版印刷墨层较厚，为保证油墨充分干燥，所以单张纸凹印机收纸线路较长。当然，也可以通过安装干燥装置来保证油墨充分干燥。

（二）卷筒型凹印机

卷筒型凹印机（web-fed gravure press）主要由开卷部分、输墨部分、印刷部分、干燥部分、收卷部分和附属装置组成。

卷筒型凹印机的开卷部分、收卷部分、干燥部分与卷筒纸胶印机基本相同。开卷部分换卷方式可采用高速和零速方式实现料卷对接。收卷部分可以对印刷后的料卷进行复卷，也可以配合印后加工装置对印好的料卷进行印后加工，如书刊印刷用凹印机，可在收纸部分附加折页、裁切装置；包装印刷用凹印机可连线进行模切、复合等印后加工。

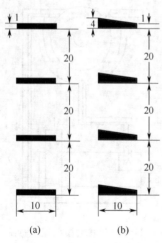

图 3-20 凹印机常用套印标记

卷筒型凹印机的输墨部分和印刷部分与单张凹印机基本相同。但在卷筒型凹版印刷机的印刷部分有自动套准检测装置。该装置通过检测套印标记（如图 3-20 所示），来调整套准精度。其原理是：当套印标记通过 CCD 扫描头时，进入光电倍增管的光量变化引起电流变化，光电倍增管输出一个电脉冲；当下一色的套印标记通过扫描头时也会产生一个电脉冲；若两个电脉冲同步，则套印准确；若两者存在相位差，则有套印误差。控制系统根据电脉冲的相位差大小调整料卷在印刷单元之间的长度，从而调整纵向套准精度。若套准系统用图 3-20（b）所示的套准标记，其中心线高为 2.5mm。当横向位置出现误差时，根据所测得的线高变化，控制系统调节印版滚筒位置，从而实现横向套准，否则，横向定位须靠附属装置来实现。

卷筒型凹印机的附属装置主要有以下几种。

（1）自动正位装置　通过对卷料的边缘检测，实现对卷筒承印材料在印刷过程中的横向位置调节。

（2）印品同步观察装置　在印刷过程中不停机观察印刷品的色彩及套准情况。

（3）油墨黏度自动调节装置　自动测量油墨黏度并补充溶剂，防止溶剂挥发使油墨黏度改变，从而保证印刷油墨的稳定性。

（4）静电辅助印刷装置　在凹版印刷中，由于电子雕刻凹版的网穴多为锥形，锥尖处油墨转移困难，高调部分易出现空白点，因此采用静电辅助印刷装置提高印版油墨转移率。静电辅助印刷以压印滚筒为正极，印刷滚筒为负极，在电场作用下，使带有负电荷的油墨向带有正电荷的承印物表面转移。

（5）自动穿纸装置　由于卷筒纸印刷输纸线路长，且纸带易断裂，人工穿纸劳动强度大，所以采用方便、快捷的自动穿纸装置。

（6）自动停机装置　印刷中若纸带断裂，该装置可使印刷机停止工作，保证设备安全。

二、凹版印刷前的准备

在进行凹版印刷前，要根据印刷工艺作业单的要求，进行相应的准备工作。

1. 承印物的准备。

凹版印刷的主要承印物是纸张和塑料。

凹版印刷用纸张要求表面平滑、清洁，正反面平滑度无明显差别；含灰量小，纸张表面不允许有砂粒；有较高的毛细孔性，纤维组织均匀，对油墨的接受性好，但吸墨性小；有一定塑性，在压力不大时，纸张能与版面紧密接触；有较高的抗张强度。卷筒纸要检查纸卷是否圆整，纸卷有无破损，复卷力是否一致。

常用塑料薄膜的种类和性质在本章第一节中作了简单介绍。在进行塑料凹印前，应对塑料薄膜进行电晕处理，增强塑料薄膜和油墨的亲和性。另外，塑料薄膜在加工过程及印刷过程中易产生静电积累现象，会影响墨层干燥并增加印后加工难度，因此，若塑料薄膜中未添加抗静电剂时，需在印刷机中使用静电处理装置来抗静电。

2. 印刷油墨的准备

凹版印刷油墨是溶剂型油墨，它具有黏度低、流动性好、附着力强、稳定性好、表面张力低等特点。但其溶剂挥发快，易使油墨黏度发生变化。因此，在印刷前，一般在原墨中加入稀释溶剂（与连结料相溶的溶剂）来调整油墨黏度。

3. 印版的准备

印版在安装前要进行复核：检查网穴深度是否合格，印版图文是否正确，线划有无缺损，印版镀铬层是否有脱落，各色印版滚筒直径是否符合要求等。由于软包装材料在印刷过程中因受张力作用而拉伸，所以制版时通常按印刷色序将各色印版滚筒直径递增。

印版滚筒复核后，将其安装在凹印机上。

4. 压印滚筒的调整

在凹版印刷中，压印滚筒必须加上衬垫才能利用衬垫的弹性，保证均匀足够的印刷压力，使印版网穴中的油墨顺利地转移到承印物上。

凹印中所用的衬垫外层是橡皮布，内层是纸和呢绒。橡皮布要求有较高的抗张力、较小的伸长率、精确的平整度等。

凹版印刷中，可以通过调整衬垫的厚度或选择不同硬度的橡皮布来调整印刷压力。

随着印刷技术的发展，套筒式的凹印包衬也开始广泛应用，这种技术使橡皮布和衬垫成为一个整体。

5. 刮墨刀的调节

在凹版印刷中，刮墨刀（doctor）的性能及其安装对印刷过程有着重要的影响。刮墨刀本身的良好弹性可以保证刀片和印版滚筒良好接触，确保将印版滚筒空白部分的油墨刮净。同时，安装时应注意刮墨刀刀刃的角度、安装位置和刮刀角度。

（1）刮墨刀刃的角度　根据印刷机的转速、油墨、承印物及印品要求等，刮墨刀刃的角度一般控制在 18°～30° 之间。刀刃的角度若大于 30°，刀刃虽然坚固，但弹性差，刀刃在印版表面刮墨的性能不好，印品亮调部分会出现深浅不匀的现象；刀刃的角度若小于 18°，虽然刮墨效果很好，但刀刃易被从纸张或油墨落到刮墨刀上的"硬质颗粒"上而被损坏，或被印版滚筒磨损，在刀刃上形成小月牙状的伤痕，这样的刮墨刀在印刷时会在印品上留下很细的刀线。

（2）刮墨刀的安装位置　刮墨刀的安装位置也十分重要。通常把印版滚筒和压印滚筒的接触点称为压印点。一般，刮墨刀的安装位置应尽量离压印点近些，否则，在印刷时从刮墨位置到压印点距离过大，油墨会变干，影响色彩再现。一般情况下刮墨刀的安装位置多在印版滚筒上部四分之一的位置上。

（3）刮墨刀角度　刮墨刀角度是指刮墨刀和印版滚筒接触点的切线与刮墨刀所夹的角度。如图 3-21 所示。刮墨刀角度一般以 30°～60° 为宜。刮墨刀角度越大，越有利于刮墨，但印版滚筒和刮墨刀磨损快。刮墨刀的安装位置越靠近压印滚筒和印版滚筒的接触点越好，否则油墨在压印前易变干。

（4）刮墨刀的压力　在刮墨刀有效刮墨并控制输墨量的前

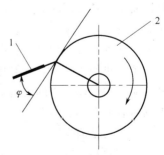

图 3-21　刮墨刀角度

1—刮墨刀；2—印版滚筒

提下，刮墨刀与印版滚筒表面的接触压力应尽可能地小，压力要均匀。

（5）刮墨刀横向位移调节　为减少刮墨刀对印版滚筒局部固定位置的磨损，避免油墨在刮墨刀底部的聚积，刮墨机构一般都有刮墨刀横向位移机构，刮墨刀可以沿印版滚筒轴向往复移动。刮墨刀位移量一般在 10~30mm 之间，刮墨刀每往返一次印版滚筒平均转 3~10 周，印刷机操作者可根据生产实际合理调节。

三、凹版印刷

做好印刷前的准备后，就可以进行印刷了。

① 安装印版滚筒，上版时，要注意不要碰伤印版滚筒，紧固印版且左右水平，转动中无上下跳动。

② 上墨、调整好刮墨刀及干燥温度，开始试印。

③ 调节自动套准装置，待套色稳定，试印样合格之后正式印刷。

④ 印刷过程中要注意检查印版滚筒、纸路、墨路及印刷机的工作状态；检查各色组套印精度；检查印品有无故障；严格防火、防爆并及时排除有害气体。

⑤ 印刷完成后，要及时落版、清洗印版滚筒，并拆卸、清洗刮墨刀和墨槽。

第四节　凸版印刷

凸版印刷（relief printing）是一种直接印刷方式，它是采用印刷部分高于空白部分且印刷部分处于同一平面上的凸印版进行印刷的工艺技术。凸印版有金属活字凸版、铜锌凸版、复制凸版、感光树脂凸版、电子雕刻凸版和柔性版等多种形式。目前，柔性版印刷是凸版印刷的主要印刷形式。

柔性版印刷（flexography）是使用柔性印版，通过网纹辊传递油墨的印刷方式。柔性版印刷最初由于采用含有苯胺染料的油墨而被称为苯胺印刷。但由于当时所用油墨具有毒性，手工雕刻橡皮版使印刷质量无法进一步提高，且当时苯胺印刷主要用于印制食品包装袋，应用范围受到很大的局限，因而发展缓慢。因传统印刷方式都以印版命名，而苯胺印刷独以油墨命名，加之后来不再使用苯胺染料，故根据其印版具有可挠曲性，1952 年 10 月改名为柔性版印刷。

柔性版印刷兼有凸印、胶印和凹印三者的特点。在印版结构上，柔性版图文部分高于空白部分，具有凸版印刷的特点；在印刷方式上，由于柔性版具有高弹性，类似于胶印中的橡皮布，因而，具有胶印的特点；在输墨机构上，柔性版印刷的网纹辊传墨方式与凹印相似，结构简单，具有凹印的特点。此外柔性版印刷制版周期短，制版设备简单；承印材料广泛，印刷速度快，效率高；在设备允许的条件下可以进行连线烫金、模切、复合等多种形式的后加工，有的柔性版印刷机还有丝印、凹印、胶印等单元，生产灵活性高；特别是可采用无污染、干燥快的水性墨，具有环保的优点，可广泛用于包装装潢产品的印刷。随着新型柔性版材的应用和柔印技术的改进，柔性版印刷质量大大提高，因此，柔性版印刷得以广泛应用，市场占有率在不断上升。

一、凸版印刷机

凸版有金属活字凸版、铜锌凸版、复制凸版、感光树脂凸版、电子雕刻凸版和柔性版等多种形式。凸版印刷机也经历了从平压平型凸印机、圆压平型凸印机到圆压圆型凸印机的发展过程。

（一）凸版印刷机的几种形式

凸版印刷机（letterpress machine）的结构有平压平型凸印机、圆压平型凸印机和圆压圆型凸印机等形式。

（1）平压平型凸印机　其形式包括活动铰链式［如图 3-22（a）所示］，压印版摆动式［如图 3-22（b）所示］，平行版压印式［如图 3-22（c）所示］。平压平型印刷机印刷速度低、印刷质量不高、印刷幅面较小。

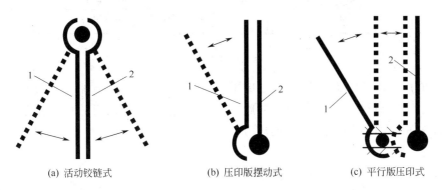

(a) 活动铰链式　　　　　(b) 压印版摆动式　　　　　(c) 平行版压印式

图 3-22　平压平型凸印机示意图
1—压印版；2—印版

（2）圆压平型凸印机　根据压印滚筒的运动形式不同可分为一回转式凸印机、二回转式凸印机、停回转式凸印机和反转动式凸印机。

如图 3-23 所示，一回转式凸印机的压印滚筒表面直径较大的部分用于压印，压印滚筒表面直径较小的部分保证版台返回时不与印版接触。印刷时，压印滚筒每旋转一周，印版版台往复运动一次，完成一次压印。

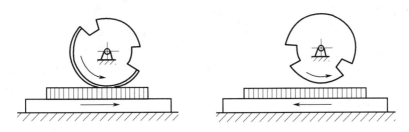

图 3-23　一回转式凸印机示意图

如图 3-24 所示，二回转式凸印机的压印滚筒同向旋转两周，印版版台往复运动一次，完成一次印刷循环。压印滚筒旋转第一周时，压印滚筒下降进行印刷；压印滚筒旋转第二周时，压印滚筒上升，印版版台返回。

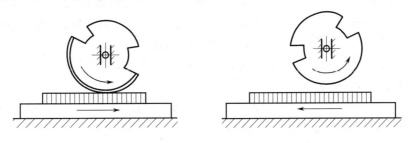

图 3-24　二回转式凸印机示意图

如图 3-25 所示，停回转式凸印机压印滚筒与印版接触进行印刷，然后压印滚筒停止转动，印版版台返回，印版从压印滚筒缺口下通过，印版不与压印滚筒接触。

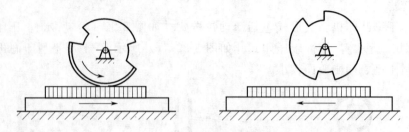

图 3-25　停回转式凸印机示意图

如图 3-26 所示，反转动式凸印机压印滚筒逆时针旋转下降并与印版版台接触进行压印，然后压印滚筒顺时针旋转、上升离开印版版面，印版版台返回。圆压平型凸印机比平压平型凸印机印刷效率高、印刷幅面大、印刷压力小。

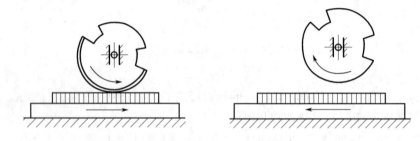

图 3-26　反转动式凸印机示意图

（3）圆压圆型凸印机　其压印机构和印版装置均为圆形滚筒，故称为凸版轮转印刷机，如图 3-27 所示。印版安装在印版滚筒上，然后由压印滚筒施压完成印刷。圆压圆型凸印机根据给纸方式可分为单张纸轮转凸印机和卷筒纸轮转凸印机。由于圆压圆型凸印机结构简单、没有机构往复运动，所以机器运动平稳，印刷速度高，有利于进行双面、多色印刷。

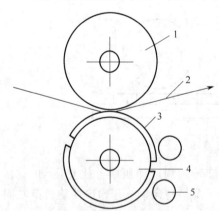

图 3-27　圆压圆型凸印机示意图
1—压印滚筒；2—承印物；3—印版；
4—印版滚筒；5—着墨辊

（二）柔性版印刷机

1. 柔性版印刷机的分类

柔性版印刷机（flexographic press）是卷筒型轮转印刷机。根据柔性版印刷机的印刷幅面，把印刷幅面小于 600mm 的柔性版印刷机称为窄幅柔性版印刷机；而印刷幅面大于 600mm 的柔性版印刷机则称为宽幅柔性版印刷机。

根据柔性版印刷机的机组排列形式，我们可以把柔性版印刷机分为卫星式、层叠式和机组式三类。

如图 3-28 所示，卫星式柔性版印刷机的各印刷色组共用一个压印滚筒，承印物在压印滚筒上一次完成多色印刷。卫星式柔版印刷机具有套印精度高、承印物广泛、印刷调节时间短、原材料损耗少等特点，其印刷速度一般可达 250～400m/min，可进行连线印后

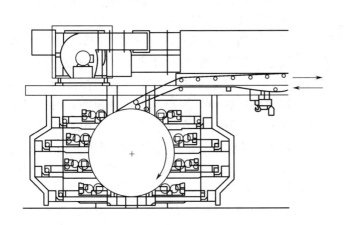 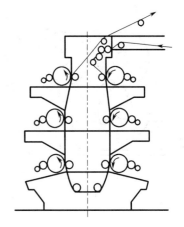

图 3-28　卫星式柔性版印刷机示意图　　　　图 3-29　层叠式柔性版印刷机示意图

加工，但只能完成单面印刷。欧美各国柔性版印刷多使用卫星式柔性版印刷机。

如图 3-29 所示，层叠式柔性版印刷机的印刷机组采用分层排列方式。其特点是安装占地面积小，印刷部件操作、维护方便，承印物适用范围广泛，可实现双面印刷，可连线进行制袋、裁切、复合等印后加工，但多色套印精度不高，适用于一般质量要求的印品。

如图 3-30 所示，机组式柔性版印刷机的印刷机组相互独立呈水平排列。这种结构方式易实现机组模块化，能方便地配备丝网印刷、凹版印刷、上光、模切、烫印等加工单元，适用于单张的纸张、纸板、瓦楞纸等硬质材料以及卷筒纸印刷，可进行单、双面印刷。中国的柔性版印刷主要采用机组式柔性版印刷机。

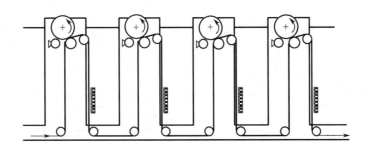

图 3-30　机组式柔性版印刷机示意图

2. 柔性版印刷机的组成

无论是卫星式柔性版印刷机、层叠式柔性版印刷机还是机组式柔性版印刷机，一般都由开卷部分、印刷部分、干燥部分、收卷部分等组成。

（1）开卷部分　柔性版印刷机的开卷部分主要是保证卷筒料开卷并平整地进入印刷部分，而且在印刷机转速减慢或停机时消除卷筒料的皱纹防止卷料下垂，和其他卷筒型印刷机一样，也有张力控制系统。

（2）印刷部分（printing unit）　印刷部分是柔性版印刷机的核心。柔性版印刷机的每一个色组都由压印滚筒、印版滚筒、墨斗、墨斗辊和着墨辊组成。

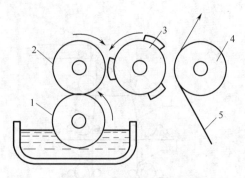

图 3-31　双辊式输墨系统
1—橡胶辊；2—网纹传墨辊；3—印版滚筒；
4—压印滚筒；5—承印物

柔性版印刷机采用短墨路输墨系统，它的输墨系统分为以下四种类型。

① 墨斗辊-网纹传墨辊输墨系统，这是一个双辊式输墨系统，如图 3-31 所示，它的输墨系统主要由一个橡皮墨斗辊和一个网纹传墨辊组成。网纹辊和橡皮辊表面滚动摩擦，磨损小，网纹辊使用寿命长。但这种传墨系统在高速印刷条件下会出现传墨量过多的故障，而且小墨量传递不均匀。所以，双辊式输墨系统适用于中、低档柔性版印刷机，可满足一般印刷品要求。

② 网纹辊-刮墨刀输墨系统，这是一种刮刀式输墨系统，网纹辊的一部分直接浸在墨斗中旋转，刮墨刀把网纹辊上多余的油墨均匀地刮下来，使网纹辊能定量传墨。采用这种输墨系统的柔性版印刷机可以使用各种黏度的油墨，在高速印刷时获得高质量的印刷品。根据刮墨刀相对于网纹辊的安装位置，可将其分为正向刮墨刀式输墨系统和反向刮墨刀式输墨系统。

如图 3-32 所示，正向刮墨刀式输墨系统的刮墨刀与刮墨刀和网纹辊接触点切线的夹角为 45°～70°的锐角。这种刮墨方式的刮刀压力大，网纹辊易磨损，并且需要刮墨刀左右移动来防止油墨中的杂质堆积而影响油墨的均匀性。

如图 3-33 所示，反向刮墨刀式输墨系统的刮墨刀与刮墨刀和网纹辊接触点切线的夹角为 140°～150°的钝角。刮墨刀的安装方向与网纹辊转动方向相反。这种刮墨方式的刮墨刀和网纹辊间的接触压力小、磨损小、墨量控制准确，可满足高质量印刷的要求。

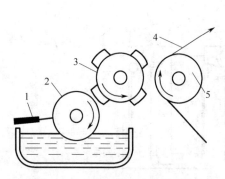

图 3-32　正向刮墨刀式输墨系统
1—刮墨刀；2—网纹传墨辊；3—印版滚筒；
4—承印物；5—压印滚筒

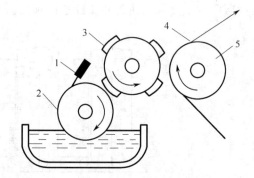

图 3-33　反向刮墨刀式输墨系统
1—刮墨刀；2—网纹传墨辊；3—印版滚筒；
4—承印物；5—压印滚筒

③ 墨斗辊-网纹传墨辊-刮墨刀输墨系统，这种输墨系统实质上也是一种网纹辊-刮墨刀输墨系统，又称为综合式输墨系统，如图 3-34 所示。网纹辊由墨斗辊供墨，网纹辊上多余的油墨由刮墨刀刮去。这时，墨斗辊不再对网纹辊传向印版的墨量进行控制，而只是起着向网纹辊传递充足墨量的作用。

④ 墨槽-刮墨刀输墨系统，这是一种全封闭输墨系统，如图 3-35 所示，在全封闭的墨槽中配有两把刮刀，正向刮刀起密封作用，反向刮刀起刮墨作用。这种设计既可以避免溶剂型油墨的溶剂挥发和水性油墨易产生气泡的问题，又能使网纹辊在高速印刷时传墨量恒定，防

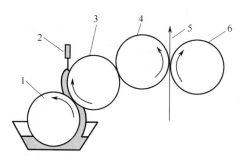
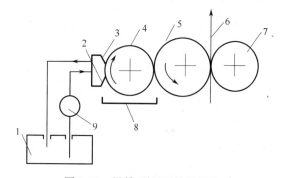

图 3-34　综合式输墨系统

1—墨斗辊；2—刮墨刀；3—网纹传墨辊；

4—印版滚筒；5—承印物；6—压印滚筒

图 3-35　墨槽-刮墨刀输墨系统

1—储墨容器；2—正向刮刀；3—反向刮刀；4—网纹传墨辊；

5—印版滚筒；6—承印物；7—压印滚筒；8—接墨盘；9—墨泵

止高速印刷时的飞墨现象。因此，在卫星式柔性版印刷机上广泛采用并逐渐推广到机组式柔性版印刷机。

在上述四种输墨系统中，网纹辊是保证其传墨、匀墨质量的关键。网纹辊（anilox roller）有金属镀铬网纹辊和陶瓷网纹辊。金属镀铬网纹辊是金属辊经电子雕刻形成网穴，然后再经镀铬制成的。金属镀铬网纹辊网穴形状多为棱锥体 45°结构，线数最高为 500L/in，其制造成本低，但易磨损。

陶瓷网纹辊是用特殊喷涂工艺将陶瓷铬氧化物喷涂在金属辊上，再经激光雕刻形成网穴。在实际印刷中，要根据不同的印刷条件选择网纹辊。激光雕刻陶瓷网纹辊网穴一般有斜齿形、棱锥形、棱台形三种形状和 30°、45°、60°三种网穴角度，线数可达 1200L/in。

需要说明的是，机组式柔性版印刷机的印刷部分在实际印刷中往往会有一些色组被凹版印刷、丝网印刷等工艺所取代，使设备有一些变化。

（3）干燥部分、收卷部分　柔性版印刷机的干燥部分和收卷部分与其他卷筒型印刷机基本相同。但如前所述，柔性版印刷机的连线印后加工内容较其他卷筒型印刷机更丰富。

另外，机组式柔性版印刷机还有类似于凹版印刷机的横向正位装置、自动套准装置；卫星式柔性版印刷机还有预处理系统调节纸张或卡纸的温度、湿度或对塑料薄膜进行电晕处理。

（三）新技术在柔性版印刷机中的应用

随着印刷技术的发展，柔性版印刷机采用了许多新技术，使柔印产品质量接近胶印和凹印的水平。①采用无轴传动技术，由伺服电机直接驱动印版滚筒和网纹辊，使承印物表面和印版线速度一致，印版滚筒和网纹辊匹配准确，使印品网点清晰，减少了网点扩大，保证了印刷质量。②采用墨槽-刮墨刀输墨系统和激光雕刻高线数陶瓷网纹辊，提高了输墨系统的传墨性能和印品质量的稳定性。③采用套筒技术，提高生产效率和产品质量。套筒技术可应用于印版滚筒和激光雕刻的陶瓷网纹辊。它采用气撑辊技术，使套筒装卸方便。我们可以把未曝光的感光树脂版拼贴在印版套筒上，再去制版，制成的套筒印版可直接安装在气撑式版辊上，避免了印版安装时的变形和尺寸误差。④采用双层壁结构的温控式压印滚筒，避免承印物表面的温度变化。

此外，还有远程故障诊断系统、模块化操作系统和用于设备停机状态下进行套准设置而不产生废料的计算机控制快进系统等。

二、柔性版印刷前的准备

柔性版印刷主要用于纸张和塑料薄膜印刷，其印刷前的准备工作主要包括以下内容。

（1）网纹辊的选择　在柔性版印刷工艺中，为了保证油墨稳定传递，网纹辊的选择是十分重要的。若原稿以大面积色块和较粗的字体为主，则网纹辊线数要低；而对于细小文字和网点图像等精细原稿，网纹辊线数应较高些。若承印物表面粗糙，吸墨性好，应选择线数少的网纹辊，反之，则线数要高。一般柔性版的加网线数与网纹辊的网纹线数之比约为 1：4，网穴角度宜选 60°以利于油墨转移。反向刮墨刀式输墨系统采用高线数棱锥形网纹辊，适于精细产品印刷。

（2）油墨的准备　柔性版印刷多用水性油墨和 UV 油墨。水性油墨采用水基连结料，不污染环境。UV 油墨依靠紫外光照射固化，其主要成分是颜料、预聚物、活性单体、光引发剂和助剂，无溶剂挥发。柔印用墨具有黏度低、干燥快的特点。在应用水性油墨时除考虑油墨的性能指标和印刷适性外，还应注意承印材料的吸收性。另外，油墨在使用前要使其均匀分散，防止颜料颗粒黏结损伤刮墨刀。

（3）刮墨刀的安装调整　正向刮墨刀式输墨系统和反向刮墨刀式输墨系统的结构在前面已经讲过。除此以外，刮墨刀的压力不宜调得过大，以可将网纹辊表面多余油墨全部刮掉为限，避免损伤网纹辊。

（4）柔性版印版的安装　通常，柔性版印版是用双面胶带紧贴在印版滚筒上，采用专用的贴版机将清洁过的印版用符合要求的双面胶带安装在光洁的印版滚筒上。安装时要注意调整贴版机的基准，考虑印版的尺寸、安装位置以及印版与印版滚筒是否粘贴紧密等。

除上述印刷前的准备工作外，还应考虑印刷色序，准备承印材料等。

三、柔性版印刷

做好印刷准备工作之后，就可以上卷料，安装网纹辊和印版滚筒，然后开机试印刷。由于柔性版印刷需要的压力较小，试印时，可通过调节压力旋钮，来调整网纹辊、印版滚筒和压印滚筒之间的压力，使它们保持轻微接触，将压力减到最小，只要能印出清晰图文即可。同时，在试印过程中，要及时调整纵向套准、横向套准、墨量、油墨黏度、网纹辊线数等。待试印出合格产品后开始正式印刷。

印刷过程中，要注意随时检查印版、纸路、墨路及印刷机的工作状态，检查印品套准、颜色以及油墨干燥情况，调节料卷张力等，一旦有问题须及时调整。

第五节　孔版印刷

孔版印刷（porous printing）是一种直接印刷方式，它是采用滤过性印版进行印刷的工艺技术。滤过性印版的印刷部分由孔洞组成可以透过油墨，空白部分没有孔洞不能透过油墨。孔版印刷的承印物范围广泛，包括纸张、纸板、瓦楞纸、塑料、纺织品、金属材料、玻璃、建材、印刷电路板等。孔版印刷既可在平面上印刷，也可在各种规则或不规则曲面上印刷，因而应用范围极广。孔版印刷的印版有誊写、镂空版和丝网版等多种形式。目前，孔版印刷中应用最广泛的是丝网印刷。

一、孔版印刷机

孔版印刷机主要有誊印机和丝网印刷机。

誊印机（duplicating machine）使用誊写版、打字孔版等进行印刷。使用时只需用版夹固定印版即可进行印刷，墨量可根据需要随意控制。誊印机的幅面一般是八开，能印 52g 薄纸和厚卡纸，有电动和手动两种。自动化程度较高的誊印机输纸台和收纸台可自动升降，带有印刷计数装置，并在收纸台上装有齐纸装置。由于誊印机的输纸部分和收纸部分装纸量最多为 500 张，且印刷质量不高，所以多用于办公文印系统。

丝网印刷由于具有墨层厚实、印品立体感强、可进行曲面和粗糙表面印刷等优点而成为应用最广泛的孔版印刷方式。本节我们主要介绍丝网印刷（screen printing）。

（一）丝网印刷机的分类

丝网印刷机（screen printing machine）可按以下几种方式分类。

1. 按丝网印刷机的自动化程度，丝网印刷机可分为手动式丝网印刷机、半自动式丝网印刷机、全自动式丝网印刷机和联动式丝网印刷机

其中半自动丝网机的上下工件由手工完成，而承印装置的升降、刮墨与回墨的往复运动、网框的起落、印件的吸附与套准、空张控制等均为自动控制。联动式丝网印刷机除了有自动送料机构、自动丝印装置和烘干装置外，还可进行诸如烫金、模切、压痕、边料剥离等加工。

2. 按丝网版和承印平台的形式，丝网印刷机可分为平网丝网印刷机和圆网丝网印刷机

（1）平网丝网印刷机　平网丝网印刷机的网版为平面，印刷方式采用间歇往复运动形式，或是刮墨板固定，丝网版往返；或是丝网版固定，刮墨板往返，如图 3-36 所示，因而生产效率低，最高印速约为 3000 印/小时。平网丝网印刷机有铰链式、升降式、水平移动式、倾斜滑动式、倾斜升降式、扇形开合式、平台旋转式和滚筒式等。下面介绍几种常用形式。

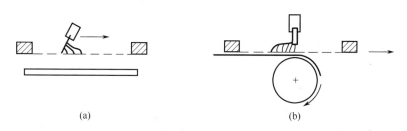

(a)　　　　　　　　　　(b)

图 3-36　平网丝网印刷机的工作原理

① 铰链式丝网印刷机，又称为平网平台揭书式平面丝网印刷机或平网平台合页式平面丝网印刷机。如图 3-37 所示，丝网印版的一端用铰链固定在承印平台上，丝网版可绕固定边摆动。印刷时，丝网版落下，用刮墨板刮印；印刷后，丝网版抬起，取出印品。

② 升降式丝网印刷机，如图 3-38 所示，在印刷过程中，丝网版不动，承印台上下移

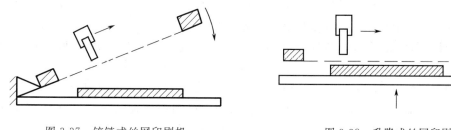

图 3-37　铰链式丝网印刷机　　　　图 3-38　升降式丝网印刷机

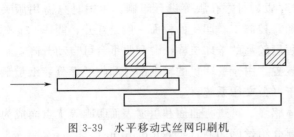

图 3-39　水平移动式丝网印刷机

动，刮墨板水平刮印。升降式丝网印刷机工作平稳，套印准确，多用于印刷电路板、电子元件，而且可进行多色套印。

③ 水平移动式丝网印刷机，又称为滑台式丝网印刷机，如图 3-39 所示，工作时，印版固定不动，承印台左右水平移动，刮墨板水平刮印。水平移动式丝网印刷机印件定位、取放方便，特点和适用场合与升降式丝网印刷机基本相同。

④ 滚筒式丝印机，如图 3-40 所示，刮墨板固定于旋转的滚筒型承印台的正上方，丝网版水平移动。承印滚筒开有许多真空孔，吸附承印物与滚筒一起转动，同时完成印刷，主要适用于单张纸印刷。

（2）圆网丝网印刷机　圆网丝网印刷机的原理如图 3-41 所示，其网版为圆形滚筒，圆形滚筒内部有供墨辊和刮墨板。工作时，网版滚筒连续旋转，刮墨板不动。

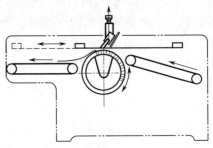

图 3-40　滚筒式丝印机

圆网丝网印刷机根据其承印台的不同可分为圆网平台丝网印刷机和圆网滚筒平面丝网印刷机。

① 圆网平台丝网印刷机，如图 3-42 所示，其承印台为一平面，刮墨板安装于圆网印版内。印刷时，印版旋转，刮墨板刮印，而承印台不动。它适用于丝绸、布匹、不干胶商标等一般卷筒承印材料。

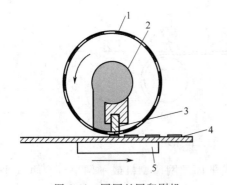

图 3-41　圆网丝网印刷机

1—圆网版；2—供墨辊；3—刮墨板；4—承印物；5—承印台

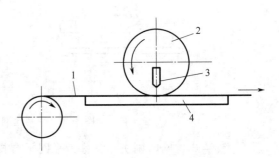

图 3-42　圆网平台丝网印刷机

1—承印物；2—圆网版；3—刮墨板；4—承印台

② 圆网滚筒平面丝网印刷机，如图 3-43 所示，其承印台为由空心轴支承的圆形滚筒，其上有真空吸气孔。印刷时，吸附在承印滚筒上的承印物和印版滚筒等速同步运动，刮墨板刮印。它主要用于不干胶标签和转印花纸的印刷。

3．按丝网印刷机和承印物形状，丝网印刷机可分为平面丝网印刷机和曲面丝网印刷机

曲面丝网印刷机（curved surface screen printing machine）如图 3-44 所示，由于其承印台附件可调换，因而可以在圆柱面、圆锥面、球面、椭圆面的玻璃器皿、塑料制品、陶瓷制品和金属制品上印刷。印刷时，丝网版水平移动，承印物与丝网版同步移动，刮墨

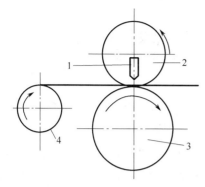

图 3-43　圆网滚筒平面丝网印刷机

1—刮墨板；2—圆网版；3—承印滚筒；4—承印物

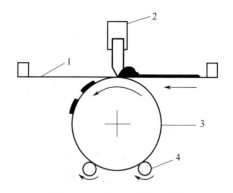

图 3-44　曲面丝网印刷机

1—丝网版；2—刮墨板；3—承印物；4—滚轴

板刮印。

　　4.其他丝网印刷机

　　（1）静电丝网印刷机　　静电丝网印刷机（electrostatic screen printing machine）如图 3-45所示，不锈钢丝网版接电源正极，与丝网版平行的金属板（对抗电极板）接负极。印刷时，在正、负极间放置承印物，并在丝网版内加入不带电的粉末油墨，粉末油墨通过丝网孔后带正电荷，经负极吸引，在承印物表面形成图文，然后经加热或加溶剂处理使图文固化。因其采用不接触印刷，故可在凹凸不平的软质表面及高温表面印刷。

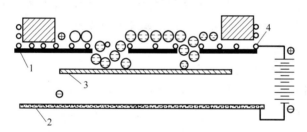

图 3-45　静电丝网印刷机

1—模版；2—对抗电极板；3—承印物；4—不锈钢丝网

　　（2）磁辊丝网印刷机　　磁辊丝网印刷机也称为无刮墨刀丝网印刷机，它用一根磁性铁辊代替常规刮墨刀。圆网磁辊丝网印刷机原理如图 3-46 所示，印刷时，丝网版旋转，磁辊固定施压使油墨漏印在承印物上形成图文。平网磁辊丝网印刷机原理如图 3-47 所示，印刷时磁辊在磁场作用下移动，油墨受压转移到承印物上形成图文；若改变磁场方向，即可实现往复印刷。这种印刷方法丝网版使用寿命长，但分辨率低于刮印，仅限于纺织品印刷。

　　（3）T恤衫丝网印刷机　　T恤衫丝网印刷机是印刷T恤衫的半自动专用印刷机。它有4～12个承印平台。印刷时，手工将衣物固定在承印台上，进行刮印。印刷工位的个数，由所需印刷色数来决定。

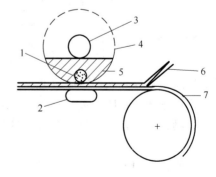

图 3-46　圆网磁辊丝网印刷机

1—磁辊；2—磁台；3—供墨管；4—圆网版；

5—油墨；6—承印物；7—橡皮布

109

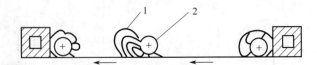

图 3-47　平网磁辊丝网印刷机

1—油墨；2—磁辊

（二）丝网印刷机的构成

丝网印刷机主要由印版装置、印刷装置、干燥装置以及传动、控制装置组成。

丝网印刷机的印版装置相对比较简单。如平面网版的印版装置由丝网和框架组成，丝网版在印刷时固定于印版装置上。当然，印版装置也有夹紧、定位和起落等一些辅助机构。

丝网印刷的印刷装置主要有刮墨系统和回墨系统。刮墨板和回墨板安装在刮墨刀滑架上，在往复运动时两者交替起落，进行刮墨和回墨。刮墨板的高低、压力和刮印角度可根据需要调整。回墨板是宽度稍大于刮墨刀且底面平滑的金属刮板，在一次刮印之后，回墨板把油墨送回起始端并均匀地在丝网版上敷上一层油墨，以便再次印刷。

丝网印刷的承印平台用来固定承印物，它应有较高的平面度，并且要有印件定位装置和承印平台的高度调节机构。有的承印平台还有真空吸附装置，用来固定纸张、塑料薄膜等不透气的片状承印物。

由于丝网印刷墨层厚，因此多色丝网印刷机和自动化程度较高的丝印生产线还有干燥装置，如远红外电热管热风烘干、紫外光固化干燥等干燥装置。

二、丝网印刷前的准备

丝网印刷的准备工作大致有以下几个方面。

（1）承印物的准备　丝网印刷的承印物范围广泛，不同的承印物在印刷前要进行适印处理，使其具有一定的印刷适性。如纸张要进行调湿处理，防止尺寸变形；塑料薄膜要进行电晕处理，增强对油墨的亲和性；PVC、有机玻璃等有翘曲的硬塑料片，要进行热定型，使其平整；对丝绸等柔软易变形的承印物，如多色套印或产品质量要求较高时，需做定型处理等。印刷前，还需根据承印物尺寸对承印台进行调整。

（2）印版的检查与安装　检查丝网版内容是否正确、版面是否清洁、印版是否完好无损、非图文部分是否会有漏墨现象等。丝网版检查完毕后，即可进行印版安装。将网框对照承印台的适中位置进行初定位，根据承印物的特点设置好网距（丝网版印刷面和承印物表面的间隙），然后放下网框，调节坐标机构，进行对版，使版上的图文笔画或十字线与原稿基准吻合。网距的大小与丝网版尺寸、网纱的特性、绷网张力、油墨黏度、承印物种类与形状、印品质量等有关。通常情况下，普通丝印产品、八开幅面的网版网距选择 2～3mm；全开幅面的网版网距选择 4～5mm。一般手工丝印网距比机印略大，平面网印网距比曲面网印略大。网距过小，易黏版、糊版；网距过大，丝网拉伸变形较大，使印刷图像尺寸变大，并可能损坏丝网版。

（3）油墨的准备　丝网印刷承印物不同，其油墨的性能选择也各不相同。纸张常选用挥发干燥型油墨和氧化聚合干燥型油墨；塑料选用挥发干燥型油墨；金属和玻璃多选用氧化结膜干燥型油墨中的二液反应型油墨，印刷前将两种不同性质的组分充分混合，然后立即印刷；而纺织品则多用水性墨或水性涂料印浆等。丝印油墨的黏度对印刷来说非常重要。使用时，要根据原稿特点、丝网目数、印刷速度、车间环境、承印物种类等采用助剂对油墨黏度进行调整。另外，由于丝网印刷大量采用专用油墨，所以油墨的调配和色相检查也十分重要。

（4）刮墨板的调整　丝网印刷中油墨的转移是由刮墨板施压来完成的。刮墨板（squeegee）的常用材料是天然橡胶、氯丁橡胶、聚氨酯橡胶、硅橡胶和氟橡胶等。天然橡胶耐磨性差、颜色较深，多用于手工丝网印刷或极性溶剂的油墨印刷；聚氨酯橡胶耐磨性好，常用于高档刮墨板。刮墨板的形状如图 3-48 所示，（a）多用于纸和薄膜印刷；（b）适合墨层较厚的印品；（c）主用于玻璃、陶瓷、金属及木质材料印刷；（d）主要用于曲面印刷；（e）适用于纺织品印刷。

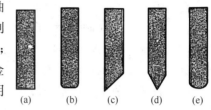

图 3-48　刮墨板的形状

刮墨板在使用时应保持适当的压力和刮印角。压力过小时，丝网版接触不到承印的表面，无法进行印刷；压力过大时，刮墨板弯曲变形，使刮墨板与丝网版和承印物成为面接触，既影响印品质量，又容易造成刮墨板和丝网版的磨损。刮印角是指印刷面与刮墨板在进行刮印时的夹角，刮印角的选择与刮墨板的硬度、刮墨压力、油墨性能、承印材料的性能和形状等因素有关。一般情况下，平面网印的刮印角取 $20°\sim70°$，曲面印刷的刮印角取 $30°\sim65°$。

三、丝网印刷

丝网印刷的印刷工艺过程如下。

在正式印刷前要进行试印，并根据试印样张调整网距、刮印角、压力及油墨黏度等。

在试印样张符合要求后，即可签付印样正式印刷。正式印刷时要检查抽样样张的色彩、阶调层次以及清晰度变化，如有故障，应及时进行调整。

第六节　特种印刷

特种印刷（speciality printing）是指采用不同于一般制版、印刷、印后加工方法和材料生产供特殊用途的印刷方式之总称。特种印刷是相对于常规的凸版、平版、凹版和孔版印刷而言的，之所以称为"特种"，或是使用特殊油墨，或是承印物形状特殊，或是承印物材料特殊，或使用特殊的印刷加工方法。特种印刷是一个相对的概念，随着科学技术的发展，新的印刷工艺不断出现，旧的印刷工艺会逐渐被淘汰，一种印刷方法可能由特种变为常规，也有可能由常规变为特种。柔性版印刷和丝网印刷若干年前还属于特种印刷，现在分别作为凸版和孔版的代表方式而进入常规印刷范畴。尽管目前很多书刊把数字印刷划入特种印刷领域，但考虑到数字印刷发展迅速，应用越来越广泛，作为一种新的非传统的无版印刷方法，本书将这部分内容从特种印刷中分出，在本章第七节中予以介绍。

一、木刻水印

木刻水印又称为木版水印（wood-block printing）。它是中国传统的印刷工艺方法。目前，它主要用于复制中国传统的水墨画、彩墨画和绢画等艺术品，再现逼真、酷似原作。

木刻水印完全依靠手工制作，其工艺过程主要有：勾描分版、刻版、印刷、装裱等。

（1）勾描　首先要对原稿的浓淡层次、色彩、画风、艺术特点及画面大小等进行分析，根据原稿色调分版，把原稿上同一色彩阶调的内容分在同一个版面中；然后用透明的胶纸蒙在原稿上，对原稿内容进行如实勾描；再用半透明的薄纸蒙在勾好的胶纸上，按分版要求描成一套稿子。

（2）刻版　将勾描好的稿子分别粘贴在刨平的梨木或枣木上，待干燥后用刻刀进行雕刻。

（3）印刷　将刻好的印版固定在印案上，用棕刷上色，使用和原稿相同的宣纸、绢和中国画颜料，逐色加压套印。套印后可用画笔对印品适当加工。

（4）装裱　装裱是把印好的画用宣纸、绢、织锦等按一定要求裱糊起来，便于张挂或长期保存。

木刻水印的印刷方法要求操作者具有较高的绘画艺术素养和相当的工艺技巧。

二、珂罗版印刷

珂罗版印刷（collotype priting）是一种平版印刷方式。它采用玻璃作为印版版基，因而又称为玻璃版印刷。它是最早使用的平版印刷方式之一。

珂罗版的感光胶属于重铬酸盐胶体体系，常用重铬酸盐和明胶配制。涂布前，先将表面平整光滑的厚玻璃一面磨砂，然后再涂布感光胶。

珂罗版印刷是通过光化学反应使感光胶膜硬化形成疏密不同的皱纹来再现连续调图像的。用连续调阴图底片对珂罗版曝光，由于感光胶膜各处接受的光量不同，经显影后，版面上留下硬化程度不同的感光胶膜。印刷前，用甘油溶液润湿珂罗版，这时，珂罗版上不同硬化程度的感光胶膜接受润湿液，形成不同程度的膨胀，从而在印版版面上形成疏密不同的细微皱纹。

珂罗版印刷采用圆压平型专用印刷机，经擦水、涂墨、摆纸，然后印刷。

珂罗版印刷成本高，生产效率低，印版耐印率低，但印品质量好。由于珂罗版印刷不用网点再现连续调图像，因而风格独特，目前多用于复制手迹书画等。

三、金属印刷

金属印刷（metal printing）是以金属板、金属成型制品及金属箔等硬质材料为承印物的印刷方式。金属承印材料主要有镀锡钢板（马口铁）、无锡薄钢板、镀锌薄钢板、铝板、铝冲压容器等。由于金属印刷具有色彩鲜艳、层次丰富、视觉效果好等特点，因而广泛应用于各种容器、盖类、建材、家电、家具、铭牌及各种日杂用品等加工工艺过程。

金属印刷有胶印、凹印、丝网印刷等多种形式。目前，金属印刷大多以胶印为主，印刷机多采用单、双色印刷机。

金属印刷工艺一般包括以下几个过程。

（1）金属板前处理　金属板印刷前处理的目的主要是除尘、除油、除锈等。如有脏污的镀锡钢板可用布揩擦，油脂用汽油洗去，并经 $100 \sim 120 ℃$ 烘干 $10 \sim 12 min$；铝板用有机溶剂去油，并可根据需要用抛光或拉丝的方法进行装饰性处理。

为了使用目的和加工方法相适应，在印刷前后要对金属进行涂装。涂装有底色涂装、表面白色涂装和上光等形式。底色涂装是利用打底涂料进行涂布，目的是提高金属表面与油墨层的附着力；白色涂装是利用白色涂料或无色透明涂料对金属表面进行涂布，白色涂料常作为印刷满版图文的底色使用；上光是在已印好的图文表面覆盖一层上光涂料，增强图文表面光泽并保护印刷表面。例如马口铁罐头容器，要在内表面涂布涂料，防止内容物与罐体发生化学作用及有害物质对内容物造成污染，所以在印刷前，要对马口铁进行底色涂装，印刷后，如需要可进行上光涂装。

（2）制版　根据原稿、产品印刷质量要求和印后加工等要求进行分色制版，然后打样。

（3）印刷　根据印刷工艺和产品种类及特性，选用相应的金属胶印油墨进行印刷。金属胶印油墨除具备普通树脂胶印油墨的特性外，还要耐热、耐摩擦、耐腐蚀、耐蒸馏、耐光，并具有良好的加工成型特性。每印完一色需经烘干再印下一色。所有色组印刷完后，按产品要求进行上光及成型加工。

四、贴花印刷

贴花印刷（decalcomania）是一种转移印刷方法，它是将图案花纹印在涂有胶层的纸张或塑料薄膜上，成为贴花纸或贴花薄膜，然后再转印至所需装饰物体表面上的一种转移方法。

贴花印刷分为瓷器贴花和商标贴花。

瓷器贴花是在瓷器表面涂上一层明胶溶液，然后将贴花纸贴在瓷器上，使印花与瓷器表面紧密接触，待明胶干燥后，将瓷器浸入水中。贴花纸上的胶层首先溶解，使图案黏附于瓷器上，揭去贴花纸的底基，洗去瓷器上的残余胶质，再将瓷器下窑煅烧，形成图案花纹。

商标贴花是在所装饰物体表面涂一层凡立水，将用水润湿过的贴花纸紧贴在物体上，然后揭去贴花纸的底基，使墨层图案转印在物体表面，最后涂一层清漆保护图文。

五、盲文印刷

盲人阅读的文字是由凸出的点子组成的拼音文字。它依靠盲人用手触摸点子的位置来阅读识别。

盲文印刷（braille printing）是用特制的制版机，按照盲文点子的位置，在双层铁皮上冲压出凹陷的点子，制成凹凸模型。然后进行校对，对有错误的文字，将铁皮敲平，重新打点，校对无误后即可进行印刷。

印刷时将双层铁皮固定在平压平的机器上，然后在双层铁皮中间插入一张专用纸张，压制出隆起的盲文圆点，全部印完后装订成册。这种印刷方法成本高、效率低、不能印图画。

六、商标印刷

商标印刷（label printing）是以商品标签、标牌等为主要产品的印刷。这种印刷是把商标、标签印在不干胶纸上。

不干胶纸是将黏合剂涂布在印刷面纸上，再复合一层涂布防黏剂的防黏纸制成的。

不干胶印刷采用感光树脂凸版，用不干胶标签印刷机进行印刷。这种印刷机多采用圆压平方式进行印刷，承印材料为不干胶卷筒纸。

不干胶印刷机结构如图 3-49 所示。印刷时，卷筒纸向前间歇移动，印版滚筒垂直于走纸方向旋转。纸张在印刷台上每移动一次，印版滚筒往复一次，印完一色。

印刷完成后，可连线进行模切加工，切断印刷面纸。使用时，只需将印刷面纸撕下，贴在商品上。

七、软管印刷

软管印刷（collapsible tube printing）是在金属软管、塑料软管、层压复合软管、吹塑

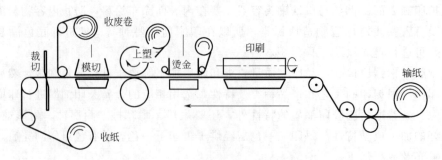

图 3-49　不干胶印刷机结构示意图

软管等上面进行印刷的方法，它采用橡皮布转印图文的原理进行印刷。软管印刷的承印物是

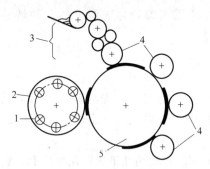

图 3-50　软管印刷机工作原理图

1—芯轴；2—回转圆板；3—输墨装置；
4—印版滚筒；5—橡皮滚筒

软管，印刷前，先要制造软管容器，并用白漆打底、烘干。软管印刷一般采用凸版胶印形式。软管印刷机主要由印版滚筒、橡皮滚筒、套软管的压印回转圆板、输墨装置等组成。如图 3-50 所示。

印刷时，将软管插入回转圆板的芯轴上，软管可在芯轴上转动。当回转圆板转动时，橡皮滚筒上的橡皮布与软管表面接触施压进行印刷。印刷好的软管要进行干燥处理。

八、移印

移印（tampon transfer process）是利用凹版印刷的原理，将凹版上多余的油墨刮去，用硅橡胶移印头施压黏附油墨，再转移到承印物表面上的印刷方法。移印一般用于面积较小，形状独特，且采用其他方式难以印刷的平面或不规则的凹凸表面。

移印的印版是凹版，其上墨由上墨毛刷进行。移印机是移印的主要设备，其结构如图3-51 所示。印刷时，由上墨毛刷对凹版上墨，刮墨刀刮墨，移印头着墨后沿导轨移动至承印台上方，对承印物施压，完成印刷。

移印油墨属于挥发型油墨，根据承印物不同分为塑料移印油墨、金属移印油墨、玻璃移印油墨、陶瓷移印油墨等，塑料、金属等承印材料又因其具体成分不同，油墨各不相同。

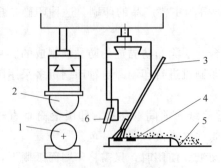

图 3-51　移印机

1—承印物；2—移印头；3—上墨毛刷；
4—凹版；5—墨斗槽；6—刮墨刀

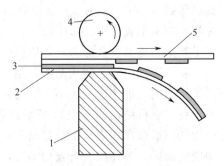

图 3-52　热转印的基本原理

1—热转印头；2—转印纸基材；3—油墨；
4—压印滚筒；5—承印物

九、热转印

热转印（thermal transfer process）是将图文印在热转印纸上，然后通过加热，使染料升华并渗入到纺织纤维制品的纤维内固着，形成图案花纹。

转印纸是热转印的中间载体，它是把油墨印刷在转印纸（或薄膜）基材上制成的。

热转印的基本原理如图 3-52 所示，印刷时，将印有油墨的转印纸与承印物直接接触，然后让它们在热印刷头和压印滚筒之间通过，热印刷头中的发热元素产生热量，在加热、加压的作用下，转印纸上的油墨熔融并转移到承印物上，形成图文印迹。

十、玻璃印刷

玻璃印刷（glass printing）是指以玻璃为承印物的印刷方式。玻璃印刷多采用丝网印刷。这种印刷方式是采用丝网版和玻璃釉料，在玻璃制品上进行装饰图案印刷。

玻璃釉料也称玻璃油墨、玻璃印料，它是由着色料、连结料混合搅拌而成的糊状印料。着色料由无机颜料、低熔点助熔剂等组成。

玻璃印刷用的丝网一般用不锈钢、天然或合成纤维丝网，选用何种丝网应视产品要求和印刷目的来决定。例如：金墨可与不锈钢丝网反应，故印金时选用合成纤维丝网，在印刷精细产品时，一般选用高目数的尼龙丝网等。

印刷前，玻璃应除脏并采用物理、化学方法增强玻璃表面的亲墨性。玻璃印刷常用半自动或全自动丝网印刷机进行。印刷后的玻璃制品，要放在火炉中，以 520~600℃ 的温度进行烧制，这样釉料才能固结在玻璃上，形成装饰图案。

十一、香料印刷

香料印刷（perfumed printing）是采用香味油墨印刷，使印刷品带有香味，以增强产品吸引力的印刷方法。香料印刷主要应用于杂志、广告、传单、说明书、明信片、菜单、日历、教学挂图、织物印花等。

香味油墨是将合成香料封装在微胶囊内，胶囊壳体常用明胶、阿拉伯树胶、玉米胶、银菊胶、聚乙烯醇、乙基纤维素等材料。另外还包括胶囊固着在承印物上的黏合剂和其他助剂以及香料等。

香料印刷主要采用孔版印刷、凹版印刷，也可以使用胶印。孔版印刷适宜小幅面印刷，印品有立体感和香味；凹版印刷时，由于刮墨和压印易使胶囊破坏，故胶囊强度要高；胶印具有墨层平薄的特点，若用于香味印刷，印刷图像色调要深一些，另外，还可用带香味的油性上光油对印品表面进行上光。

十二、发泡印刷

发泡印刷（foam printing）是用微球发泡油墨通过丝网印刷在纸张等承印物上，经加热以获得隆起图文或盲文读物的印刷方式。发泡印刷图文具有良好的凹凸立体感，适用于商品装潢、书刊装帧、盲文读物等。

发泡印刷分为微球发泡印刷和沟底发泡印刷。

（1）微球发泡印刷　微球发泡印刷采用微球发泡油墨来印刷。微球发泡油墨主要由颜料、微胶囊、连结料、稳定剂和助剂等组成。发泡剂是微胶囊的主要材料，常用发泡剂有对甲苯磺酸酰胺、苯磺酸酰胺、偶氮二甲酰胺等，其连结料常用丙烯酸酯类。微球发泡印刷采用丝网印刷方式在承印物上形成图文印迹，然后将其加热到 120~140℃，使油墨层中的微胶囊快速膨胀，形成无数小气泡，在承印物表面形成浮凸图文。

（2）沟底发泡印刷　沟底发泡印刷是采用沟底发泡油墨通过丝网印刷将图文印刷在

承印物上，然后采用化学发泡或机械压花工艺获得浮凸图文。沟底发泡油墨由颜料、发泡剂、连结料、增塑剂、稳定剂和助剂等组成，其连结料采用聚氯乙烯树脂。化学发泡印刷是将印好的印品在发泡机内加热，使发泡剂受热气化，在墨层表面形成无数微小气孔，构成浮凸图文。机械压花方法是在印品加热后，再用沟底压花滚筒进行热压，形成浮凸图文。

十三、磁性印刷

磁性印刷（magnetic ink printing）是指利用掺入氧化铁粉的磁性油墨进行印刷的方式。磁性印刷将磁性记录技术和印刷技术结合起来，数据可读写，广泛应用于存折、车票、身份证件及磁卡等。

磁性油墨主要由强磁性材料和连结料组成。强磁性材料主要有铁、钴、镍等磁性元素及强磁性元素形成的合金，磁性油墨一般多用铁磁体。磁性材料一插入磁场即被磁化，去掉磁场后也残留有一定的磁性。

磁性印刷多采用丝印或胶印，承印材料一般为纸张或塑料片基。印刷时，由磁性油墨在承印物上形成磁性膜。磁性油墨磁性材料的种类、含量及印刷后的磁性膜厚度均影响成品的磁性。印刷完成后，有时需进行上光或复合等加工。

随着产品防伪要求越来越高，磁性印刷常和防伪底纹、缩微文字、光变油墨、全息印刷等结合起来，用于防伪。

十四、立体印刷

立体印刷（three-dimensional printing）是采用光栅板使图像影像具有立体感的印刷方法。

人的两眼之间有约 6cm 左右的距离，人在看物体时，由于两眼的角度不同会产生立体效果。立体印刷就是利用了这个原理。立体印刷的工艺流程如下。

拍摄立体原稿 ⟶ 晒 PS 版 ⟶ 平版印刷 ⟶ 密合光栅板

首先用立体照相机对原稿进行立体摄影。照相前，在感光片前放一块光栅板；照相时，立体照相机的镜头自左向右移动，感光片和柱镜光栅板随照相机镜头同步移动，得到一张立体照相的底片。

接下来要对立体照片的底片进行分色加网，并晒制四色印版，一般立体印刷加网线数高于 300lpi。立体印刷的加网角度不同于一般平版印刷，这是因为光栅板是平行的直线条，它与网目作用易产生闪动的光晕，因此，需根据光栅板栅距选择加网角度，以不产生龟纹为原则。

制版完毕后，即可上机印刷。

最后，要使印刷品呈现立体效果，还需要在印刷品上密合光栅板。光栅板应与印品图像上的光栅线严密套合，才能产生较好的立体效果。如图 3-53 所示。

十五、全息照相印刷

全息照相印刷（holographic printing）是通过激光摄影形成的干涉条纹，使图像显现于特定承印物上的复制技术。这种印刷方式可以使图像具有独特的立体视觉效果。

全息照相原理如图 3-54 所示。激光发生器发射的光线经分光器一分为二，一束光通过被摄物体照在记录介质上，该光束称为物体光波；另一束光直接照在记录介质上，该光束称为参考光波。两束光在记录介质上产生干涉，形成全息图像。

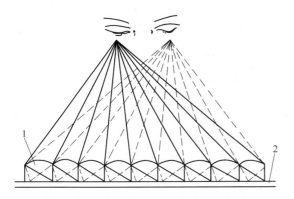

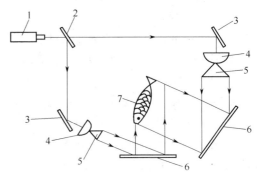

图 3-53 立体印刷品的视觉效果示意图
1—光栅板；2—印刷品

图 3-54 全息照相原理
1—激光器；2—分光器；3—反射镜；4—扩束镜；
5—透镜；6—记录介质；7—被摄物体

全息立体印刷就是利用全息照相的方法，制作相应的模压版，然后经模压塑料薄膜方式进行印刷的方法。

全息立体印刷的工艺过程如下。

拍摄全息图片 → 制作全息图母板 → 制作压印模板 → 压印 → 真空镀铝 → 涂胶与覆膜

要进行全息立体印刷，首先要拍摄一张全息图片。激光全息图底片上有很多幅图像，为了制作一张白光下可以看到的彩虹全息图像，需在此全息图片的实像位置放一块涂有光致抗蚀剂的感光板，并在其前方放一水平狭缝挡板，滤掉多余的图像。由激光发生器发出的光线经分光镜分成两束光，再现光束通过挡板与参考光束一起照在光致抗蚀剂感光板上。然后经曝光、显影、定影等处理，形成一张浮雕全息图。它是制作模压彩虹全息图片的模板。

这样的光致抗蚀材料母版不宜直接压印，因此，需制作一块耐压的金属模板，才能在模压机上使用。首先，要对光致抗蚀材料母版的浮雕表面进行清洁处理，并在其表面镀一层金属膜。然后用化学电镀方法在母版上镀适当厚度的金属镍，制成金属模压版。

压印是将金属模压版装在压印机上，在塑料薄膜上进行热压，将浮雕全息图像压印在薄膜上。

为了使压印的全息图像易于在白光下直接观看，可以在塑料薄膜的表面上再真空蒸镀一层铝膜，提高光线反射率。

经过真空镀铝形成的全息图像并不能直接转移到最终承印物上，还必须在镀铝层上涂布一层压敏胶并复合防黏纸，或涂布热融黏结层、分离层和保护层等进行后加工，以备使用。

第七节　数字印刷技术

数字印刷（Digital Printing，又称数码印刷，本书采用前者）一词 10 年前在 Drupa 95 上首次出现。现在数字印刷业已占据印刷市场 9% 的份额，预计到 2010 年，该份额将上升到 20%~25%。数字印刷来势凶猛，发展迅速。历史悠久的印刷业，正受到新兴数字技术的影响和冲击。传统的印刷业已不再是一个独立的行业，数字技术从印前延伸到印刷、印后，以至于发行、销售整个生产过程。数字印刷正在对传统印刷过程进行渗透和扩张，数字化、网络化、全球化将是今后印刷业的发展趋势，对此必须给予足够的重视和关注。

一、有关数字印刷的基本概念

1. 数字印刷的定义

数字印刷是将原稿上的图文信息数据化，并将数字文件直接转换成印刷品的一种印刷方式。数字印刷过程中无需印版，也不需要压力，又称无版印刷（plateless printing）或称直接印刷和无压印刷。

业界有人称以 DI 为代表的在机直接成像技术（CTPress-Computer to Press）为有版数字印刷。既有印版，则不可能实现全数字化过程。它与直接制版（CTPlate-Computer to Plate）的区别在于在机直接制版与脱机直接制版，其共同点是都需制作印版。而数字印刷是将数字形式的版面直接转换成印刷品，即从计算机直接到纸张（CTPaper-Computer to Paper），故又称直接印刷（CTP-Computer to Print）。在讨论数字印刷定义时不要把数字印刷与印刷数字化混淆起来。

从数字印刷的定义可知，数字印刷具有以下几个特点。

① 被转移的图文信息必须是数字化的信息，它们用数字技术加工和处理。

② 数字印刷的工艺手段，即转换数字图文信息采用数字技术和方法。数字印刷的最终成像过程是数字式的，不需要任何中介的模拟过程或载体介入。

③ 完成图文信息转移的设备也是数字化设备，在一定程度上可将数字印刷机视为计算机的外围设备之一。

数字印刷品中的信息是 100％的可变信息，即相邻输出的两张印刷品可以完全不同，可以有不同的版式、内容、尺寸，甚至可以选择不同材质的承印物，如果是出版物的话，装订方式也可以不同。因此，数字印刷是可变信息印刷（Variable Information Printing），不需要稳定的、物理的、固定的图像载体，因而是无版印刷。

2. 数字印刷与传统印刷过程比较

图 3-55 为传统印刷与数字印刷流程对比图。传统印刷（以 DTP 为代表）在时间顺序上具有非常严格的逻辑先后次序，整个过程是以物理载体的转换为特征，这决定了传统印刷生产需要采用仓储和交通运输的方式，来连接和完成不同的生产环节以及产品与中介载体的传送、存储和流通。所以传统的印刷生产是一个典型的以"模拟流程＋仓储＋交通运输"为技术基础的生产方式。而数字印刷是建立在"数字流程＋数字媒体/高密度存储＋网络传输"技术基础上的一种崭新的生产方式。

桌面出版　分色　打样　　晒版　上版　墨辊清洗　套准调墨　印刷　分页装订　裁切出成品

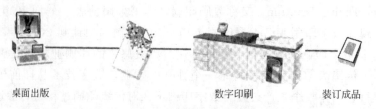

桌面出版　　　　　　　　　　　数字印刷　　　　　　装订成品

图 3-55　传统印刷与数字印刷流程对比

3. 数字印刷的应用领域

（1）短版印刷　短版印刷（short-run printing）通常指印数1000份以下的印活。短版印刷的概念本来就有，但在传统工艺中，印数少会使制版费用在整个印刷成本中所占比例增高，从而导致短版活成本提高。而数字印刷无需出片、制版，每页数据可变，甚至可印一份。数字印刷使短版活更容易实现，价格更低。

（2）按需印刷　按需印刷（on-demand printing）的概念目前尚不统一，一般指按客户对产品的数量、时间及其他方面有特殊要求的印刷业务。按需印刷与短版印刷的区别是，短版印刷只是一次印刷，不过印数少而已；按需印刷是需要多少印多少，以后什么时候需要就什么时候印。按需印刷不仅避免了资源的浪费，也提高了经济效益和工作效率，数字文档可重复使用。

（3）可变数据印刷　可变数据印刷（variable-data printing）又称个性化印刷（person-alization printing）、客户自定义印刷（custmization printing）或分段印刷（segmentation printing）。用于数字印刷的版面信息是数字化的，内容、版式等都可按客户要求随时改变。可变数据印刷之所以被称为分段印刷，是因为一方面数据记录是分段描述的，不同性质的数据用不同的数据段表示；另一方面，页面上的对象有的是固定的，有的是可变的，固定内容可以先印，可变数据则应根据它们在页面的位置分段印刷。

（4）先发行后印刷（distrbute-and-print）　传统印刷先有订单，尔后印刷，再通过发行渠道传送到读者手中。数字印刷在网络技术的支持下，利用数字文件可重复多次使用的特点，先发行后印刷。制作好的出版物，得到读者认可后，再在当地的输出单位用数字印刷机印刷。实际上这也是网络出版的一种方式。

二、数字印刷系统

在Drupa 2000上展出的数字印刷系统有静电照相系统、喷墨成像系统、电凝聚成像系统、磁记录成像系统和电荷沉积系统。目前国内市场上流行的是静电数字印刷和喷墨数字印刷。

（一）静电数字印刷

静电数字印刷（digital electrostatic printing）按工作原理分为两种：其一是通过电子束对绝缘表面曝光，使绝缘表面有选择地充电；其二是光导表面在光照条件下曝光，使光导表面发生放电。不管哪种方式，曝光后都在表面产生可吸附或排斥带电呈色粒子的潜像，并转移到承印物上完成印刷。

1. 电子束复制技术

电子束成像静电数字印刷机的工作原理如图3-56所示。成像盒按输出数据文件的要求，产生带负电荷的电子束，通过成像盒下方的小孔阵列形成电子束阵列。该电子束被绝缘滚筒的绝缘表面所吸收，在绝缘表面形成电子潜像。当滚筒转至呈色剂盒处，潜像吸附带正电荷的呈色剂粒子。已吸附呈色剂粒子的滚筒转到转印辊处，绝缘表面与纸张紧密接触，在转印辊的压力下，呈色剂粒子转移到纸张上，完成印刷。图中的刮刀用来

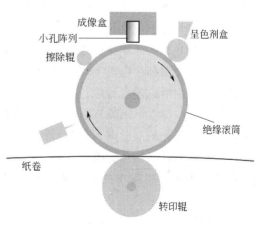

图3-56　电子束数字印刷机结构框图

刮去未被转移的呈色剂粒子，而擦除辊则用于除去绝缘表面剩余的电子，完成一次作业循环。

电子束复制技术以 Delphax 公司生产的电子束打印机为代表，该公司生产的新一代电子束打印机已采用加热技术而不是加压来转移呈色剂，可消除由压力转移带来的压痕缺陷。电子束复印技术输出速度快，但记录分辨率较低。主要用于要求输出速度快，但对图像质量要求不高的一般印刷领域。

2. 电子照相复印技术

采用电子照相复制技术的设备通常称为激光打印机或激光数字印刷机。它是将激光扫描技术和电子照相技术相结合的非击打式输出设备，由于工作噪声小，定位精度高和记录分辨率较高，成为一种广泛应用的计算机外围设备。图 3-57 是激光打印机工作原理图，其工作过程如下。

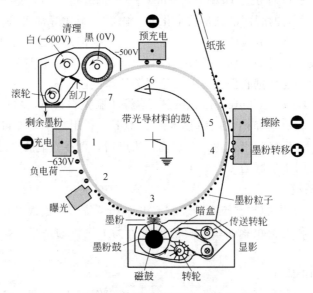

图 3-57　静电印刷工作原理图

（1）充电　在圆筒形的感光鼓表面涂敷一层光导材料，通常是硒，俗称硒鼓。这种材料在黑暗中为绝缘体，在光照条件下电阻下降，硒的电阻可相差 1000 倍以上。感光鼓在暗盒中充电，均匀地带上负电荷。

（2）曝光　根据计算机描述的页面信息，由激光调制成二进制的点阵形式，并由激光束扫描感光鼓，光照部分电阻下降，电荷通过光导体流失，而未感光部分仍然保留着电荷，从而在感光鼓表面形成静电潜像。

（3）显影　墨盒（硒鼓）内带有负电荷的墨粉被感光鼓表面已感光部分吸附，变成着墨部分，原来未曝光的部分则不吸附墨粉，即不着墨，这一过程类似于生成印版。

（4）墨粉转移、加热　吸附在感光鼓上的墨粉由带正电荷的加热装置中的定影辊加热，墨粉被纸张吸附，墨粉中的树脂被熔化并牢牢地粘结到纸张上，形成要求打印的字符和图像。

（5）擦除　图文转印完成后，纸张反面尚带有相当数量的正电荷，通过擦除装置清除，以消除纸张的静电效应，使纸张不会因受静电影响而相互粘结。

（6）预曝光　感光鼓表面的感光材料由预曝光装置充上一定数量的负电荷，为下一个工作循环作准备。

（7）清理　除去感光鼓表面残留的墨粉粒子。

以上是单色印刷过程，如是四色彩色印刷，则要将类似过程重复四次。

目前，施乐、佳能、IBM、Indigo 等公司都生产激光数字印刷机。图 3-58 为施乐公司 DocuColor 40-P 彩色数字印刷机的结构简图。该机的四色机芯按直线排列，结构紧凑。单面印刷时每分钟输出速度可达 A4 幅面 40 页，采用双面印刷方式时，输出速度也可达每分钟 30 页（15 张 A4 幅面纸）。

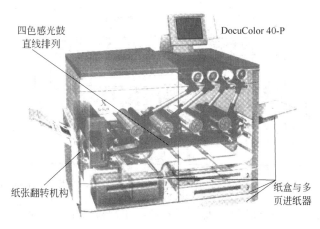

图 3-58　施乐 DocuColor 40-P 彩色数字印刷机的结构简图

（二）喷墨数字印刷

喷墨数字印刷（digital ink-jet printing）是一种非接触式的无版成像复制技术。其基本原理是通过控制细微墨滴的沉积，在承印材料上产生需要的颜色与密度。由于喷墨印刷机具有记录分辨率高（如 EPSON 喷墨打印机可高达 2880dpi）、打印速度快、复制结果稳定、可表现的色域宽、易实现大幅面输出（可达几米幅面）、整机结构简单以及价格便宜等优点，使得喷墨印刷机得到广泛应用。其缺点是需要使用专用纸张，打印成本较高。

喷墨印刷机的分类方法很多，按喷墨方式特别是输出扫描时版面非图文部分是否继续喷墨可分为连续式喷墨和随机式喷墨两大类。早期的台式喷墨打印机及当前大幅面高档产品大都采用连续式喷墨技术，而廉价的普及型喷墨打印机多采用随机式喷墨技术。

1. 连续式喷墨技术

连续式喷墨技术以电荷控制型为代表。装有喷嘴的组件称为打印头，喷嘴通过细小的管道与盛放墨水的容器相连。打印时用墨水泵对墨水施加适当压力，使墨水从喷孔中喷出一束细小的液流，这种喷射过程在打印时连续进行，故称为连续式喷墨技术。连续喷墨需要加压机构，并对不参与记录的墨滴需附加回收装置。连续式喷墨印刷机又分为连续、连续阵列、连续区域阶调可调喷墨印刷机。

（1）连续喷墨印刷机　这种印刷机最初都采用单个喷头来喷射墨滴，按参与记录的墨滴是否偏转又可将连续式喷墨印刷机分为三种：①连续偏转墨滴复制技术，参与记录的墨滴带电并在磁场内发生偏转，越过拦截器到达纸面形成图文，不参与记录的墨滴不带电不偏转而被拦截回收；②连续不偏转墨滴复制技术，与前者相反，不参与记录的墨滴偏转被回收，参与记录的墨滴不偏转；③无静电分裂墨滴喷墨印刷，参与记录的墨滴直飞，但不参与记录的墨滴不发生偏转，而是在经过电极环时被感应上大量电荷，从而再次分裂成更细小的墨雾，失去飞行惯性，被遮挡板挡住并被回收。

（2）连续阵列喷墨印刷机　这种印刷机的打印头由许多个喷嘴按阵列方式排列组成。每个喷嘴均可喷射出连续的墨水液流，但液流中的每一个墨滴又可以被独立控制。实际上每个喷嘴是两个电子喷头的组合，其中一个喷头是蚀刻在金属板上的单列小孔，其水平方向的分布密度就是该喷墨印刷机的记录分辨率；另一个喷头则是用于控制喷射液流的充电装置。图3-59 为以色列 Scitex Digital Printing 公司生产的 VersaMark Inkjet 连续阵列喷墨彩色数字印刷机喷嘴排列图，该机记录分辨率达 300dpi。

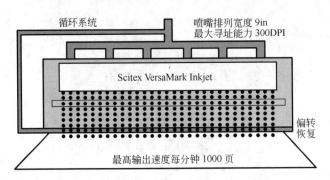

图 3-59　VersaMark Inkjet 连续阵列喷墨彩色数字印刷机喷嘴排列图

（3）连续区域阶调可变喷墨印刷机　一般喷墨印刷机输出时一个记录墨滴仅对准一个打印点，而这种印刷机能使多个墨滴对准同一打印点，每一打印点的层次级可达 32，相当于改变墨层厚度，产生类似于凹印的复制效果，打印质量接近照片。但打印速度较慢，一般多用于彩色打样。典型机型如赛天使公司的 Iris 彩色喷墨打印机，该机输出幅面可达 30in×40in，分辨率 300dpi，使用染料基油墨，通常需在图像表面覆膜，以防止紫外线使图像褪色。

2. 随机式喷墨印刷机

随机式喷墨（Random Drop）技术又称即时喷墨技术，由喷嘴供给的墨滴只有在需要时才喷出，非图文部分无墨滴喷出，因此可称为按需喷墨（Drop on-Demand）。因为采用液态油墨（墨水），因此又被称为液态即时印刷。采用这种喷墨方式，无需墨水循环系统，不要墨水加压泵、墨水过滤器和墨水回收装置。因而结构简单、紧凑，设备成本低，且工作可靠性高。另外由于墨滴喷射速度通常低于连续式喷墨印刷机，此类设备的输出速度受到喷射惯量的影响，记录速度较慢。为了提高打印速度，通常采用增加喷嘴数量的方法加以解决，喷头常设计成单列、双列或多列结构。

随机式喷墨印刷机通常采用两种技术方案从喷嘴中喷出墨滴。一种是利用电热换能器产生墨滴，俗称气泡式。这类喷墨印刷机以 HP 公司和佳能公司的产品为代表，其原理如图3-60所示。喷嘴的墨水腔中充满墨水，加热元件加热，墨水汽化形成气泡，使腔内压力增大，驱动墨水从喷孔喷出。然后气泡破裂，喷出的墨滴断离，加热元件冷却，依靠毛细管作用，从墨水盒中吸入墨水并填满墨水腔。由于加热、散热、注水都需要一定时间，因而速度较低。

另一种利用压电换能器产生墨滴，通常称为压电式喷墨技术。EPSON、SHARP、Tektronics 和西门子公司主要生产此类喷墨印刷机，其原理如图 3-61 所示。当喷头内的压电晶

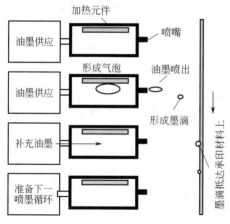

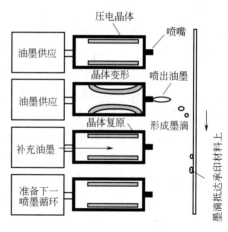

图 3-60　气泡喷墨印刷机工作原理示意图　　　　图 3-61　压电喷墨印刷机工作原理示意图

体被电流激励（以 50～100Hz 频率振动）时，压电晶体发生变形，表面向墨水腔一侧凸起，从而推动墨滴从喷嘴中喷出。失去电流后晶体恢复原形，腔内再次注满墨水。采用这种技术，可使用易熔的固态蜡基油墨，又称相变喷墨打印机或可融蜡喷墨打印机，其特点是复制出的图像颜色非常鲜艳，色域范围大。

三、数字印刷与数字打样

与 CTP、数字印刷相比，数字打样（digital proofing）已经冲破观念上的局限，开始得到普及。CTP 技术的应用必然要求与之配套的数字打样系统，数字打样技术的成熟又会为 CTP 的普及铺平道路。

数字打样技术的普及在很大程度上得益于高分辨率喷墨及激光打印技术。目前数字打样系统绝大多数都是采用喷墨打印机或激光打印机。其实数字打样机与数字印刷机两者没有原则上的区别，两者所用的技术是一样的，不同之处在于输出速度和输出目的。数字打样的着眼点是检查数字作业流程的结果在实际印刷时将如何表现，作为大批量印刷的技术依据，因此数字打样设备的速度并不是主要因素，关键是数字打样的结果与实际印刷品的差距。通过应用色彩管理技术，数字打样结果与传统胶印已越来越接近，数字打样也为越来越多的印刷工作者所接受。

目前，数字打样分为 RIP 前打样 proofing before RIP 与 RIP 后打样 proofing after RIP 两种工艺流程。其一，RIP 前打样。指数字打样 RIP 直接解释电子文件（一般为 PS 文件），在色彩管理的控制下，在打印机上获得与印刷品一致的样张过程。这种工艺流程输出的样张一般用调频网点打印，不能完全准确反映最终输出 RIP 的结果及印刷网点结构状况。由于采用多次 RIP 多次输出或同种 RIP 多次输出的方式，要求数字打样 RIP 与最终输出 RIP 的兼容性好，对操作人员的技术水平要求高。其二，RIP 后打样。指数字打样 RIP 对最终输出 RIP 后生成的 1Bit TIFF 文件（即加网后的 TIFF 文件），在色彩管理的控制下，在打印机上得到与印刷品一致的打样样张过程。这种方式样张包含最终输出版面的全部信息，忠实反映最终印刷效果。但处理 1Bit TIFF 文件数据量非常大，目前生产效率较低。相对而言，采用最终输出 RIP 或与之同版本、同配置的数字打样 RIP 来解释 8bit TIFF 图像文件，是可靠性高、经济实用的生产工艺。

四、数字印刷的发展趋势和市场定位

数字技术和网络技术的迅速发展，在一定程度上改变着印刷业的格局，已经并将继续对

传统印刷业造成很大的冲击。据专家预测，到 2006 年，印刷方式将从原来传统印刷占绝对多数转变为各种数字印刷与传统印刷并存的局面，虽然传统印刷仍占多数，但这种变化趋势表明，数字及网络技术在印刷中的应用已经不容忽视。据美国罗切斯特理工学院分析预测，到 2020 年传统印刷品占 35%，而电子媒体将占 65%。

目前影响中国数字印刷技术发展的因素，主要有以下几条。

① 市场定位不清。许多数字印刷经营者把重点放在与小胶印竞争小批量、短版活上，中国小胶印的设备和人工费用都很便宜，数字印刷难以发挥其优势。

② 印刷质量目前还有一定差距。由于数字印刷机所用的墨粉及液体油墨与印刷油墨所表现的色域不同，数字印刷的色彩过于鲜亮，同时清晰度、暗调和高调处细节表现能力不如传统印刷，在专色复制方面，也不如传统印刷。同时数字印刷的承印物范围比传统印刷相对要窄。

③ 价格、特别是耗材价格偏高。

④ 数字印刷技术与可变数据处理软件及数据库的结合开发还有待拓展。

⑤ 从业人员的技术水平还比较低。

⑥ 数字化工作流程的建设还有欠缺。

专家建议，数字印刷市场定位应在按需出版和按需印刷上。按需印书、个性化包装、保险账单、金融证券、广告、电信账单、个性化邮品等专门化领域是发挥数字印刷优势的地方。

复习思考题

1. 按压印形式可将印刷机分成哪几类？它们的工作原理是什么？在结构上有哪些主要的不同点？

2. 印刷纸张的基本组成成分有哪几种？纸张的印刷适性有哪些？

3. 塑料薄膜在印刷前为什么要进行电晕放电处理？

4. 简述油墨的基本组成和印刷性能。

5. 简述平版胶印的基本原理。

6. 平版胶印为什么特别重视纸张的调湿处理？

7. 凹版印刷的给墨装置有哪几种形式？

8. 凹版印刷中，刮墨刀的调整应注意哪些问题？

9. 柔性版印刷机的输墨系统有哪几种类型？

10. 丝网印刷机主要由哪几部分组成？

11. 丝网印刷中刮墨板有何作用？

12. 丝网印刷中如何选择刮墨板的形状？

13. 平版、柔性版、凹版和丝网四种印刷方法得到的印刷品混在一起，如何对它们加以区分？

14. 平版、柔性版、凹版和丝网四种印刷机有何异同？

15. 什么是数字印刷？数字印刷的特点有哪些？

16. 连续式喷墨与随机式喷墨的区别是什么？连续式喷墨印刷机又可分为几种方式？各种方式的特点是什么？

第四章　印后加工技术

印后加工（postpress processing）是使经过印刷机印刷出来的印张根据不同的规格和要求，采用不同的方法，获得最终所要求的形态和使用性能的生产技术的总称。

印刷品是科学、技术、艺术的综合产品，当今，人们对印刷品的外观要求越来越高。印后加工是保证印刷产品质量、提高印刷产品的档次并实现增值的重要手段，尤其是包装印刷产品，很多都是通过印后加工来大幅度提高品质并增加其特殊功能的。从某种意义上讲，印后加工是决定印刷产品成败的关键。

印刷品印后加工，按加工的目的，可分为三大类：对印刷品表面进行美化的表面整饰加工；使印刷品获取特定功能的功能性加工；使印刷品具有一定规格形状的成型加工。本章第一、二、三节顺序介绍这三大类印后加工的原理和工艺基本知识，书刊装订加工本属于印刷品成型加工，由于内容较多，安排在第四节中叙述。

第一节　表面整饰加工

在书籍封皮或其他印刷品上，进行上光、覆膜、烫箔、压凹凸、压痕、模切或其他的装饰加工处理，叫做表面整饰（finishing）。表面整饰加工，不仅提高了印刷品的艺术效果，而且具有保护印刷品的作用。

一、覆膜

将聚丙烯等塑料薄膜，覆盖于印刷品表面，并采用黏合剂经加热、加压使之粘合在一起的加工过程叫做覆膜（laminating）。

（一）覆膜工艺

覆膜一般使用覆膜机。覆膜机由放卷装置、涂布装置、印刷品输入台、热压复合装置、辅助层压装置、印刷品复卷装置、干燥通道等组成。

覆膜工艺，分为预涂覆膜和即涂覆膜两种。预涂覆膜工艺是将黏合剂预先涂布在塑料薄膜上，经烘干、收卷，作为产品出售。覆膜加工部门，在无黏合剂涂布装置的覆膜设备上进行热压，便可完成印刷品的覆膜。该工艺简化了覆膜加工的操作，无环境污染，覆膜质量高，因而有广阔的应用前景。即涂覆膜的工艺流程如下。

覆膜准备 → 放卷 → 涂黏合剂 → 烘干、续纸 → 热压复合 → 分切 → 复卷

（二）覆膜产品质量要求

覆膜的产品应达到以下质量要求：覆膜粘结牢固，表面干净、平整、不模糊、光洁度高，无皱折、无起泡和膜痕；覆膜后分切的尺寸准确、边缘光滑、不出膜、无明显卷曲；覆膜后干燥适当，无粘坏表面薄膜或纸张的现象；覆膜后放置 6～20h，产品质量无变化。

二、烫箔

将金属箔（电化铝箔）或颜料箔，通过热压，转移到印刷品或其他物品表面上的加工工

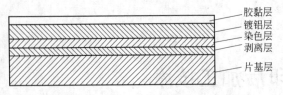

图 4-1　常用电化铝箔结构示意图

贴或固定在烫印机的底板上，底板通过电热板受热，并将热量传给印版进行烫印。常用电化铝箔结构示意图如图 4-1 所示。烫印原理如图 4-2 所示。当电化铝箔受热，第二层（剥离层）溶化，紧接着第五层（胶黏层）也溶化，压印时胶黏层胶粘承印物，第三层（染色层）与第一层（片基层）脱离，将镀铝层和染色层留在承印物上。

艺，叫做烫箔（foil stamping），俗称烫金或烫印，其目的是增进装饰效果。

（一）烫箔工艺

1. 烫箔的工艺原理

烫箔一般使用立式平压平烫印机，其结构类似于平压平凸版印刷机。印版应粘

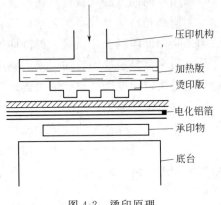

图 4-2　烫印原理

2. 烫印工艺参数的确定

装版完成后就可烫印，烫印操作中正确的工艺参数是获得理想烫印效果的关键。工艺参数包括：烫印的温度、压力及速度。烫印的温度范围一般为 70～180℃，温度差尽量不超过±2℃；烫印压力要比一般印刷压力大，约在 25～35kg/cm^2；在实际操作中，一般把烫印速度当成一个常量，去调整温度和压力，只有在特殊情况时，才考虑调整烫印速度。

（二）烫印质量要求

烫印产品的质量要求：烫印的压力、时间、温度与烫印材料、封皮材料的质地应适当，字迹和图案烫牢、不糊，文字和图案不花不白、不变色、不脱落，表面平整，线条和图案清晰干净。

套烫两次以上的封皮，版面无漏烫，层次清楚，图案清晰、干净、光洁度好。套印误差小于 1mm。烫印封皮版面及书背的文字和图案的版框位置准确，尺寸符合设计要求。

三、上光

上光（varnishing）加工是在印刷品表面涂或喷、印上一层无色透明涂料，经流平、干燥（压光）后在印刷品表面形成薄而匀的透明光亮层的加工。透明光亮层干后起保护及增加印刷品表面光泽的作用。一般书籍封面、插图、挂历、商标装潢等印刷品的表面都要进行上光处理。

（一）涂料上光的方法和种类

纸印刷品的光泽加工技术，包括涂料上光（红外线干燥）、涂料压光（磨光）、UV 上光（紫外线干燥上光）工艺，这些方法各有特点和利弊。涂料上光的方法和种类可归纳如图 4-3 所示。

涂料上光的工艺过程，实际上是将涂料（俗称上光油）涂敷于纸印刷品表面流平干燥的过程。涂料上光的干燥方式可分为红外线干燥、热风干燥、微波干燥等。涂料上光包括全面上光、局部上光、光泽型上光、亚光（或称平光、消光）型上光和特殊涂层（例如防潮、耐磨、滑爽等）的上光。

上光涂料的种类较多，有氧化聚合型上光涂料、溶剂挥发型上光涂料、热固化型上光涂

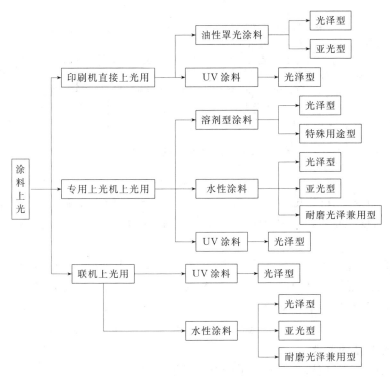

图 4-3 涂料上光的方法和种类

料和光固化型上光涂料等。上光涂料的组成是决定上光印刷品质量的重要基础，通常包括主剂、助剂和溶剂。主剂是上光涂料的成膜物质，现在普遍使用的是合成树脂配置的丙烯酸树脂。助剂是改善上光涂料的理化性能和加工特性的物质。溶剂是均匀分散、溶解主剂和助剂的物质，即分散剂。上光涂料应对印刷品表面有较强的粘合力，具有良好的流平性，成膜后膜面平滑、光泽度高。上光涂料形成的膜层，应具有一定的韧性和耐磨性、耐化学性，并且透明不变色，印后加工适应性广，耐溶剂、耐热性好等特点。上光涂料应无嗅、无味，对人身无危害，无环境污染，价格便宜，使用安全。

（二）上光工艺

印刷品的上光工艺，一般包括上光涂料的涂布和压光。

1. 上光涂料的涂布

采用的方式有：喷刷涂布、印刷涂布和上光涂布机涂布三种主要方式。

喷刷涂布，一是用专用刷帚在印刷物表面均匀地涂刷一层上光涂料，干燥后，就形成一层光亮的薄膜层；二是用机械喷雾的原理，将上光涂料在印刷品表面喷成雾状，使上光涂料均匀地散落在印刷品表面，干燥后就形成光滑的膜面，这种方法适用于表面粗糙或凹凸不平的印刷品（瓦楞纸）或包装容器等异形印刷品。

印刷涂布，通常用印刷机涂布，将上光涂料，储存在印刷机的墨斗中，采用实地印版，按照上光印刷品的要求，印刷一次或多次上光涂料。印刷涂布上光，不需要购置新设备，一机两用，适合于中、小型印刷厂上光涂布加工。

专用上光机涂布，是目前应用最普遍的方法。上光涂布机由印刷品传输机构、干燥机构以及机械传动、电器控制等部分组成（图 4-4）。适用于各种类型上光涂料的涂布加工，能够精确地控制涂布量，涂布质量稳定，适合各种档次印刷品的上光涂布加工。

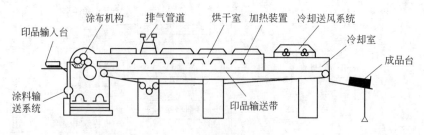

图 4-4　上光涂布机结构图

2. 压光

利用压光机压光（mill finish, calender），改变干燥后的上光涂层表面状态，使其提高上光涂层的平滑度和光泽度的过程叫做压光，许多精细的印刷品，上光涂布后，需要进行压光处理。

压光机通常为连续滚压式，由输送机械、机械传动、电器控制等部分组成。印刷品由输纸台输入加热辊和加压辊之间的压光带，在温度和压力的作用下，涂层贴附在压光带表面被压光。压光后的涂料层逐渐冷却后，形成一光亮的表面层。压光带由特殊抛光处理的不锈钢制成，采用电气液压式调压系统来调节加压辊的压力，可满足各类印刷品的压光要求。

（三）上光质量的要求

为获得理想的上光效果，上光质量应符合以下要求。

① 上光涂布层均匀、无砂眼、无气泡和无漏涂现象。

② 涂布量适宜，涂层能在一定温度、涂布速度下完成干燥结膜。

③ 涂层不受印刷油墨性能、印刷图文、印刷密度的影响，流平性好，同印刷品表面有一定的粘合力。

④ 涂层在压光中，能粘附在压光带表面，冷却后又能容易地被剥离。

四、模压加工

印刷品的模压加工（die stamp）主要指以阴阳模具为基础，通过机械加以一定的压力，使印刷品被加工成所要求的形状或在其表面产生某种特殊效果的专项技术。依其加工中所使用的模具及最终加工效果不同，一般可分为凹凸压印和模切压痕两种工艺技术。

（一）凹凸压印技术

凹凸压印（die embossing）又称压凹凸、凹凸印、压凸，是一种在已印有图文或没有图文的承印物上不用印墨，利用一对凹凸版将印刷品压出浮雕状图文的加工方法（见图 4-5）。

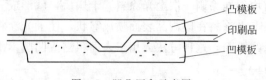

图 4-5　凹凸压印示意图

凹凸印的工艺过程简单说为：制凹版→制凸版→凹凸印。凹版应有足够的强度和刚性。一般选用铜板或钢板作版材，厚度在 1.5～3mm 间。凸版以前多用石膏制作，现多采用高分子材料。压凹凸多用于商标、纸盒、贺卡、版贴等印刷品的加工。效果生动美观，立体感强。

1. 压印设备

由于凹凸压印所需的压力大，宜采用四开或对开模切压痕专用设备。这类机器只有简单的传动和压印装置，没有传墨设置，各部分铸件，都是加固设计的，压印平板都由双臂齿轮拉动，其压力大小可由偏心套调整实现，并设有安全杆以保护操作者的生产安全。

中国目前主要采用两种凹凸压印机，一种是平压平式压印机（见图4-6），一种是圆压平卧式压印机。平压平式压印机压印产品轮廓层次丰富，但效率低；圆压平卧式压印机效率高，但凹凸轮廓层次不够丰满。

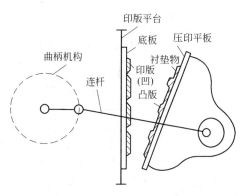

图 4-6　凹凸压印机结构示意图

2. 凹凸压印工艺

凹凸压印工艺流程见图4-7。定好规矩，将印好的印刷品放入凹版和凸版之间，用较大的压力直接压印。当印刷品为较硬纸板时，可适当调整机器的转速，即机器的转速要比印刷速度低，压力要比印刷时大；另外，可利用电热装置对铜（钢）凹版加热，以保证压印质量。采用电热板压凹凸，不能用木条、木斜块填空和紧版，以免因木条受热变形而发生散版事故，宜用铝条、空铅和铁版锁等金属性材料。调整好压力，压印平台要校平，污染物要清理干净。生产中要勤查压印质量。

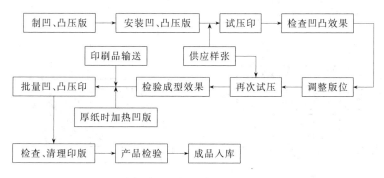

图 4-7　凹凸压印工艺流程

（二）模切压痕技术

模切（die cutting）是把钢刀片排成模（或用钢板雕刻成模）、框，在模切机上把纸片、印刷品轧切成一定形状的工序。具有如圆弧等复杂外形的印刷品，无法用普通切纸机裁切，这时都需要进行模切。压痕（creasing）是利用钢线，通过压印，在纸片或印刷品上压出痕迹或留下供弯折的槽痕。压痕与模切是容器类印刷品，特别是纸盒最常用的印后加工工艺。纸盒成型加工，一般是把模切用的钢刀和压痕用的钢线嵌排在同一块版面上，使模切与压痕作业一次完成。经过模切压痕加工，印刷品才能从平面的印张变成结构新颖、折叠挺括，可以包装商品的容器。

用于包装装潢印刷的高速凹印机、柔性版印刷机和标签印刷机，附设有滚筒模切装置，一般采用滚动模切方式，对印刷品进行模切、压痕，大大地提高了生产效率。纸片印刷品经过模切、压痕加工后，可以制成各种形状的容器或盒子（图4-8）。

1. 模切版的制作

模切版的制作俗称排刀。所谓排刀是指将钢刀、钢线、衬空材料按规定的要求，拼组成模切版的工艺操作。模切压痕生产中，排刀质量是保证加工产品质量的关键。

（1）常用材料　模切压痕常用材料有钢线、衬空材料（底版）及橡皮。钢线在模切压痕中用作压痕（扎折）线用。衬空材料（底版）有金属铅类、钢类、铝类衬空材料和非金属衬

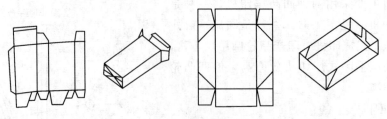

图 4-8　模切与成型

空材料。制版时，只要先将拼版规格尺寸和图文转移到胶合板（合成板）上，然后采用人工手锯或制版组合机锯出嵌钢刀、钢线的锯缝，并将成型后的钢刀、钢线嵌进去，便可制成供模切压痕用的印版。橡皮一般由合成高分子材料制成，分为硬性、软性及中性三种。模切压痕中依其产生的弹性恢复力，使被模压产品同模板刀口顺利分离。

（2）排刀操作过程　排刀操作过程就是将钢刀、钢线、衬空材料按制版要求组合成印版的过程，排刀中钢刀、钢线被铡切并拼组成形制出所要求的冲模结构，钢刀和钢线由衬空材料定位，沿着切割刀两边粘有橡皮，以利于在切割之后立即从切割刀上快速脱出印刷品。其各组件作用及原理如图 4-9 所示。

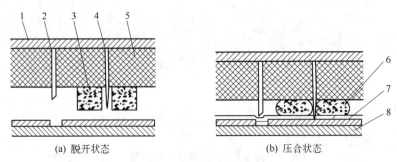

图 4-9　模切压痕工作原理图

1—版台；2—钢线；3—橡皮；4—钢刀；5—衬空材料；6—纸制品；7—垫版；8—压板

2. 模切压痕的工艺流程

模切压痕的工艺流程如下。

上版 → 调整压力 → 确定规矩 → 塞橡皮 → 试压模切 → 正式模切 → 整理清废 → 成品检查 → 包装

（1）上版　将排好的印版，固定在模切机版框中，初步调整好位置及模切压痕效果的工艺步骤。

（2）调整版面压力　调整钢刀和钢线压力使模切加工产品切口干净利索，无刀花、毛边，压痕清晰、深浅适度。调整的方法是在钢线印迹两侧或印版反面垫纸。

（3）确定规矩　印版压力调好后，将印版固定好，以防压印中错位。

（4）粘（塞）橡皮　在主要钢刀刃口处粘橡皮，利用橡皮的弹性恢复力作用，将压印后的印刷品从刃口间推出。粘贴时，橡皮应高出刀口 3～5mm。

（5）模切压痕、清废、检查、包装　一切调整工作就绪后，先压印出样张，作一次全面检查，确认所检查各项均达到标准，留出样张后正式开机生产。

五、折光技术

折光技术（refraction technology）是一种不用油墨而能使印刷品既产生具有金属光泽

又有清晰明辨的凹凸图像效果的创新型表面整饰技术。当用排有不同纹理图案（多为线条）的金属版对以电化铝或镀铝为表面的基材进行无墨压印时，镜面铝膜上即有不同方向排列的明暗有别的细微凹凸线条，其纹理图案改变了原有镜面的平滑，使表面形态从单一平面的同位反射扩展为有平面光、前侧光、左侧光、右侧光、顶光、脚光多光位的反射，产生三维空间的立体图案。

要使印品能根据光学原理多角度地反映光反射的变幻，产生有层次的闪耀感和二维立体形象，必须正确地设计和确定图案的块状特性和组成图案的线条特性。一般画面主题宜采用45°或135°的线条来表现，大面积区域以90°或0°的线条表现为宜。对于彩色图像，则要考虑折光线条和加网角度。

1. 机械折光技术

机械折光技术是以折光印版（多用铜版）和印刷机为制作工具，用机械压印加工方法使印刷品产生出折光效果。其工艺流程如图4-10所示。

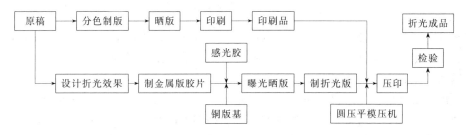

图4-10　机械折光技术工艺流程

2. 激光全息折光技术

激光全息折光技术是利用激光的干涉和衍射原理，将反映物体光波特征的特定光波以干涉条纹的形式记录下来，当物体的衍射光波与一个在相位上相关的参考光波发生干涉，且如果这两种光波高度相干，那么物波和参考的相对位相就不随时间改变而产生可以看得见的有强度分布的干涉图形。当光束以一定角度照射到全息图上的光栅处时，图像以一定折光的形式从全息图上释放出来，在各个方向形成彩虹般的立体景象。激光全息折光压印工艺流程如图4-11所示。

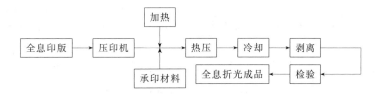

图4-11　激光全息折光压印工艺流程

六、辊轧技术（creasing and scoring technology）

将原纸、纸板、印刷品基材和经过覆膜、上光、烫印等印后加工的印品在不同的专业机械设备上，经过由特制压辊装置的辊轧处理，能改变基材原表面形态，而表现出不同几何图形、特定图文、特种纹路等不同新机理，从而改善纸张基材的拉伸应力和压缩应力，提高其机械强度。这种用机械辊轧进行表面整饰的技术，简称辊轧技术。按其处理后表面形成的纹理不同，分别称为起楞技术、起皱技术、轧花（纹理）技术。起楞技术多用于包装容器制造，使加工后的纸张产生 U 型、V 型或 UV 型瓦楞波纹。下面主要介绍起皱技术和纹理技术。

1. 起皱技术

对印品纸张进行起皱技术处理，是依据纸张的吸排湿功能和可压缩性，进行特定条件下的适当的机械加工，即在纸张柔韧性良好的状态下，按一定间距进行规律性的折叠，而后经轻压定型而成。其专用设备为彩色皱纸机，它既可以给印品纸张进行起皱技术处理，同时还可在起皱过程重新给纸张染色。起皱技术的工艺流程如图 4-12 所示。

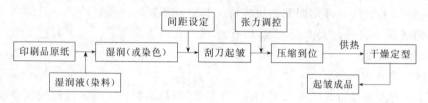

图 4-12　起皱技术工艺流程

2. 纹理技术

纹理技术是用机械辊轧方法，在印刷品基材、纸和纸板表面上加工出有微量凹凸立体感的图案、文字和能生动体现动物、植物、矿物、织物等的细部肌理纹络特性，给人以一种新材料质感的印刷表面整饰技术。

纹理加工机械俗称压纹机、压花机。其基本结构由两根垂直或水平排列的轧辊组成。在垂直排列的压纹机中，通常上部为雕刻有特定纹理图文的金属（陶瓷）辊，下部为提供出压纹工作界面的包有一定厚度羊毛纸的加压辊，两者的直径比一般为 1：2。工作时两轧辊通过齿轮啮合传动，刚性雕刻辊起着阳模作用，弹性加压辊起着阴模作用。在相互挤压转动中，刚性雕刻辊上的图形完全转印到弹性压力辊上。

纹理加工是一种轻量级的机械加工。为使某些材质较厚、较硬或具有热塑性能等特点的基材有良好的加工操作性并产生精美效果，常采用热轧工艺，即首先提供出能使承印基材性能改善的适当的温度预热区。其加工过程如图 4-13 所示。

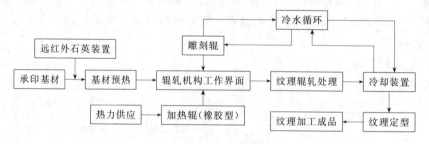

图 4-13　热轧工艺流程

冷轧工艺不需要对承印基材进行预热升温。其工艺过程如图 4-14 所示。

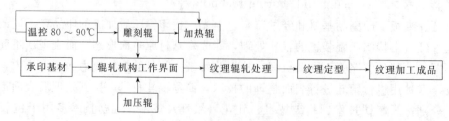

图 4-14　冷轧工艺流程

第二节　印刷品功能性加工

许多印刷品印刷后往往由于应用领域及使用目的的要求，需要进行特定功能的加工。如食品以及五金、纺织品的包装纸，广泛应用涂蜡处理以提高印刷品表面的抗水性和抗油性，对包装内容物能起到防潮、防锈、防黏、防质变的作用。而建筑材料印刷品一般都要经过各种特殊的后加工处理，才能最终形成商品。一般需涂布或浸渍树脂后经加热加压与装饰板、胶合板等基板层压或者粘合，从而大大提高和改善建筑材料印刷品的实用性和使用价值。聚氯乙烯薄膜印刷后，根据造型设计的要求，有的需要进行压花纹、压浮雕图案或发泡等处理。为了改善薄膜包装印刷品的性能，使各单层薄膜的优点都集中到复合薄膜上，成为理想的包装材料。常常将两层以上的薄膜层合在一起，即复合。最常见的是双层复合的方便面袋和蒸煮袋，对食品起到保鲜保味、卫生清洁的作用。另外，在票卡生产过程中也广泛进行压感复写功能加工、撕裂功能加工以及磁加工。

一、塑料薄膜制品的复合加工

塑料薄膜的复合加工，就是将塑料薄膜与塑料薄膜或与其他软包装材料进行复合，使之有新的性能。塑料薄膜的复合方法主要有：干式复合法、湿式复合法和挤出复合法等，各种复合方法都用专用复合机来完成。

1. 干式复合法

干式复合法如图 4-15 所示，是将聚氯乙烯、聚醋酸乙烯酯、合成橡胶、环氧树脂等溶解于醋酸乙酯、醇类等有机溶剂中制成的黏合剂，先涂布于第一基材上，在干燥机上将溶剂挥发后，再在加热的条件下将第二基材加热复合上去的方法。

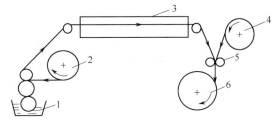

图 4-15　干式复合机原理

1—黏合剂；2—第一给纸部分；3—加热干燥器；
4—第二给纸部分；5—夹纸滚筒；6—复卷部分

为了增加复合材料的复合强度，一般的聚乙烯、聚丙烯等薄膜，先要用电晕处理，使薄膜表面粗化，根据塑料薄膜的种类，选择适当的黏合剂。

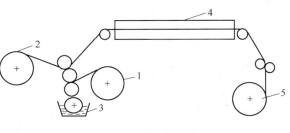

图 4-16　湿式复合机原理

1,2—给纸部分；3—黏合剂；4—加热干燥器；5—复卷部分

2. 湿式复合法

湿式复合法如图 4-16 所示。这种方法是用水溶性黏合剂涂布在第一基材上，然后与第二基材重合经干燥器干燥后成为复合材料。湿式复合剂种类很多，例如：合成树脂、天然树脂、丁烯乳胶、聚醋酸乙烯乳胶等乳胶型和维尼纶、淀粉、骨胶、阿拉伯树胶等水溶液。

湿式复合的优点是成本低，工艺操作简单，复合速度快。但因选用水溶胶，因而这种复合材料没有耐水性。

3. 挤出复合法

挤出复合法如图 4-17 所示。将钛酸酯、异氰酸酯、亚氨基等化合物溶解于醋酸乙烯等有机溶剂中，将聚乙烯亚氨树脂等溶解于水中作为底涂料，涂布于基材上，然后将聚乙烯、聚丙

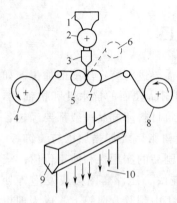

图 4-17 挤出机原理

1—聚乙烯原料供料；2—熔融聚乙烯挤辊；3,9—T 铸模；4—给纸部；5—夹纸辊；6—第二给纸部；7—冷却辊；8—复卷；10—帘状聚乙烯

烯、聚氯乙烯等通过熔融挤压法，将由 T 铸模狭缝挤出的帘状熔融聚乙烯，流延到纸或薄膜上，进行聚乙烯涂覆，或从第二给纸部供给其他薄膜，把聚乙烯作为粘结层进行复合。

二、撕裂功能的加工

撕裂功能的加工方式主要有两种：打龙和打孔加工。

1. 打龙

打龙（perforate punch）加工是靠表格印刷机打龙滚筒上安装的齿状刀条在印刷品上冲压出缝纫线状的撕裂线，如图 4-18 所示。打龙加工多应用于双联介绍信、多联表格单据的印制品。

2. 打孔

打孔（die cut）加工是利用转动的孔牙与孔模在印刷品上冲压出孔洞状撕裂线。打孔加工多应用于邮票、挂历等印制品。

这里需要说明电子计算机打印专用纸或连续商业表格的两旁加工的小孔（见图 4-19），并不是为了撕裂，而是为了套在打印机的齿轮上使其顺利输送而设计的。

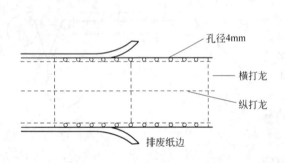

图 4-18　表格印刷机的打龙加工

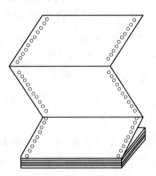

图 4-19　连续表格两边打孔

三、磁加工

随着计算机及计算机网络技术的发展，塑料磁卡在国内外的使用已非常普遍。主要应用于现金存取卡、购物信用卡、电话卡等。

塑料磁卡的片基材料的基本性能如表 4-1 所列。国际标准化组织对其尺寸规格也有明确规定。

表 4-1　塑料磁卡的片基材料的基本性能

性能 \ 类型	三醋酸纤维素	二醋酸纤维素	聚氯乙烯	聚酯薄膜
相对密度	1.28～1.31	1.28～1.31	1.35～1.45	1.38～1.39
抗张力/(kN/mm²)	63～112	38～97	48～69	117～163
断面伸长率/%	10～40	25～45	25	35～110
吸水率(浸水 24h)/%	3.4～4.5	3.6～6.8	可以不计	＜0.5
耐水性	良	良	优	优
耐高温性	良	良	差	良
最高使用温度/℃	150	65～100	65～80	150
最低使用温度/℃			—40	—60

134

1. 磁卡加工工艺过程

磁卡加工的一般工艺过程如图 4-20 所示。

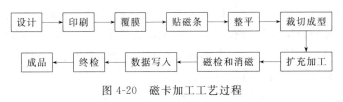

图 4-20　磁卡加工工艺过程

2. 磁卡印刷

将磁性油墨通过印刷即可得到磁性膜。磁性膜干燥后的厚度以 $10\sim20\mu m$ 为宜，以满足使用要求，故印刷时的墨层厚度则需要几十至上百微米。因此，近代磁卡印刷一般采用凹版印刷或丝网印刷方式。

3. 磁卡印后加工

（1）磁加工　磁条是记录持卡者密码编号等必要信息的介质，其加工方法是将 6mm 左右宽的磁条贴在塑料磁卡的指定区域，然后写入磁信息，贴磁条后，经整平、磁检和消磁等

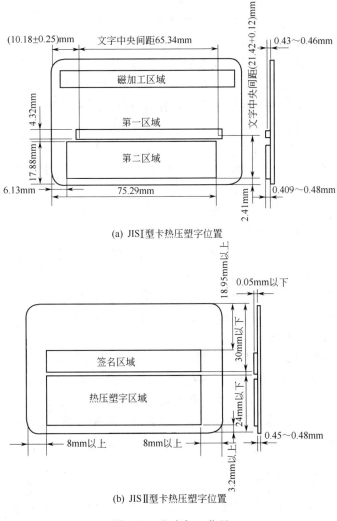

(a) JIS I 型卡热压塑字位置

(b) JIS II 型卡热压塑字位置

图 4-21　文字加工位置

工序，最后通过专用写入设备记录必要的信息。

（2）热压凸字和着色　采用凸字机对塑料磁卡加热并施以一定压力，形成诸如编号、有效期等凹凸码的工艺。文字所处位置如图 4-21 所示。在图 4-21（a）中，在第一区域内记入磁卡的编号，第二区域内记入使用有效期和持卡者的姓名。在图 4-21（b）中，磁卡热压塑字的位置、卡的编号、有效期及持卡者姓名等均在同一区域内记入。为使压凸的文字明显、易读，往往还要在文字表面用有色箔进行着色加工。

（3）签名标签的加工　签名标签的加工位置如图 4-21（b）所示，在签名区域内进行标签的加工。对于薄型基板或签名区域面积较大的塑料磁卡，一般采用丝网印刷方式。也可将事先印刷好的签名标签粘贴或热压在塑料卡基板上的签名区域内。

磁卡识别时用磁性解码器判读。

第三节　容器类印品的成型加工技术

印刷品的成型加工是对印张进行的最后加工工序，也是决定印刷品生产成败的关键工序。成型加工质量高，便可获得外观精美、使用寿命长的印刷品。加工质量低劣，则会使书刊等产品外观粗糙，纸盒等产品压痕线出现裂纹，塑料包装袋等产品封口开裂，降低使用寿命，甚至造成印刷品报废。

按照成品的最终形态，印刷品的成型加工可分为容器类、书刊类和散页类成型加工。本节介绍容器类的成型加工技术，下一节介绍书刊类的成型加工技术。

依据最终形态、加工方法及程序的不同，容器类印刷品主要有盒、箱、袋、罐几种，其材料主要采用白板纸、瓦楞纸板、塑料薄膜、马口铁板等。容器类印刷品通常要在印刷后经过模切压痕、粘合、热合、钉合等加工成型为具有立体形态、能容纳物品的器皿，供包装使用。根据纸容器的形态、结构特点及所用材料，可分为普通包装盒、瓦楞纸箱和纸筒三类。

由于模切、压痕工艺在第一节已经介绍，下面主要介绍制袋加工及糊盒加工技术。

一、制袋（packaging）加工

袋是一端开口可折叠的挠性包装容器，开口端通常在充填内容物后封合。袋可用一层或多层挠性材料，如纸、塑料薄膜、金属箔、织物及复合材料等，经过裁切、缝合或粘合、订合加工制成。按式样分为开口型袋、平底型袋、方底型袋、书包型袋；按规格划分为大型袋和小型袋。袋的特点是空袋时体积小、质量轻，被广泛用作工农业产品的销售包装和运输包装。

（一）塑料袋的成型加工

塑料薄膜袋简称塑料袋，是用聚乙烯薄膜、聚丙烯薄膜、聚氯乙烯薄膜、聚乙烯醇薄膜，或将这些薄膜与玻璃纸、铝箔、纸等材料层合，经热合加工而制成的。塑料袋特点是质量轻，柔软，透明度好，比纸袋耐折叠、耐冲击、耐挤压、耐污染，有较好的密封、防尘、防潮、耐用等性能。化工原料、化肥、农药、洗衣粉，日用百货，机械零部件，仪器仪表，粮食等常采用塑料袋包装。

1. 塑料袋的分类

塑料袋可按如下特征加以分类。

① 按接缝形态分类可分为两侧缝袋、L 缝袋等形式，如图 4-22 所示。

② 按袋形状分类可分为筒形袋或尖底袋、侧折袋、角底袋、平底袋、枕形袋等形式。

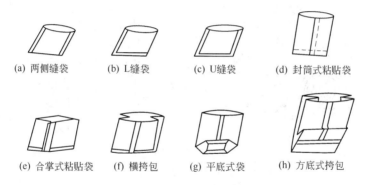

(a) 两侧缝袋　　(b) L缝袋　　(c) U缝袋　　(d) 封筒式粘贴袋

(e) 合掌式粘贴袋　　(f) 横挎包　　(g) 平底式袋　　(h) 方底式挎包

图 4-22　塑料袋的结构形式

③ 按袋口分类有封口袋、敞口袋及自封袋。自封袋又称无齿拉链袋。袋口两侧分别各有一条倒钩状的凹槽和凸梗，用于将凸梗按入凹槽，袋口即可封闭。打开时，只需捏住袋口轻轻向两侧一拉即可。自封袋可以反复封闭和开启。

④ 按制袋料坯分类可分为筒状薄膜和片状薄膜。片状薄膜一般是在包装机上制袋用。

2. 塑料袋的热合

塑料薄膜印刷品在热合制袋前，一般先要进行裁切加工，即用分切机将卷筒状印刷品分切成规定幅宽的窄卷。分切机一般包括放卷、分切、复卷、张力控制、光电控制装置等，有些还安装有自动纠偏装置。塑料袋的制作过程如图 4-23 所示。

图 4-23　塑料袋的制作过程

塑料薄膜印刷后制袋成型以及在充填内容物后的封口作业，均需采用热合方法。热合是利用加热原件将薄膜快速熔融并压合，从而使两片薄膜粘合起来的加工作业。制成的袋子应具有一定的强度和密封性，能够承受一定质量的内容物（结晶体、粉体、液体等），并保证在流通过程中不开裂泄漏，达到保护商品的要求。因此，热合的牢固度是考核塑料袋包装性能的重要指标。塑料薄膜封袋时，主要调节热封温度、热合压力、热合时间。根据加热和压合作业不同，有压板热合、脉冲热合、超声波热合、高频热合、热合与熔断等不同的热合方式。

3. 制袋机工作原理

制袋机工作原理如图 4-24 所示。薄膜筒料印刷后的制袋作业，是热封和切断一次完成，并采用了光电控制及步幅控制器。裁切时，用传感器检测印刷标记，当薄膜前进一个袋长距离，传感器检测到印在薄膜上的定位标记时，用裁切刀进行裁切，完成加工。可热封 0.015～0.18mm 厚的薄膜。

（二）纸袋的成型加工

① 一般纸袋的形式如图 4-25 所示。

② 制袋机的工作流程如图 4-26 所示。其中纸筒的形成及底部成型的示意图如图 4-27、图 4-28 所示。

二、糊盒加工

糊盒（production of folding boxes）是指纸容器制品经印刷、表面加工、模切压痕后，

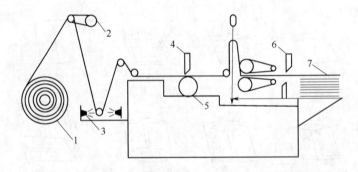

图 4-24　平底、背式封袋机示意图

1—塑料薄膜；2—送料电机；3—光电控制器；4，6—封刀；5—防热胶轴；7—塑料袋

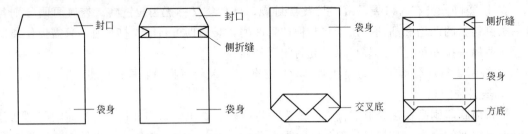

图 4-25　不同纸袋示意图

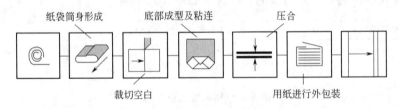

图 4-26　制袋机工作示意图

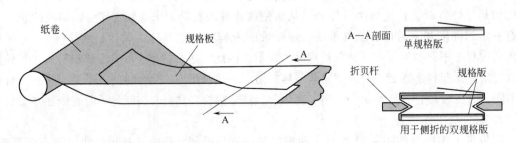

图 4-27　制袋机形成带有中空的纸筒示意图

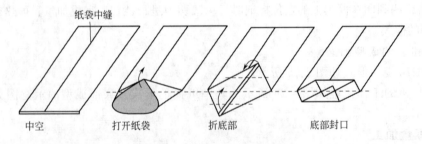

图 4-28　由纸筒（纸袋筒身）形成交叉底示意图

138

用制盒或手工加工成盒（箱）状的工艺过程。

根据用途及设计的要求，盒子的形状各式各样。由于方形纸盒易操作、堆叠、存储和运输，被广泛应用于工业、商业及个人方面。常用盒子形式如图 4-29 所示。

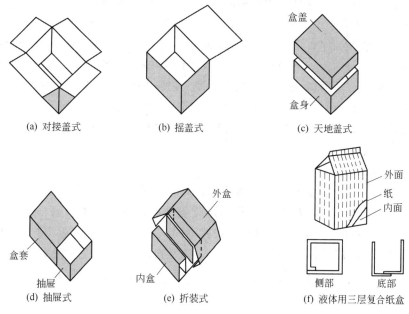

图 4-29　常用盒子形式

糊盒所用材料主要有白纸板和瓦楞纸板。白纸板主要有白厚纸、马尼拉纸、高级白纸板、两面卡片纸、复合化纸板等。瓦楞纸有单瓦楞、双瓦楞、复合瓦楞、双重复合式瓦楞等。制作瓦楞纸板的原纸由箱板纸和瓦楞纸组成。

典型的纸盒生产过程如图 4-30 所示。

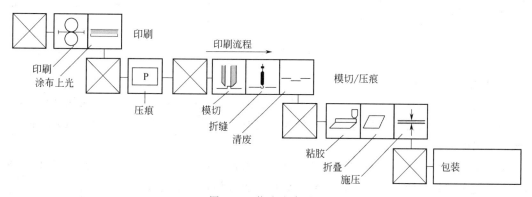

图 4-30　糊盒生产过程

第四节　书刊装订工艺

书刊装订是组成书刊印刷的三个主要工序（制版、印刷、装订）的最后一道工序。只有通过装订，才能使分散的印张形成本册，成为便于人们阅读、使用和保存的书籍、画册。

书籍的装订加工主要分为书心和书封加工两大工序，书心加工包括折页、配页、订本，书封加工指将订联成册的书心外包封皮（包括封皮的制作）。习惯上说是装订，其实并不是先装后订，也不是边装边订，而是先订后装。

依据本册的形态、加工方法及程序的不同，书刊的装订形式分为平装、精装、线装及活页装。装订的方法分为手工装订、半自动装订和使用联动机的全自动装订。

一、折页（folding）

折页工序也称成帖工序，是书刊装订加工的第一个工序。折页工序是将印刷好的大幅面印张，按照页张上号码顺序、版面规定及要求，用机器或手工经过一次或几次的折叠（或先折后粘、套等）后制成所需幅面书帖的工作过程。它是以折页为主的包括撞（闯）页、开料（即裁切大幅面页张）、折页、粘（或套、插）页的成帖加工操作。任何书籍的加工，几乎都要首先将大幅面的印张制成书帖以后，才能供后工序如配页、订书、包本等加工，成为各种装法的书册。

（一）折页方法

折页方式多种多样，根据页张版面排列方式而定，即怎样排版就应怎样折叠。而版面的排列又根据书刊装订形式、机器走纸结构而进行设计的。如平装本与骑马订装本，有零件插图页张与无零件插页等，其版面排列方式就不同。折页时就要依版面排列的具体情况，采取其中某一种形式或机型进行折页加工。现代书刊的折页方法大致分为以下三种：垂直交叉折、平行折、混合折。每种折法又分正折、反折、单双联折等，如图 4-31、图 4-32、图 4-33。

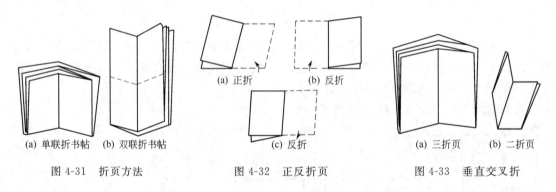

(a) 单联折书帖　(b) 双联折书帖	(a) 正折　　(b) 反折 (c) 反折	(a) 三折页　　(b) 二折页
图 4-31　折页方法	图 4-32　正反折页	图 4-33　垂直交叉折

1. 垂直交叉折

垂直交叉折，也称转折，即前一折和后一折的折缝呈相互垂直状，这种折法在操作时页张必须按顺时针方向转过一个直角后，对齐页码及折边再折叠，依次折几折，折完所需折数及幅面的书帖。

垂直交叉折法是所有折页方法中最常见最普遍的一种折叠方法，其特点是书帖的折叠、粘套页、配页、订锁等都很方便。折数与页数、版数都有一定规律，容易掌握。

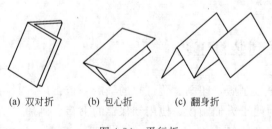

(a) 双对折　　　　(b) 包心折　　　　(c) 翻身折

图 4-34　平行折

2. 平行折

平行折，也称滚折，即前一折和后一折的折缝呈平行状的折页方法。平行折方法多用在长条形状的页张和纸张较厚硬的工作物上。如画片、图片、零散页张及偏开、异开等页张。其中还分为双对折〔如图 4-34（a）〕、连续折（也称包心折）〔如

图 4-34（b）］和翻身折［如图 4-34（c）］。

平行折法的书帖对下工序的加工都不如垂直交叉法书帖使用方便，因此，目前大部分平行折法均用在图画、字帖、儿童读物等工作物上。

3. 混合折页

混合折页的方法是一种在同一书帖中，各折的折缝既有平行又有垂直交叉的折页方法。即滚转混合的折法，这种折页方法常用于 6 页、9 页、双联折等书帖上，如图 4-35 所示。

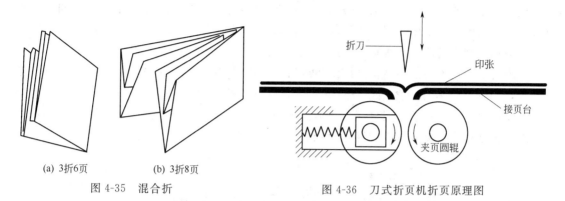

(a) 3折6页　　　　(b) 3折8页

图 4-35　混合折　　　　　　　　　图 4-36　刀式折页机折页原理图

（二）折页机工作原理及选用

目前，中国的印刷厂大部分采用机械折页。折页机分为刀式折页机、栅栏式折页机和栅刀混合式折页机，刀式有全张和对开两种，栅栏式只有对开和四开两种，栅刀混合式主要有全张、对开和四开三种。

刀式折页机是利用折刀的刀刃将纸张压入旋转着的两个折页辊的横缝里，通过两个辊与纸张之间的摩擦力带动页张通过折页辊，同时配合折刀的下压力，将折缝压实，来完成折页过程，如图 4-36 所示。刀式折页机适用于 $35\sim100g/m^2$ 的新闻纸、凸版纸、胶版纸等类纸张，可以折全张的印张，折页精度高，操作方便，但占地面积大。

栅栏式折页机是使运动的纸张，通过折页辊沿着栅栏往前运动，直至挡板，在折页辊的摩擦作用下，纸张被弯曲折叠，如图 4-37 所示。这种折页机一般为对开，折页速度快，占地面积小，但不适合折幅面大、薄而软的纸张。

栅刀混合式折页机即同一台折页机，由刀式折页机和栅栏式折页机组合而成。这种折页机的折页速度比刀式折页机快，可以折 $40\sim100g/m^2$ 的新闻纸、凹版纸、胶版纸和铜版纸。

此外，书刊卷筒纸印刷机，一般都会设有折页装置，将印刷后纸张同步输送给折页装置，按照开本尺寸和页码顺序进行折叠并裁切。

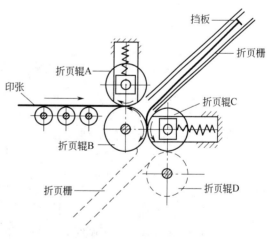

图 4-37　栅栏式折页机原理图

二、配页（gathering）

印刷半成品经过撞页、开料、折页、粘套、插页制成书帖后需要进行配页加工。配页工序是成册工序，即将折页工序加工好的书帖，按其版面的排列和页码的顺序，凑齐各版（或各号）使各帖组合成册的工艺过程。一切书刊凡在一帖以上的均要经过配页工序加工才能进行下面各种订和装的加工。

在配页加工中，为保证所配书册的质量和便于下工序的工作，在配前要进行上蜡、配页后进行捆书、浆背等加工。上蜡，即在配页前，将所配书册的首或尾帖（第一帖或最末一帖）的订缝边处刷抹上一层预先调制好的蜡液，使配后的书册经浆背后可以一本本地自动分开，便于下工序的订联并保证书背薄厚（或宽度）的一致。所有采用铁丝订、缝纫订和三眼订等平装书册配页后都要进行上蜡。配页过程如下。

配书帖。把零页或插页按页码顺序套入或粘贴在相应的书帖中。

配书心。把整本书的书帖按顺序配集成册的过程叫配书心，也叫排书。有套帖法和配帖法两种，如图 4-38 所示。配帖指按页码顺序，一帖一帖地叠摞在一起，成为一本书刊的书心。套帖则将一个书帖按页码顺序套在另一个书帖里面或外面，形成两贴厚而只有一个帖脊的书心。该法适合于帖数较少的期刊、杂志。

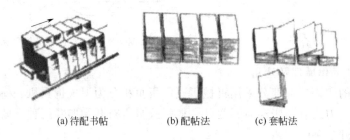

(a) 待配书帖　　　　(b) 配帖法　　　　(c) 套帖法

图 4-38　配帖与套帖法

配帖操作现在主要利用配帖机完成。其工作流程如图 4-39 所示。将书帖按顺序放在传送带上，依次重叠，完成书心的配帖。机器配帖时，要保证装帧顺序的正确，配好的书心里不应有破贴、污贴，配好的书心要闯齐，检查无误后再打捆。

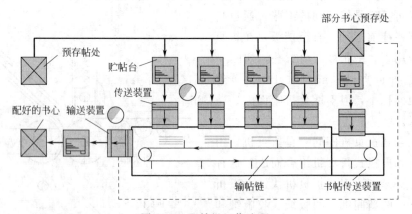

图 4-39　配帖机工作流程

为了防止配帖出差错，印刷时，在每一印张的帖脊处，印上一个被称为折标的小方块。配帖以后的书心，在书背处形成阶梯状的标记，检查时，如图 4-40 所示，只要发现折标形成的阶梯不成顺序，即可发现并纠正配帖的错误。

将配好的书帖（一般叫毛本）撞齐、扎捆，除了锁线订以外，在毛本的背脊上刷一层稀薄的胶水或糨糊，干燥后一本本地批开，以防书帖散落，然后进行订书。

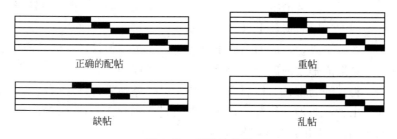

| 正确的配帖 | 重帖 |
| 缺帖 | 乱帖 |

图 4-40　书脊的折标

三、装订工艺

将印好的书页、书帖加工成册，或把单据、票据等整理配套订成册本等印后加工，统称为装订（binding）。书刊的装订，包括订联和装帧两大工序。订联就是将书页订成本，是书心的加工，装帧是书籍封面的加工。书籍本册的装订加工是一本（或一部）书制作过程的最后一道工序，也是书籍的包装装帧工序，这个工序的加工效果，关系到印品的优劣和一本书的整体效果。

（一）订联工序

订联工序是以订为主，将配好的散帖书册，通过各种各样的方法连接，使之成为一本完整书心的加工过程。订联工序除了各种订联法（如铁丝订、锁线订、缝纫订、三眼订等）的操作以外，在没有配浆联动和无线胶黏订联动设备的单位，或不是加工大批量和特殊的工作物时，所配出的散帖书册均需要在订（或锁）联之后进行撞书、捆书、浆背、分本、割本、压书等辅助工序的操作。所使用的机器有捆书机、订书机、锁线机、缝纫机、压实机。下面按顺序讲述订联工序操作。

（1）撞书　配好的散帖书册，在捆前进行的撞理整齐的操作。

（2）捆书　是利用捆书机进行的，指将撞齐的书帖（册）捆扎固定的操作；捆书机有气动、电动和手动式多种，其操作方法都相同。

（3）浆背、粘书背纸　浆背，也称刷黏剂，即将撞捆好的一捆书册，在其书背折缝处涂上一层薄薄的黏剂，再进行烘干，使书册各帖之间连接起来的操作，或再粘上一层卡纸（或纱布卡纸）烘干后供订书或做手工无线、平锁的割本加工所用。

（4）订书　把书心的各个书帖，运用各种方法牢固地连结起来，这一工艺过程叫做订书。

订联常用的方法有骑马订、铁丝钉、锁线订、胶黏等四种。

（1）骑马订　用骑马订书机，将套帖配好的书心连同封面一起，在书脊上用两个铁丝扣订牢成为书刊。骑马订广泛应用于期刊、画报、练习簿等印刷品的装订。采用骑马订装订书刊，工艺流程短，出书快成本低，但采用骑马订的书不宜太厚，而且铁丝易生锈，牢度低，不利保存，参看图 4-41（a）。随着印刷科技的提高，国内大型印刷厂已经采用骑马订联动订书机，即由搭页、订书、切书三个机组联合组成。

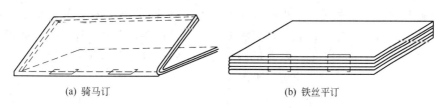

(a) 骑马订　　　　　　　　　　(b) 铁丝平订

图 4-41　铁丝订示意图

（2）铁丝平订　用铁丝订书机，在靠近书脊 3～5mm 的订口处，用铁丝穿过书心，在书心背面弯折订牢的方法叫做铁丝平订，参看图 4-41（b）。

铁丝平订，生产效率高，订成的书册书脊平整、美观。但铁丝受潮易产生黄色锈斑，影响书刊的美观，还会造成书页的破损、脱落，适合订较厚的书刊。

（3）锁线订　将配好的书帖，按照顺序用线一帖一帖地沿订缝穿联起来，并使各贴之间互相锁紧成册的订书方法叫做锁线订。常用锁线机进行锁线订。锁线订有平锁、交叉锁两种方式，如图 4-42 所示，可由手工和机械完成。

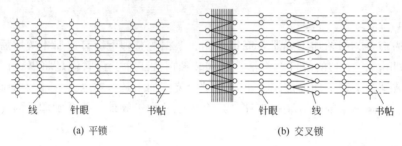

(a) 平锁　　　　　　　　　　　　　　(b) 交叉锁

图 4-42　锁线订示意图

锁线订可以订任何厚度的书，装订牢固、翻阅方便，多用于平装、精装及各种大型画册的装订。

（4）胶黏订　用胶黏剂将书帖或书页粘合在一起制成书心。一般是把书帖配好页码，在书脊上锯成槽或铣毛打成单张，经撞齐后用胶黏剂将书帖粘结牢固。

胶装是目前普遍采用的主要订书方式，已发展到使用联动机胶黏装订，实现了联动化、自动化。胶黏订的书心，可用于平装，也可以用于精装。

（二）平装工艺及平装书籍生产线

平装是书籍常用的一种装订形式，以纸质软封面为特征。平装工艺简单、价廉、实用。国内普遍采用的平装装订方式有骑马订平装、铁丝订平装、锁线订、胶订等。其手工和半自动装订工艺流程如下。

撞页裁切 → 折页 → 配书帖 → 配书心 → 订书 → 包封面 → 切书

从裁切到订书为书心的加工，通过折页、配帖、订合等工序加工成的书心，包上封面进行三面裁切后，便成为平装书籍。书心加工过程前面已有介绍，下面介绍包封面、切书的操作。

1. 包封面

也叫包本或裹皮。手工包封面的过程是：折封面、书脊背刷胶、粘贴封面、包封面、抚平等。现在除畸形开本书外，很少采用手工包封面。机械包封面，使用的是包封机，有长式包封机和圆式包封机。

机械包封机的工作过程是：将书心背朝下放入存书槽内，随着机器的转动，书心背通过胶水槽的上方，浸在胶水中的圆轮，把胶水涂在书心脊背部、靠近书脊的第一页和最后一页的订口边缘上。涂上胶水的书心，随着机器的转动，到达包封面的部位，最上面一张封面被粘贴在书脊背上，然后集中放入烘背机里加压、烘干，使书背平整。

平装书籍的封面应包得牢固、平服，书背上的文字应居于书背的正中直线位置，不能斜歪，封面应清洁、无破损、折角等。

2. 切书

指的是把经过加压烘干、书背平整的毛本书，用切书机将天头、地脚、切口按照开本规格尺寸裁切整齐，使毛本变成光本的过程。

切书一般在三面切书机上进行。三面切书机是裁切各种书籍、杂志的专用机械。三面切书机上有三把锋利的钢刀，它们之间的位置可按书刊开本尺寸进行调节。

切书的质量要求是：对所切毛本要核准加工尺寸，保证裁切标准一致，要注意书册的烫背效果，以免书背出现拉破现象。

3. 平装联动机

为了加快装订速度、提高装订质量，避免各工序间半成品的堆放和搬运，采用平装联动机订书。

（1）骑马装订联动机　骑马装订联动机也叫三联机。它由滚筒式配页机、订书机和三面切书机组合而成。能够自动完成套帖、封面折和搭、订书、三面切书累积计数后输出，配备有自动检测质量的装置。其工作流程如下。

折页 → 配帖 → 订书 → 裁切成品 → 计数 → 包装 → 贴标识

骑马装订联动机，生产效率高，适合于装订 64 页以下的薄本书籍，如期刊、杂志、练习本等。但是，书帖只依靠两个铁丝扣连结，因而牢固度差。

（2）胶黏订联动机　无线胶订联动机，能够连续完成配页、撞齐、铣背、锯槽、打毛、刷胶、粘纱布、包封面、刮背成型、切书等工序，如图 4-43 所示。有的用热熔胶粘合，有的用冷胶粘合。自动化程度很高，每小时装订数量高达 7000 册以上。

使用联动胶订的质量要求是：配页配出的书心保证正确；书背纱布贴准，无干胶、歪斜、漏贴现象；书背刷胶量适当，封面无胶渍、无双张、无破损；书册装订后封面不起泡、字正背平，无杠线、不变色、外形平服美观。

（三）精装书的装订工艺

精装是一种精制的书脊装订方式，一般用于经典著作、精美画册或工具书。精装书册的装帧、装潢比平装书册精致美观，牢固耐用。精装书的封面一般采用丝织品、漆布、人造革、皮革或纸张等材料，书壳采用硬纸板。按照封面的加工方式，分为有书脊槽和无书脊槽书壳。书心的书背可加工成硬背、腔背和柔背等。如图 4-44 所示。

精装书的装订工艺流程分为三部分。

书心的加工 → 书壳的加工 → 上书壳的套合加工

1. 书心的加工

书心制作的前一部分和平装书装订工艺相同，包括：裁切、折页、配页、锁线等。但包封皮和切书与平装不同，需先切心使三面光洁后再上书壳。精装书心具有特有的加工过程。书心为圆背有脊形式，可在平装书心的基础上，经过压平、刷胶、干燥、裁切、扒圆、起脊、刷胶、粘纱布、再刷胶、粘堵头布、粘书脊纸、干燥等完成精装书心的加工。书心为方背无脊形式，就不需要扒圆。书心为圆背无脊形式，就不需要起脊。精装手工操作的书心加工过程为：粘环衬→配页→锁线→半成品检查→压平→捆书→涂黏剂→烘干→切书→潮湿→扒圆→起脊→涂黏剂→粘书签丝带和堵头布→涂黏剂→粘书背布和书脊纸。

（1）压平　压平是在专用的压书机上进行，使心结实、平服，提高书籍的装订质量。

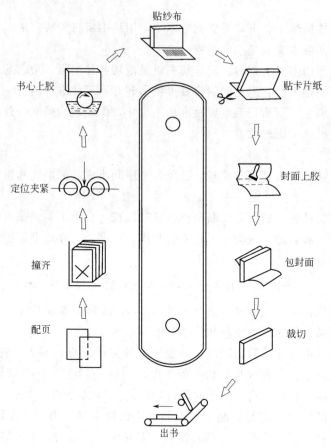

图 4-43 胶黏订联动机工作示意图

图中文字：贴纱布、贴卡片纸、书心上胶、封面上胶、定位夹紧、包封面、撞齐、裁切、配页、出书

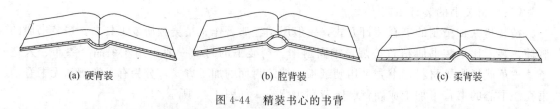

(a) 硬背装　　　　　　　　　(b) 腔背装　　　　　　　　　(c) 柔背装

图 4-44　精装书心的书背

（2）刷胶　在压平后的书心书背处用手工或机械刷胶，使书心达到基本定型，在下道工序加工时，书帖不发生相互移动。

（3）裁切　对刷胶基本干燥的书心，进行裁切，成为光本书心，以备上书壳。

（4）扒圆　上书壳前由人工或机械，把书脊背脊部分，处理成圆弧形的工艺过程叫做扒圆（rounding）。扒圆以后，整本书的书帖能互相错开，便于翻阅，提高了书心的牢固程度。

（5）起脊　由人工或机械，把书心用夹板夹紧加实，在书心正反两面，接近书脊与环衬连线的边缘处，压出一条凹痕，使书脊略向外鼓起的工序，叫做起脊（backing），这样可防止扒圆后的书心回圆变形。

（6）贴背（headbanding）　加工的内容包括：刷胶、粘书签带、贴纱布、贴堵头布、贴书脊纸，如图 4-45 所示。贴纱布能够增加书心的连结强度和书心与书壳的连结强度。堵头布，贴在书心背脊的天头和地脚两端，使书帖之间紧紧相连，不仅增加了书籍装订的牢固性，又使书变得美观。书脊纸必须贴在书心背脊中间，不能起皱、起泡。

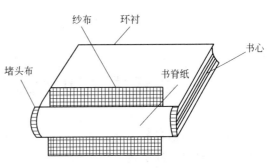

图 4-45　精装书书心

2. 书壳的加工

书壳是精装书的封面。书壳的材料应有一定的强度和耐磨性，并具有装饰的作用。用一整块面料，将封面、封底和背脊连在一起制成的书壳，叫做整料书壳。封面、封底用同一面料，而背脊用另一块面料制成的书壳，叫做配料书壳。

作书壳时，先按规定尺寸裁切封面材料并刷胶，然后再将前封、后封的纸板压实、定位（称为摆壳），包好边缘和四角，进行压平，干燥后即完成书壳的制作。书壳手工加工过程为：计算规格开料→涂黏剂→组壳→糊壳包边角→压平→自然干燥→自然压平→烫印。由于手工操作效率低，现改用机械制书壳。制作好的书壳，在前后封以及书背上，压印书名和图案等。为了适应书背的圆弧形状，书壳整饰完以后，还需进行扒圆。

3. 上书壳（套合加工）

把书壳和书心连在一起的工艺过程，叫做上书壳，也叫套合。套合的工艺流程为：涂中缝黏合剂→套书壳→压槽→扫衬→压平→自然干燥→成品检查→包护封→套书盒→包装→贴标识。

上书壳的方法是：先在书心的一面衬页上，涂上胶水，按一定位置放在书壳上，使书心与书壳一面先粘牢固，再按此方法把书心的另一面衬页也平整地粘在书壳上，整个书心与书壳就牢固地连结在一起了。最后用压线起脊机，在书的前后边缘各压出一道凹槽，加压、烘干，使书籍更加平整、定型。如果有护封，则包上护封即可出厂。

精装书，装订工序多，工艺复杂，用手工操作时，操作人员多、效率低。目前采用精装联动机，能自动完成书心供应、书心压平、刷胶烘干、书心压紧、三面裁切、书心扒圆起脊、书心刷胶粘纱布、粘卡纸和堵头布、上书壳、压槽成型、书本输出等精装书的装订工艺。

中国生产的 JZX-01 型精装书籍装订自动生产线由供书心机、书心压平机、刷胶烘干机、书心压紧机、书心堆积机、三面切机、扒圆起脊机、输送反转机、书心贴背机、上书壳机、压槽成型机等单机按上述顺序排列组成。

在书刊印后加工工艺中还有一种豪华装，也叫艺术装。豪华装的书籍类似精装，但用料比精装更高级，外形更华丽，艺术感更强。一般用于高级画册、保存价值较高的书籍。主要由手工操作完成。

复习思考题

1. 什么叫印后加工？

2. 分析比较各种表面整饰技术的特点与整饰效果。

3. 简述精装书的装订工艺。

4. 简述胶黏订联动机的工作流程。

5. 举例说明常用的三种订书方法及流程。

第五章　印刷品复制质量测控技术

为了得到高质量的印刷品，有效的质量管理和控制是必不可少的。自从 20 世纪 50 年代以来，人们经过长期实践，认识到在印刷质量管理上，只有进行定量控制，才能适应印刷技术飞速发展的需要。目前国际上许多国家已经摆脱了凭经验感官鉴定的方法，研制了控制印刷、晒版质量的信号条和测试条，并配合测试仪器和图表，对印刷质量进行科学的定量控制，而且更多的现代化设备通过在线控制密度和色度值的变化来调节墨量保证印刷质量。就中国的现实情况，由于整个印刷工艺流程中的设备、原材料等的不匹配，缺乏系统管理的科学手段，致使生产中还存在大量不稳定因素，因此全面推行数据化管理、实施印刷过程标准化等工作还任重道远。

本章在阐述印刷品质量涵义的基础上，从不同角度阐述了印品质量涉及的内容，重点论述复制过程中影响印品质量的技术因素，并深入分析影响印刷质量的主要控制因素。其次说明了评价印品质量的方法，详细介绍客观评价方法，即密度检测和色度检测的原理和应用。然后叙述印刷测控条的概念、常见标准测控条的组成与作用，最后简要介绍国外成熟的现代印刷质量测控系统。

第一节　印刷品质量的评价

质量的概念是随着科学技术和商品经济的发展而不断深化的，不同时代，不同的人对于质量有不同的看法。按照国标标准和 ISO 标准，质量的定义是：反映实体满足明确和隐含需要的能力的特征综合。对产品质量而言，一般包括六个方面的特性，即性能、可信性、安全性、适应性、经济性、时间性。

一、印刷品质量的涵义

印刷品种类很多，不同的印刷品其质量内涵不同。A. C. Zettlemoyer 等人曾经为"印刷品的质量"下过这样的定义，印刷品质量是印刷品各种外观特性的综合效果。

从印刷技术的角度考虑，所谓印刷品的外观特性又是一个比较广义的概念，对于不同类型的印刷产品具有不同的内涵。以文字或数字为主的印刷品，主要要求准确性、易读性、墨色一致等。以图像为主的印刷品，则主要要求阶调层次、色彩、套印、网点、K 值等。这些外观特性的综合效果，反映了印刷品的综合质量，在印刷质量评判中，各种外观特性可以作为综合质量评价的依据，当然也可以作为印刷品质量管理的根本内容和要求。

上述印刷品质量概念的内涵和外延都很丰富，譬如对于书籍而言，装订质量也应当包括在"印刷品质量"的范畴之内。然而，如此广泛地考虑印刷品的质量，从印刷图像复制技术的角度考虑，往往很不方便也没必要。G. W. Jorgensen 等人指出，前述关于印刷品质量的定义是不够准确的，从复制技术的角度出发，具体指出印刷质量要以"对原稿复制的忠实性"为评价标准。这种定义方法对进行印刷复制工艺研究和评价印刷复制各个阶段的质量是方便的。但事实上由于客户提供的原稿，并非都是标准的，而原稿的质量也无从规范，因此印刷品质量往往按照纸张的光学特性（如纸张白度）、原色油墨的色调（如实地密度、网点密度）、印刷图像的阶调复制、油墨叠印率等印刷指标加以保证。根据实际情况有时需要对原稿进行"完全忠实"的再现，如绘画作品等艺术真迹；有时需要对原稿进行合理的阶调压缩，如彩色反转片等；有时还需对原稿进行相应处理以丰富其原有的色彩，细化其层次，提升其表现效果。

二、影响印品质量的主要因素

（一）印刷品质量评价的三个因素

印刷品是一种靠视觉仲裁的商品和艺术品。人们在评价印刷品质量的时候，总是不由自主地联想到美学、技术、一致性等三方面因素。

1. 美学因素

因为印刷品说到底是视觉产品，所以人们在对印刷品质量进行评价的时候，第一感受就是印刷品的美学效果。印刷品的美学效果主要跟工艺人员的设计水平有关。印刷品质量的美学因素，实际上是设计人员的想象力与创造力的体现。一个优秀的设计人员应该熟悉审美方面的设计准则，应该知道承印材料、油墨和印刷工艺等方面存在的技术制约，以便使印刷品产生优良的美学效果。

2. 技术因素

在完成了印刷品原稿的格式设计并确定了印刷方法、油墨与承印材料之后，能够对印刷质量产生影响的便是技术因素。技术因素就是在印刷生产的各个工序中，对印刷品质量产生影响的因素，在制版、印刷设备及印刷材料特性限定的范围内，尽可能忠实地再现出设计的内容。

印刷品质量的技术特性包括图像清晰度、色彩与阶调再现程度、光泽度和质感等各个方面。在这些技术特性因素中，有一些是可以用数量表示的，如色彩与阶调，在复制过程的各个工序里，人们对这些因素能够加以控制；有一些技术因素不能用数量表示，但可以用语言描述。例如为了获得最佳的印刷品质量，必须把出现龟纹的可能性压缩到最小程度，这就是用语言描述的形式；再如光泽度特性会因最终用途的不同而发生变化，为了提高文字印刷品的易读性，需要采用低光泽度的纸张，但为了使照相原稿的复制取得最好的反差，则又需要采用高光泽的纸张。

3. 一致性因素

一致性因素所涉及的问题是允许各个印张之间的变化可以有多大？这是印刷过程中质量稳定性方面的问题。随着印刷数量增加，印刷时间相应延长，在这段时间内，各种可变因素的加入，必然会反映到印刷质量上来。另外由于印版耐印力方面存在问题，有时候需要在中途更换印版，也可能由于纸张、橡皮布、印刷机方面的故障，不得不在中途停机，从而使原来的水墨平衡关系受到干扰，一旦重新印刷，其印刷质量就很难与先印的一致。

关于印刷品的各印张之间的变化，有以下几个方面应予说明。

（1）视觉的分辨能力　例如在标准观察距离上，加网线数为150L/in时，套准变化最大允许值为0.05mm。超出这个范围，视觉上就能观察出图像发生了变化。

（2）生产设备本身固有的特性会产生无法控制的图像变异　例如现有的胶印或凸印机的输墨机构不能保证印张上从前到后产生一致的密度，在同一印张上的密度变化可达0.15。

（3）容许的偏差极限　这需要根据产品的类型和客户的要求决定，例如报纸印刷就可以有较大的色彩变化，而化妆品或食品包装产品的颜色就不允许有较大的色差。

这种思考问题的方法是把人的视觉心理因素与复制工程中的物理因素综合在一起进行考虑的，也就是说既考虑印刷品的商品价值或艺术水平，也考虑印刷技术本身对印刷品质量的影响。但是实践证明，从商品价值或艺术角度评价印刷品质量的技术尚不完善。这样的评价往往不能可靠地表达印刷品的复制质量特性，只有从印刷技术的角度出发进行评定，才能正确地评价印刷品质量，取得统一。这种观点得到国内外大多数专家的赞同。

（二）影响印刷品质量的技术因素

关于印刷品复制的技术因素，我们可以从以下三个方面予以说明。

1. 机械的或者尺寸规格的因素

这些因素包括：印刷品的尺寸和外形、图像位置；没有脏迹、图像或非图像区附加的标记以及裁切、订书、模切、上胶或装订等印后加工的精确度。本节不再深入地探讨印刷品质量的机械特性，而将论述重点放在了另外几种外观因素上面。

2. 文字因素

最佳文字质量的定义是非常明确的，它必须没有下列各种物理缺陷：堆墨、字符破损、白点、边缘不清、或者脏点。而且文字笔画密度应该很高；笔画与字面宽度应该同设计人员绘制的原始字体相一致。

实际上，文字笔画密度受到能够印刷出来的墨层厚度的限制。在涂料纸上，黑墨的最大密度约为1.80左右，而在非涂料纸上，黑墨的最大密度约为1.50左右。字体笔画与字面宽度也受到墨层厚度的影响。墨层比较厚的时候，产生的变形就会比较大。在一定的墨层厚度条件下，为了获得最佳的复制效果，笔画宽度的变化范围应该保持在字体设计或者制造规范的5%以内，字符尺寸应保持在原稿规范的0.002in（0.050mm）范围以内。

3. 图像因素

黑白图像的质量特征与彩色图像的质量特征有某些相似。图像质量的基本特征可以分为以下几种：阶调与色彩再现、图像分辨率、斑点与故障图形以及表面特性。

（1）阶调与色彩再现　指画面的阶调平衡与色彩外观。对于黑白照片和黑白复制品来说，通常都用密度值来表示阶调再现的程度。对于彩色复制品来说，色相、饱和度与明度数值更具有实际意义。利用色差计，能够测量到上面这几种数值。

图画复制品与其他印刷图像不太一样，它是原景物或者美术品的再现。也就是说，它有实际的景物或者图像做比较。例如在印刷邮购目录时，多数时候需要尽可能地再现原稿。但在另外一些情况中，例如明信片印刷，则常常需要加强或者改变原稿色彩，才能够得到理想的效果。对于这类印刷品来说，复制出来的蓝色天空和水的蓝色通常比实际中的天空和水的蓝色要更饱和一些。

印刷装置具有的阶调与色彩再现能力受到使用的油墨与承印物以及实际印刷方法固有特性的影响，而且也常常受到经济方面的制约。

对于以图画为主题的印刷品来说，最佳复制就是在印刷装置的各种制约因素与能力极限之内，综合原稿主题的各种要求，产生出多数人都视为高质量印刷品的一种工艺。而对于黑白照片的阶调复制问题。从理论上来讲，印刷出来的复制品应该具有与原稿相同的密度范围。但是，黑白照片原稿的密度范围可达2.50，而在涂料纸上，能够印刷出来的最大密度很少能超过1.80或1.90。因此，需要采用折衷方法予以平衡。有学者研究发现，进行黑白复制时，究竟采用何种折衷方案，主要取决于原稿的类型。长调照片需要一种阶调复制曲线，而中调照片则又需要另外一种阶调复制曲线。图 5-1 与图 5-2 分别表示出这两种理想的复制曲线。

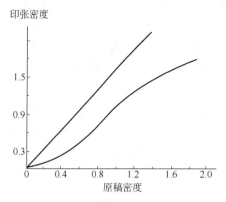

图 5-1　正常阶调（黑白）复制用理想阶调复制曲线

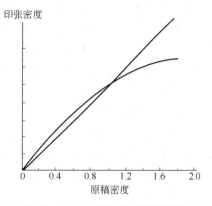

图 5-2　长调（黑白）复制用理想阶调复制曲线

有研究者使用"关键区（interest area）"这样一个术语来表示在复制过程中应予以特别重视的阶调区域。例如在亮调照片中，应该强调比较亮的阶调；而在中调照片中，则应该强调中间调至暗调部分。关键区应以大约 1.00 的反差系数进行复制。

当原稿阶调分布理想而复制尺寸明显地大于或小于原稿尺寸的时候，在复制过程中，必须对阶调作修正。人们普遍认为，阶调复制是彩色复制质量中最重要的一个方面。迄今为止，虽然人们还不知道最佳色相和最佳饱和度的质量标准，但是，根据以往的经验，已经开发出一些通用的规则。在美国跨学会色彩委员会（inter-society color council）举行的最佳彩色复制讨论会上，曾经报道了一些规则。这些通用的规则是：灰色梯尺应按中性进行复制；白种人皮肤阶调以轻度棕褐色较好；天空与水的颜色比实际稍蓝；其他色相应该准确地予以复制。

这时，如何匹配饱和度便成为彩色复制中的关键问题。实际上，可以等量压缩各种色彩，或者在丢失某一部分色彩信息的基础上，加强另一部分色彩。有时，为了使全部颜色的饱和度保持平衡，进行均衡地压缩可能比较好。但是，在另外一些情况中，例如产品的颜色，却宁愿冒饱和度不平衡的危险而喜欢调整分色方案与墨色平衡，以有利于特定的那种颜色。为了改善某些颜色的饱和度，必要时，可以使用五种或者六种颜色油墨。目前的实际情况是：在饱和度最佳复制这个问题上，至今还没有人人皆知的通用规则。

（2）最佳复制中的图像分辨率问题　包括分辨率（resolution）与清晰度（sharpness）两个方面。在印刷行业中，分辨率主要依靠网线数来决定。但是，网线数实际上又受承印物与印刷方法的制约。从实用角度来讲，人的眼睛能够分辨出的加网线数最细可达 250L/in，因此，最佳网线数应能达到这个极限值。此外，分辨率还受到套准变化的影响。影响清晰度的重要因素之一是阶调边缘上的反差，也就是较暗阶调与较亮阶调结合部的反差。在分色机上，通过电子增强能够调整图像的清晰度，但是，人们至今还不知道清晰度的最佳等级是什么。倘若增强太多，会使那些风景或肖像类的照片看起来与实际不符，可是像织物或机械类的印刷品却能从中受益。

（3）斑点与故障图形　既指像龟纹或杠子这样经常出现的故障图形，也指诸如粒度、水迹或斑点这样的随机故障图形，最佳印刷质量则要求所有这类图形尽量不出现。实际上，从技术角度来讲，除龟纹图形与颗粒图形之外人们可以使其他大多数斑点与故障图形不出现。

在加网印刷过程中，有些龟纹图形（如玫瑰斑）是正常的。当网线比较精细时，几乎看不出这种图形。但是，倘若网线角度发生轻微变化，或者在印刷机上出现"重影（doubling）"时，就会产生不好的龟纹图形。影响图像粒度的因素有：原稿照片的粒度、中间照相工序的粒度、放大倍数、印版砂目、纸张平滑度以及油墨传递特性。只有当图像无明显颗粒时，才称得上印刷质量为最佳。尽可能地减少上述诸因素的影响，便可降低颗粒度。滋墨也是故障图形的一种表现形式。引起滋墨的主要原因是纸张特性，尤其是纸张的吸收性与纸张结构，而与印刷方法有关的原因则在其次。

（4）表面特性　包括光泽度、纹理和平整度。对光泽度的要求依据原稿性质与印刷图像的最终用途而定。一般说来，使用高光泽的纸张复制照片原稿，效果最佳。在实际印刷中，有时需要使用亮光油来增强主题图像的光泽。光泽程度高，会降低表面的光散射，从而增强色饱和度与明度。然而，用高光泽的纸来复制水彩画或者铅笔画时，效果并不太好，这时，使用非涂料纸或者无光涂料纸，却可产生较好的复制效果。为了使照片图像获得最佳的复制效果，通常应该避免使用有纹理的纸或者装饰品，尽管它们能够使印刷品富于触感，目标突出。纸张的纹理会在某种程度上损坏图像进而给设计人员或客户造成混乱。使用非涂料纸复制美术品时，这种纸张的原有纹理会使印刷品产生更接近于原稿的感觉。印刷品质量的平整度特征是指会破坏纸张表面诸如起泡、起毛等各种缺陷，最佳复制则要求实现完美的平整度。

总之，影响印刷过程顺利进行和印刷质量的因素是错综复杂的，这些因素互相作用、互相影响，不论哪一个因素发生问题，均能反映到印刷质量上来，如图 5-3 所示。因此必须掌

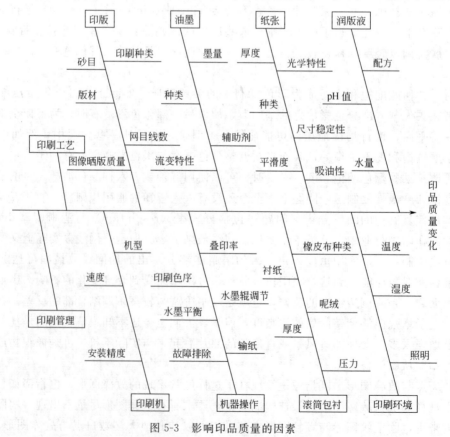

图 5-3　影响印品质量的因素

握和控制印刷过程的各个环节，采用合理的评价方法，借助各种控制工具如梯尺、信号条、控制条等，以及测试仪器，配合各种图表，将视觉评价和客观数据相结合，控制和管理印刷质量。

（三）印刷品质量的主要控制因素

在影响印品质量的众多因素中，在实际生产中主要控制的因素有：印刷工艺、印刷色序和叠印率、实地密度（着墨量）、网点增大、灰平衡等。

1. 印刷工艺

从第三章的叙述中不难发现，一种印刷效果往往可以通过不同的印刷方式、不同的印刷材料来实现。为了得到一个高质量的印刷品，印刷工艺很重要。印刷工艺的确定必须根据印刷生产各工艺方法集中表现的质量特征，结合印刷品的特点、质量要求和设备状况，选择合理的工艺方法，设计正确有效的生产工艺路线。它是印前设计、分色技术、印刷材料和所有印刷工序的综合。如果印刷工艺某一环节选择不当，就可能导致生产效率下降，甚至出现印刷质量问题。例如某一印刷品需要先上光后烫金，而上光油选择不当，就可能直接导致无法烫印，从而造成极大的经济损失。

优化印刷工艺的最终目标是用规定的材料在保证成本最低的情况下生产出尽可能好的印刷品，产品应当有稳定的色彩再现精度、反差和清晰度。对于连续生产的一批产品来说，产品应当有一致的视觉效果。

2. 印刷色序和叠印率

对于多色印刷机来说，什么样的色序最好？传统的黄、品红、青、黑色序已逐渐被淘汰。由于四色印刷机的出现，已开始采用青、品红、黄色序，黑色有时安排在前，有时安排在后。

传统印刷工艺之所以采用黄、品红、青色序，是因为当时黄墨是最不透明的，遮盖力很强，因而不得不先印黄墨，否则，会对叠印色产生很大的影响。现在生产的黄油墨透明性是比较好的，降低了它对叠印色的影响，而且实地密度成为四色机上控制色彩、网点增大和油墨叠印的一个重要参数，为了保证印刷反差和最佳实地密度，新的青、品红、黄、黑（或黑、青、品红、黄色序）成为普遍采用的色序。

为了得到精确的叠印色彩，印刷机操作者通过调节油墨密度，对油墨黏度、流动性、网点增大等参数的控制进行补偿。但所有这些参数在印刷过程中都是变化的，使油墨密度的控制变得困难，对叠印色的色相、明度、饱和度产生不良影响。网目调网点的组合状态、印刷色序对叠印色也产生影响，因为它们都与油墨叠印率（trapping percentage）有关。叠印率的计算公式为

叠印率＝[（二次色叠印实地密度－第一色实地密度）/第二色实地密度]×100%　（5-1）

测量时要用后印油墨的补色滤色片进行。对叠印率的控制可以保证间色的复制质量。

3. 实地密度（着墨量）

（1）实地密度（solid density）　均匀且无空白地印刷出来的表面颜色密度称为实地密度，着墨量和实地密度之间存在着密切的关系。通常，实地密度是用一般密度计测得的，所以是墨层平均厚度、墨层表面状态等的综合性影响的结果。在实地密度值较低的范围内，实地覆盖率是影响实地密度大小的主要因素。如果实地覆盖率达到饱和，墨层厚度的影响便突现出来，随着墨层较薄部分厚度渐增，墨层厚度趋于均匀，因而实地密度上升。而当实地密度值高到一定程度之后，油墨表面的平滑性，对实地密度值产生影响。

实地部位的密度和色彩与网点覆盖率共同构成影响图像再现的主要因素。实地部位的密度越高，在单色印刷中阶调范围越宽，在彩色印刷中色彩再现的范围越宽。

（2）最佳实地密度（optimal solid density）与相对反差（contrast factor）　在对印刷图像质量测控技术的研究中，德国印刷研究协会提出用相对反差，即 K 值作为控制实地密度和网点增大的技术参数。其计算公式为

$$K = (D_s - D_t)/D_s \qquad\qquad (5\text{-}2)$$

该式主要是表示人的视觉对比度，它确定了单色实地密度 D_s 和网点密度 D_t 之间的关系。

印刷中总希望印刷色彩饱和鲜明，这就必须印足墨量，但是墨量不允许无限制地增加，当墨量增大到一定程度，密度上升缓慢或几乎不再增加，而导致网点不断增大。网点的积分密度提高，使图像的视觉反差降低，这样的物理过程可以用上面计算 K 值的公式量化描述。该式反映了实地密度和网点密度之间在实地密度变化过程中所产生的反差效果。在墨层较薄时，随着实地密度的增加 K 值渐增，图像的相对反差逐渐增大；当实地密度达到某一数值后，K 值就开始从某一峰值向下跌落，图像开始变得浓重，层次减少，反差降低。所以，实地密度的标准，应以印刷图像反差良好，网点增大适宜为度，从数据规律看，应以相对反差（K 值）最大时的实地密度值作为最佳实地密度。

（3）油墨量的控制方法　就印刷工艺变量而言，印刷压力的变化和转移到纸张上的油墨量是诸多变量中影响网点密度和网点覆盖率变化的首要因素。印刷压力和供墨量（墨层厚度）都影响网点增大和网点变形，但对于图像外观影响的表现形式不同。一般情况下，印刷压力的微小变化在整个印刷图像上都会产生反应，视觉上比较容易觉察，而油墨量的变化主要影响暗调反差的变化，中调次之，对于高光部位的影响不明显，视觉上不易觉察。所以在印刷过程中，必须对供墨量（墨层厚度）加以控制，这已成为印刷机调整和自动控制的主要项目。

通过改变墨层厚度测量纸张上印刷油墨层的光学密度可以得到油墨厚度与其光学密度的关系曲线，如图 5-4 所示，它能够反映纸张和油墨的性质，在有些情况下还能反映出印刷条件的不同。

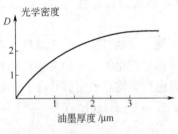

图 5-4　油墨厚度与光学
密度的关系曲线

由图 5-4 可知，从某一个墨层厚度开始，即使继续增加墨层厚度，油墨密度也不再提高，而总是反射一定量的光，因此通过控制相对反差确定最佳实地密度时的油墨量就是实际印刷过程所需要的墨量。

4. 网点增大（dot gain）

真正的印刷网点增大应是印刷品上的网点面积与印版上的网点面积的差值，可是由于印版反差小等原因，印版上的网点面积检测困难，因此长期以来网点增大定义为印品上的网点面积与胶片上的网点面积之差。网点增大分为两种：几何增大和光学增大。在印刷黑白或彩色网目调图像时，网点增大会改变画面反差并引起图像细节与清晰度的损失。在多色印刷中，网点增大会导致反差丢失、图像变暗、网点糊死并引起急剧的色彩变化。

在平版胶印刷工艺中，网点增大对复制色相变化的影响比任何其他变量都大。在纸张上印刷的油墨量会影响网点增大，而网点增大则影响印刷反差。当墨量过大时，实地密度不适当地增大，网点会增大过量，K 值下降，这时，油墨本身的饱和度较好，但层次和清晰度受到损害。如果墨量过小，实地密度不饱和，K 值同样下降，这时，网点的增大率虽小，

清晰度也不错，但油墨墨色欠饱和，整个图像显得没有精神，影响质量。为了控制网点增大，必须优化实地密度。

5. 灰平衡（gray balance）

灰平衡是指青、品、黄的半色调网点组合，形成用于特定印刷机、纸张、油墨组合的中性灰色调。理解一定印刷机、纸张、油墨组合的灰平衡是很重要的，它提示分色和印刷人员注意在分色过程中对颜色进行校正。灰平衡印刷质量测控条对印刷机操作者和管理员来说尤为重要，因为如果这三种颜色产生偏红、偏蓝或偏黄，与相同视觉色度密度值的墨色相比有些偏重或偏轻的时候，便可进行测量，追寻出这一不利变化的根源。

虽然灰平衡对于每台印刷机都不相同，对每卷纸、每批生产的油墨都有差别，但经过调查研究和经验表明，从整个市场中归纳出的参考数值还有其可用性。在表 5-1 中列出在市场中可能得到的达到灰平衡时各色油墨的比例。表中的灰平衡值是推荐使用值，并不是标准或规范。

表 5-1　灰平衡参考数据

视觉上的灰平衡百分比	25%	50%	75%
青	25%	50%	75%
品红	16%	39%	63%
黄	16%	39%	63%

6. 印刷质量管理

一个公司若想在同行中站住脚，就必须将取样、测量、评价以及管理等方面所消耗的成本都纳入标价单或估价单中。在这些方面，保证并提高印刷品的质量，并不是无代价的。应当被纳入最终价格里的其他成本还包括：设备保养费、人员培训费以及原材料检查费。工厂若想提高产品质量，需要经常考虑这些成本费用。对于一个印刷厂来说，如果想要提高印刷品的质量等级，或者提高印刷品一致性的等级，那么，管理部门应普遍关心印刷品质量这个问题，并且首先了解究竟什么样的质量特征能够对总体印刷品质量产生影响。质量管理中的第二步是确定为说明关键的质量特征所必须使用的各种测试图像、测量仪器与评价方法的种类。在确定印刷品质量特征的控制极限时，必须顾及到该种印刷品的经济与时间制约因素。如果极限范围规定得比较狭窄，通常要分析比较多的样品，这样，需要的检验成本就比较高，生产时间就比较长，而且还要提高印刷品的拒受等级。由此可见，考虑质量这个问题，无疑是每个公司经营策略中的一个组成部分。

由于印刷品的种类繁多，客户对于印刷品质量的要求也不尽一样，所以，要想系统地制定出一套标准的印刷品质量规范是非常困难的。因此，印刷厂必须以他人已有的工具、技术和知识做依据，制定出自己的质量管理方法。

三、印品质量的评价方法

评价印刷质量优劣的方法取决于人对各种印刷品的视觉感应，通常以目视为主或借助器具进行微观检查，结合印刷质量标准进行鉴定。可分为主观评价、客观评价和综合评价。

（一）主观评价方法

主观评价是指由人而不是使用仪器来评价印品质量的方法。印刷作业的主要目的是生产某种能够阅读或观看的印刷品，因而其质量高低是通过视觉观察予以评价的。从这个层面上讲，印刷品的最终质量判断方式往往是以主观性为主。在此不仅不需要使用仪器，它还意味着，为研究印刷品质量而设计出来的仪器实验无论如何发展，它的测量结果必须永远接受人的视觉感受的检验。从某种程度上讲，印品质量精度如果超出人的视觉灵敏度范围，对于绝大多数应用而言是没有意义的。所以应该做的是努力将简单而快速的印刷品质量测量仪器和人的视觉系统相结合起来，而且这些仪器设计时也常常更多地模拟人的视觉系统的特性。

1. 主观评价的特性

由于主观评价是以复制品的原稿为基础，以印刷质量标准为依据，对照样张，根据评价者的心理印象进行评价的，它会随着评价者的身份、性别、爱好的不同而产生很大的差别，具有主观性、局限性和不一致性。因此在评价时，要求评判员必须具有较高的综合素质，要求他们严格根据自己的专业水平，通过专业的视觉感受来相对客观地进行评价。对于不同种类的印刷品，应考虑顾客或消费者的心理，诸如美感、印刷精度等应制定相应的特定标准，要求评判员尽可能的公正评判。主观评价方法还常常受到地点、环境的状况以及评价者心理状态等因素的影响，评价结果对印刷的某一品质可能容易达到统一，而对综合性的全面品质却很难达成一致的意见，只能得到大体相同的结论，结果的重复可靠性也常常受到质疑。这种评价方法虽然已在相当长的历史阶段中发挥了重要作用，但是随着科学技术的发展和检测手段的完善，最终会扬弃。

2. 主观评价的常用方法

主观评价法常用的有目视评价方法和定性指标评价方法。目视评价方法是指在相同的评价环境条件下（如光源、照度一致），由多个有经验的管理人员、技术人员和用户来观察原稿和印刷品，对各个印刷品按优、良、中、差分等级，并统计各分级的频数，再综合计算出评价结果。定性指标评价方法是指按一定的定性指标，并列出每个指标对质量（色彩、层次和清晰度三个方面）影响的重要因素，由多个有经验的评价人员评分，最后进行总分统计，其质量评定见表 5-2。其中，C 代表颜色，T 代表层次，S 代表清晰度。

表 5-2 印刷品质量评定

评价指标	质量因素重要性排名	得分	评价指标	质量因素重要性排名	得分
质感	STC		反差	TCS	
高调	TSC		光泽	SCT	
中间调	TSC		颜色匹配	CTS	
暗调	TSC		肤色	CTS	
清晰度	STC		外(表)观	CTS	
柔和	TSC		层次损失	TSC	
鲜明	CST		中性灰	CTS	

按质量因素重要性加权，加权系数第一位为 2.5，第二位为 2.0，第三位为 1.5。C、T、S 都有优、良、差三级，其中优为原值，良为原值减去 0.5，差为原值减去 1.0。综合评定值 W 按下式计算

$$W = \sum K_1 C_i + \sum K_2 T_i + \sum K_3 S_i \tag{5-3}$$

其中，$K_1 + K_2 + K_3 = 1$。

具体评价的步骤为：先根据样张的相似性对样张进行分组，并给各个组标明一个唯一的数字，该数字可以代表该组在所有组中质量好坏的排列顺序；然后在各个组中再对样张进行比较分析，最后得出质量最好的样张。不过不同图像内容的样张之间的可比性差。这时，应该尽可能考虑顾客的喜好程度，在同种样张之间进行比较分析。

3. 主观评价观察的要求

影响主观评价的客观因素主要有照明条件、观察条件和环境、背景色等。为了避免色彩复制效果的评价错误，一般在产品复制过程中要求使用稳定的观察条件，尤其是光源。

在印刷复制环节中，要保证稳定一致的观察条件的关键因素是照明光源的光谱能量分布，照明光源的发光强度和均匀度，观察环境条件（包括观察环境和照明环境两部分内容）和照明环境的稳定性。

（1）标准观察的照明条件　国标规定观察透射样品采用色温为 5000K 的 D50 光源，观察反射样品采用色温为 6504K 的 D65 光源，并且该光源的显色指数（color rendering index，CRI）要在 90 以上。

（2）标准观察角度　根据国标，只有两种观察角度是正确的，在评判时可以使用。一种是：零度光源及 45°观察（0°/45°），即光源从零度（垂直）入射角照射在试品上，而观察者则以 45°的方位来观察试品；另一种为 45°光源及零度观察（45°/0°），以这种方式观察时需要使用特定的 45°斜台，使光源从 45°照射在试品上，观察者从零度（垂直）方向观察试品。评价时观察者、光源、试样等的相互位置安排要考虑耀眼的光不会进入观察者的眼中。

（3）标准观察的环境条件　评价印刷品的地点和环境条件的不同会得出不同的观察结果。例如，亮度的绝对值大小和周围亮度的关系会给辨别图像的能力带来影响，如果背景改变，同一件印刷品也会给人以不同的感觉，如果再加上颜色因素的影响，就更加复杂了。由此可见，即使同一印刷品，在不同环境如办公室、客厅、生产车间也会得出不同结果。

上述前两种方法中，无论是使用哪一种方法来观察，都必须注意使印刷品尽可能放在光源中间，以减少外界光源的影响。另外，在需要比较两件或两件以上印刷品的颜色时，应该尽可能不要将它们重叠起来观看，最好并排放在光源下进行观察，而且印刷车间的看样台也必须符合要求，以便正确识别颜色。

（二）**客观评价方法**

采用仪器对印品质量进行检测评价的方法称为客观评价方法。为了进行标准化的印刷生产和质量管理，需要将印刷品的主观评价描述转换成可以进行检测和控制的物理量，同时，还必须引入客观评价的方法以及将客观评价的数据与主观评价的各种因素相对照，从而形成综合评价方法。

客观评价方法在具体实施时是利用适当的检测手段对印刷品的各个质量特征进行测量，并用数据加以表示。客观评价可以用定量数据来反映印刷品的各个质量特征，使印刷的各工序有统一的标准，减少作业过程中的错误，有利于对整个作业流程进行质量管理，从而能够有效地稳定印刷品的质量。从前面叙述可知，对于彩色图像来说，印刷质量的评价内容主要包括色彩再现、阶调层次再现、清晰度和分辨率、网点的微观质量和质量稳定性等方面的内容。可使用密度计、分光光度计、控制条、图像摄影及扫描技术等测得这些质量参数。因为印刷质量参数很少是独立变量，每个质量因素对图像评价效果的影响不同，在评价中应考虑各个质量参数的"加权值"。

在使用仪器进行测量时一定要注意使用条件及注意事项，以保证其正常的工作状态。另外，特别要注意不同测量条件下的结果差异，比如说不同厂家、不同型号及测试时的不同视场等。

关于印品质量客观评价的具体方法将在下一节中详细论述。

（三）**综合评价方法**

由于用主观评价方法评价印刷质量存在诸多问题，因此，需要结合客观的测量评价方法一起实施综合评价。

综合评价方法的思路是以客观评价手段获得的数据为基础，与主观评价的各种因素相互参照后，得到共同的评价标准，然后将数据通过计算、作表，得出印刷质量的综合评价分值。使用印刷质量综合评价方法的基础在于主观评价方面存在着共识，也就是说印刷质量专家与大多数人在主观印象上存在着一致性。

目前较常用的方法多是将影响印刷适性的若干因素如反射密度、清晰度、不均匀性等作为一种指标加以考虑，并通过印刷适性仪、反射密度计以及标准材料等求得具体数值，即采用所谓的印刷适性指数法。此外，还可用数理统计方法，将想要评价的印刷品按主观、客观几个方面来排列顺序，最后取其相关数值作为使用的最佳印刷品的指数。对于大多数情况，这些评价方法能够得到一致或者说接近一致的结果，因此可以作为参考。

第二节　密度及色度测量原理与应用

由于印刷业从属于信息传播产业，80％以上的信息是通过人的视觉传播的，信息传播的效果取决于对象物体通过光学现象产生的颜色信息，因此，对印刷品的测量方法以光学方式进行，颜色的深浅可用密度测量，而色彩的度量必须用色度测量方法。在研究优质印刷品的时候，要涉及到纸张、油墨、印刷机以及印刷条件。

在测定印刷品的质量因素时，可以结合采用各种测试用图像、仪器和目视检查方法。利用这些测试用图像，能够查出或者突出印刷品质量的一种或多种特征。表5-3列出了各种测试用图像及其所控制的质量特征。表5-4列出了各种测量仪器及它们能够测量的质量因素。使用高速印刷机的时候，在调机的有效时间之内，用仪器来测量印刷品质量，有时是做不到的。遇到这种情况，则应将目视检查法与测试用图像结合使用，以评价印刷品质量。出自统计方面的需要，可以挑选一些样品，再用仪器进行脱机测量。表5-5列出常用的联机高速目视检查评定方法。

表 5-3　检测印刷品质量的测试用图像

印刷品质量因素	测试用图像	一致性因素	测试用图像
阶调复制	GATF 灰梯尺、柯达灰梯尺	颜色（墨层厚度）	GATF、RIT、Brunner、Gretag 彩色控制条
灰平衡（色平衡）	GATF 或 RIT 灰平衡图	打样	GATF 彩色打样条
颜色校正（油墨）	GATF 或 RIT 彩色复制指南	阶调复制	柯达灰梯尺（只限于照相工序）
颜色准确度	FOSS 色序系统	分辨率	GATF 星标
套准	GATF 游标	套准	GATF 游标
分辨率、字画宽度	GATF 星标	网目图形	角度指示计（只用于胶片图像）
杠子	GATF 梯形标		

注：GATF 为美国印刷技术基金会，RIT 为美国罗切斯特工学院。

表 5-4　检测印刷品质量与一致性因素用的各种测量设备

印刷品质量因素	测量仪器	印刷品质量因素	测量仪器
阶调复制	密度计	位置	游动标尺
颜色、实地与色调	色度计	文字密度	显微密度计
分辨率	显微镜	印刷品一致性因素	密度计及色度计
光泽度	光泽测量仪	油墨密度（墨层厚度）	密度计

表 5-5　监视印刷品质量与一致性因素用的各种目视检查方法

印刷品质量与一致性因素	检查方法	印刷品质量与一致性因素	检查方法
清晰度	在标准距离上观察	水迹	用 10 倍放大镜分析暗调的主边缘
龟纹	在标准距离上观察	斑点	用低倍数(3 倍)放大镜分析图像
套准	用 10 倍放大镜分析图像细节	平整度	用折射照视法分析单张值
杠子	分析暗调区域		

在检查印刷品质量时，尤其是在检查彩色复制品的质量时，必须使用标准的观察条件。大多数国家制定的印刷业使用的标准观察条件是：光源色温 5000K，显色指数 90；光强 2000±500lx；中性色环境孟塞尔 N6。

一、密度测量（densitometric measurement）**原理及应用**

在光线与物体相互作用过程中一般会发生透射、反射、选择性吸收等物理现象。

光的反射现象可用反射率来度量。当一束光线射向一个不透明物体时，将有部分光被物体表面吸收，另一部分被反射，反射时有定向反射和漫反射等形式。反射光通量同入射光通量的比值与入射光通量大小无关，而仅与物体表面特性有关。反射密度可定义为表面吸收入射光的比例。假设入射光通量为 ϕ_0，反射光通量为 ϕ_r，则

$$反射率\ \beta = \frac{\phi_r}{\phi_0}$$

$$反射密度\ D_r = \lg \frac{1}{\beta} \tag{5-4}$$

光的透射现象可用透射率来度量。一束光射向透射物体时将有部分光被吸收，另一部分光透射出来，其透射光通量和入射光通量的比值称为透射率。若透射光通量为 ϕ_t，入射光通量为 ϕ_0，则

$$透射率\ T = \frac{\phi_t}{\phi_0}$$

$$透射密度\ D_t = \lg \frac{1}{T} \tag{5-5}$$

密度测量方法是印刷复制中最经济、使用最广泛的测量方法。密度计是密度测量仪器。有两种不同的密度计：透射密度计用于测量透射原稿和分色胶片，得到胶片的不透明度；反射密度计用于对印刷品或反射原稿进行评定。为了保证透射密度测量的准确性和一致性，透射密度测量时应满足如下几何条件：入射光必须能够从半空间体均匀地射向被测试物体上，并且只测定垂直通过被测试物体的光线。

反射密度计结构原理如图 5-5 所示，使用相应的滤光片把测量值限定在可见光谱的部分波长范围内。从图中可清楚看出这种测量仪器的结构。按规定印刷试样被一个标准光源以 0°角照射，以 45°角反射回来的光通过一个光电元件而被测量，这种测量叫做 0°/45°几何测量法，同样

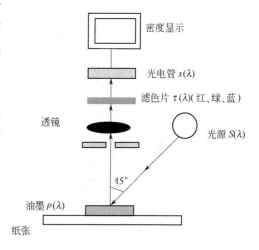

图 5-5　反射密度计结构原理

也可以用 45°入射光/0°反射光进行测量。在测量时，内设光源照亮待测的油墨，光束射入油墨层，部分光被油墨吸收，剩下的光被油墨层下方的纸基散射，并再次通过油墨层反射回来，这部分光被测量装置接收，并被转换为电能，通过对数计算得到色密度值。图 5-5 中偏振滤光片的栅格结构只允许某个振动方向的入射光通过，从而抑止湿墨表面光泽的影响，使得测量干、湿油墨时结果一致。

密度测量系统应使密度计的光谱响应能准确地模拟人眼的视觉特性，并弥补人眼不能量化的缺陷，同时在光学设计中还必须满足其几何条件。但是无论哪一种几何条件下都只能测量一部分反（透）射光通量，而反（透）射率的计算需要全部的反（透）射光通量。实际测量过程中通过比较被测物体的亮度 L_m 和某一基准区域亮度 L_0 来测得。亮度系数 α 表示物体测量区域的亮度 L_m 和某一基准区域亮度 L_0 的比值，即：$\alpha \approx L_m/L_0$。基准区域表面的特性应接近于理想的无光白色表面，即应符合规定的硫酸钡-印刷质量测控标准白。在测量各种不同的白色表面（如各种纸张表面）的亮度系数（或反射率）时，这种标准白色就可以作为基准区域。如果要测量某表面亮度系数的绝对值，只要把测量表面与印刷质量测控标准白的亮度加以比较就可以了。研究表明：在相同的光学条件下，反射率和亮度系数的数值近似相等，即：$\beta \approx \alpha$。反射密度计就是根据这个原理来测定反射密度的，反射密度计的本质是把测量区域的亮度和某种基准区域的亮度加以比较。

由于密度计使用方便、价格低，因此在印刷技术中，彩色密度测量技术被广泛地应用于打样和印刷工序中的各个环节，如色彩检查，印刷样本的色彩评价，多色印刷中标准油墨的评价及校色，其测量值可用于计算墨层厚度、网点百分比、网点扩大、色强度等，进而用来评价油墨的色相、灰度、透明度等。在应用时应满足国家标准中规定的光学条件，而且，密度计必须经过低端标定、高端标定以及线形标定以保证测量值的正确性和稳定性。

由于彩色密度值实际反映的是测量面通过红、绿、蓝滤色片观测时对相应色光的吸收程度，它是一个相对值，并不能真实地反映实际颜色的具体信息。也就是说，密度值相等并不能说明颜色相同，而且，由于测量精度的影响，用精度为 1% 的密度计测量小反差表面（如印版表面）及亮调区域时往往产生不确定性误差。

二、色度测量（spectral color measurement）**原理及应用**

印刷工业是颜色复制工业，在生产过程中对色彩进行精确的控制是保证颜色正确复制的前提。在这个复杂的过程中，涉及到叠印色、同色异谱色、彩色图像色差、油墨偏色等的测量均须用色度方法进行。这种测量跟人眼的光谱灵敏度密切相关，并提供 CIE 表色系统参数。

（一）光谱三刺激值

由于色度学的建立，颜色能以统一的标准做定量的描述和控制。在色度学中，一个物体的颜色可由它的三刺激值（或三刺激值的导出量）来表示，CIE1931XYZ 系统的光谱三刺激值曲线如图 5-6 所示。

物体色彩感觉形成的四大要素是光源、颜色物体、眼睛和大脑，匹配物体反射色光所需要的红、绿、蓝三原色数量称为物体色三刺激值，在 CIE1931 标准色度系统中表示为 X、Y、Z 值，也

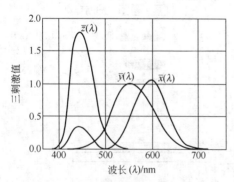

图 5-6 CIE 规定的光谱三刺激值

就是物体色的色度值。物体色三刺激值的计算涉及到光源光谱相对能量分布 $S(\lambda)$、物体表面分光反射曲线 $\rho(\lambda)$ 和人眼的颜色视觉特征参数 $\bar{x}(\lambda)$、$\bar{y}(\lambda)$、$\bar{z}(\lambda)$（光谱三刺激值），即

$$X = K\int_{\lambda} S(\lambda) \cdot \rho(\lambda) \cdot \bar{x}(\lambda) \cdot d(\lambda)$$

$$Y = K\int_{\lambda} S(\lambda) \cdot \rho(\lambda) \cdot \bar{y}(\lambda) \cdot d(\lambda) \tag{5-6}$$

$$Z = K\int_{\lambda} S(\lambda) \cdot \rho(\lambda) \cdot \bar{z}(\lambda) \cdot d(\lambda)$$

式中，K 为调整因数；Y 刺激值既表示原色 Y 的相对数量，又代表物体色的亮度因数。

上式表明当光源 $S(\lambda)$ 或者物体 $\rho(\lambda)$ 发生变化时，物体的颜色 X、Y、Z 随即也发生变化，因此上式是一种最基本、最精确的颜色测量及描述方法，是现代色彩测量软件的基础。

对于照明光源而言，光源三刺激值（X_0，Y_0，Z_0）的计算仅涉及到光源的相对光谱能量分布 $S(\lambda)$ 和人眼的颜色视觉特征参数，因此光源的三刺激值可以表示为

$$X_0 = K\int_{\lambda} S(\lambda) \cdot \bar{x}(\lambda) \cdot d(\lambda)$$

$$Y_0 = K\int_{\lambda} S(\lambda) \cdot \bar{y}(\lambda) \cdot d(\lambda) \tag{5-7}$$

$$Z_0 = K\int_{\lambda} S(\lambda) \cdot \bar{z}(\lambda) \cdot d(\lambda)$$

为了便于比较不同光源的色度，将 Y_0 调整到 100，即 $Y_0 = 100$。从而调整因数

$$K = 100 \Big/ \left[\int_{380}^{780} S(\lambda) \cdot \bar{y}(\lambda) \cdot d(\lambda) \right] \tag{5-8}$$

将上式代入式（5-3）即可得到物体色的色度值。所以知道了照明光源（通常使用标准光源）的相对光谱能量分布 $S(\lambda)$ 及物体的光谱反射率 $\rho(\lambda)$，物体的颜色就可以用色度值 X、Y、Z 来精确地定量描述了。

从以上叙述可知，由物体（印品）表面的光谱反射曲线计算 X、Y、Z 三刺激值，涉及到光源能量分布、物体表面反射性能和人眼颜色视特征参数，物体表面的颜色受照射光源能量分布的影响，因此在测量物体表面色彩或分光曲线时，应首先说明所使用的光源。为了统一颜色测量标准，CIE 规定了 A、B、C、D_{65} 四种标准照明体和实现这种标准照明体的 CIE 标准光源或常用光源。

CIE 标准光源 A：钨丝灯光，其色温为 2855.6K。

CIE 标准光源 B：钨丝灯光经一组特定的液体滤光器过滤后得到的色光，其色温是 4874K，表示中午平均直射阳光。

CIE 标准光源 C：钨丝灯光经另一组特定的液体滤光器过滤后得到的光，其色温是 6744K，表示北方天空的日光（阴天的日光）。

常用光源 D_{65}：一系列 D 光源中的一种，色温为 6500K，表示平均的白天日光。D_{65} 光源定义的光谱范围是 $300 \sim 830$nm，包含紫外光。因为在印刷工业中使用的许多油墨和纸张包含荧光材料，因此 D_{65} 光源的使用就非常重要。图 5-7 是它们的相对能量分布曲线。在印刷工业中，观察原稿类的透射样本时推荐使用 D_{50} 光源，观察反射样本推荐用 D_{65} 光源，两者色温不同。

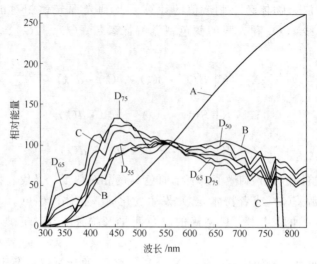

图 5-7　标准光源相对光谱能量分布曲线

（二）色度测量原理与方法

色度测量方法主要有两种。第一种是利用光电色度计测色的方法，第二种是利用分光光度计测量色彩的方法。

1. 色度计测量法

光电色度计在原理上非常类似于密度计，其外观、操作方法及价格也跟密度计相近。色度计很像人的视觉系统，通过直接测量得到与颜色三刺激值成比例的仪器响应数值，直接换算出颜色的三刺激值。色度计获得三刺激值的方法是由仪器内部的光学模拟积分来完成的，也就是用滤色器来校正仪器光源和探测元件的光谱特性，使输出电信号大小正比于颜色的三刺激值，所以与人眼的视觉协调。目前，先进的色度计内部装有计算机及多组滤色片，模拟的分色效果与人眼非常接近，测量精度在一些区域内达到千分之一。色度计的光谱成分被认为跟人的视觉灵敏度有良好的线性关系，但事实上这是不可能的（涉及到卢瑟条件问题），因此光电色度计在原理上存在误差。

2. 分光光度计测量法

正像三滤色片光电色度计可看成是一个专门的反射率测量仪器一样，分光光度计也可以这样看，但它与光电色度计不同，分光光度计测量的是一个物体的整个可见反射光谱，它是在可见光谱域逐点测量，即在由滤色片或衍射光栅分光得到的各波段的一些离散点上进行测量，通常每隔 10nm 或 20nm 测量一个点，在 $400\sim700$mm 的范围内测量 $16\sim31$ 个点，再用式（5-6）进行求和得到三刺激值。有些分光光度计是连续地对光谱进行测量，而三滤色片光电色度计只对三个点进行测量，所以分光光度计能提供的颜色信息多，测量值精确。

图 5-8 和图 5-9 分别是分光光度计光路简图和结构原理图。分光光度计跟眼睛不同，眼睛是同时在感受的全部波长上评价接受的光能，而反射曲线的测量必须逐波长地进行。这就必须把光源的光在各个波长上进行分解，这既可以在照射样本之前分解成单色光，也可以在从样本上反射之后进行分解。几乎所有的新型仪器都按后一种方式工作，只有这样才能对具有荧光性质的样本进行正确的测量。

由图可知，分光光度计的主要组成部分为：光源、积分球元件、光的色散元件和光传感

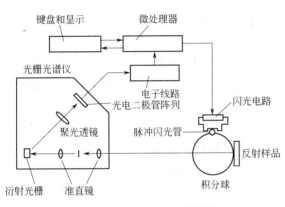

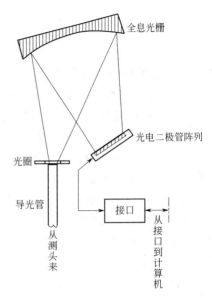

图 5-8　分光光度计光路简图　　　　　图 5-9　分光光度计结构原理图

器。在使用时，应特别注意实现色彩测量标准化的三个主要因素：照明、观测的几何条件、标准白。

（三）色度测量方法的应用

色度测量方法的应用包括：根据分光光度计测得的光谱反射率可以计算密度值和色度值（但是反向计算是不正确的）；可以分析同色异谱现象；指导油墨配色；新型分光光度计还可以把分光光度计测量的数据直接转换成其他表色系统的参数。对于淡色调和灰色区域出现的微小色差或色偏，通过色度测量可以方便地进行控制。

在印刷工业中，由于色度测量值与观察者对色彩的主观感知相一致，色度测量的研究对正确的色彩控制、理解色彩的处理、油墨等产品的生产和仪器设计都是有用的，色度测量有一些明显的优点。

目前，色度测量在印刷工业中的应用主要在如下方面。

① 原材料的质量控制，尤其是油墨和纸张的控制，在有些印刷厂，这已经成为例行的工作。分光光度数据对纸张白度的测量是很有价值的。

② 精确制定油墨、纸张的标准规范。

③ 灰平衡的分析测量、最佳阶调复制及针对不同油墨、纸张和印刷条件的校色。

④ 分析打样样张的色彩和印刷用纸的匹配情况，分析预打样工艺中所用颜料的色度特性。

⑤ 分析一套油墨再现的色域和各套油墨再现色域的不同。

⑥ 分析原稿和复制图像之间的关系。

⑦ 采用色度测量规范，提高标准化生产的程度，以达到节省材料、减少差错、提高产品质量的目的。

⑧ 印刷色彩的界定和质量控制。

⑨ 分析匹配专色的颜料的组成。

⑩ 在分色设备上进行精确校色，在印刷机上控制色彩复制。

第三节　印刷质量测控技术

一、标准印刷质量测控条

（一）印刷测控条的概念、原理及作用

印刷测控条是用已知特定面积的几何图形作为参考物测控印品质量，是供目测、测量、计算、专家鉴定使用的检验印品质量的工具。

美国印刷工业协会将色彩控制条定义为"用来测量如网点扩大、密度、重影、双影、反差和套印等印刷品性质的检测用条状样品"。它从广义上定义了印刷测控条在从制版到印刷整个印刷生产工艺中对色彩进行测量和控制的性能。

印刷测控条的测控原理如下：网点面积的增大与网点边缘的总周长成正比；利用几何图形面积相等、阴阳相反来测控网点的转移变化；辐射状图形变化时，圆心处变化显著；利用等宽或不等宽的折线测控水平和垂直方位的变化；利用等距同心圆测控任意方位的变化。一般将长条测控条放置在印张的起始端（咬口）或末端（托稍），与印刷机滚筒轴向平行，以便测控图像着墨的均匀性。

人的眼睛可感觉到 1000000 种颜色，但对大多数观察者来说只能分辨其中大约 20000 种的颜色。印刷原色（青、品、黄、黑）大约可复制 4000 种颜色。虽然采用密度计或色度计完全可以测量这 4000 种颜色，但测量过程繁琐，而且成本也较高。有了印刷质量测控条，操作人员可以只测量测控条上一些有代表性的样点，如油墨的实地密度、套印密度等，根据这些数据使操作者更好的理解印刷过程中可能出现的颜色复制问题。

所有颜色都是由入射光、纸张和四种印刷原色的相互作用产生的。利用印刷质量测控条，操作者可以测量印刷后的四色油墨对光的吸收特性，进而控制四色油墨及其套印后生成的各种颜色的色相。可以分别测量两种原色油墨完全叠印后的蓝、绿和红颜色值。后一种油墨吸附在前一种油墨上的叠印效率为判断整幅图像上的油墨叠印程度提供了依据。可以测量青、品、黄、黑四色油墨分别在高光、中间调和暗调区域的颜色百分比值。知道这些区域的透明半阶调网点值以及油墨和纸张密度可以提供整个印刷过程的色调再现信息。这一过程包括印刷机、油墨、纸张、操作者、印版、橡皮布以及其他因素。通过测量并分析这些已定义好的较少的几个色块，就可以对重影、灰平衡等特性进行标示，使操作者可以用一种最有效的方式理解、控制整个印刷过程中的制版和印刷流程。

除了对油墨转移的效率进行测量外，印刷质量测控条还可以进行色彩测量。操作者在进行印刷机控制时测量和计算的区域为实地或 25%、50%、75% 的已知阶调值区域。测量印刷图像本身的色调值不是分析印刷品复制性能的最佳方式，因为图像中的色调值本身只是为了表现图像的内容，它是随着图像的不同而不同的。而印刷质量测控条中包含的色调值在任何时候都可以提供一致的基准色调网点值，与所印刷的图像无关。标准测控条在印刷生产中的作用，一般来说是印刷厂及印刷机械厂在进行制版、印刷、调试时对印品图像清晰度，图像各方向位置正确性，套印准确性，反差控制，阶调再现，色彩再现，重影等印刷品质管理、检测、评价以及印刷机械故障检测的一种依据。

（二）分类

印刷测控条（printing color strip）主要分为以下三类。

（1）信号条（signal strip）　用于视觉评价，功能单一，表达印品的外观质量信息，如

GATF 星标，GATF 字码信号条、色彩信号条等。

（2）测试条　以密度计检测评价为主的多功能标记元件，通常是以视觉鉴别与密度计测试相结合，并借助于图表、曲线进行数值计算的测试条，如布鲁纳尔测试条、格雷达固CCS 彩色测试条等。

（3）控制条（control strip）　是将信号条与测试条的视觉评价与测试评价组合成一体的多功能控制工具，如布鲁纳尔第三代测试条等。

（三）印刷测控条的基本构成及作用

控制段供印刷检验用，由一个或多个图形单元组成的平面图标。按照工艺可分为晒版控制段和印刷控制段。为印刷或检查图像所用的控制段可排列成单色的或多色的。控制段是供检验用的平面图标，不管信息是以模拟形式（胶片）还是数字形式（如磁盘存储器、硬盘）存储的，它都以直接可见的形式转移到一种载体上（如胶片、印版、承印物）。

（1）连续调控制段　是一个无级的密度连续的平面结构。连续调控制块可以是有一定密度、无变化或渐变的阶调。具有梯级密度变化的连续调控制块被称为连续调梯尺。

（2）实地控制段　具有最高光学密度（最低亮度）的控制段。在多色印刷和检查图像时，可区分为单一印刷的实地块和叠印实地块，叠印实地块的作用是检查叠印的受墨能力和叠印效果。

（3）空白控制段　具有工艺上限定的最低光学密度（最高亮度）的控制段。

（4）网目调控制段　具有不同网点结构的控制段，它包括统一类型的图像成分。网目调控制段应具有统一的网目阶调值。具有梯级变化的网目阶调值的网目段被称作网点梯尺。网点频率、网点边缘宽度、最低网点中心密度和网点面积覆盖率的参数是根据工艺特性设定的。

（5）圆网点控制块　由一组圆形网点组成的网目调控制块。平版印刷的分色胶片要求网点中心密度至少为 3.0。网点频率为 60L/cm 时，其边缘宽度不得超过 $2\mu m$。网点面积或网点频率可在控制块上按规定方式改变，但网点必须保持与一定的网点频率和网点面积覆盖率相匹配。

（6）灰平衡控制块　用于检测打样和印刷灰平衡的网点控制块，它是由三原色的网点按照灰平衡条件构成的。

（7）线条控制段　由线条组成的控制块。根据线条的宽度、距离和角度不同，可在控制块上排列成不同的线条。

（8）微线条控制段　由细微线条组成的控制块，排列有不同宽度的精细线条，可用于目测评价。线条宽度应达到所采用的转移方法的分辨率以下。线条间隔的选择应形成一个等效的5％～35％和 65％～95％范围的网点面积覆盖率。线条宽度的计量单位为 μm，可直接读取。

（9）控制图　供检测用的单色或多色图像。控制图可以是无网的或加网的，加网控制图的网点频率应符合测量评价用的控制段的网点频率。

（10）检标　为确定位置或检查用的标志或测标。规矩线、套准标、游标尺、折标和裁标都属于检标。

规矩线包含以下几种。

（1）十字线　一般是版面上根据开数与套印要求放置 7 个或 3 个十字线，印刷操作者主要以每边中间的十字线为主，裁切时要根据它来确定版面的位置。通常彩活在套印与确定第一色图文位置是否正确时主要看三线，自翻版三线重合是比较合理的，这几个十字线能看出图文歪斜及纸张的变形情况，拖梢十字线也可以用来区分叼口，防止出错。

（2）角线　又称外角线，位于版面四角，作为第一色校版时规格尺寸的依据，即校版时要使纸面四角都印有角线，当纸张尺寸比较紧凑时，若角线不足，切线必须印足，否则会造成印品规格尺寸不符合生产要求。

（3）切线　又称刀线或里角线，位于版面四角（某些拼版印件在版面没有切线）。其作用是在成品裁切光边时，以此作为标准刀口记号。切线位置在所有规矩线的最里面，所以当裁切光边后，其他的规矩线记号都会被一同切去。

（4）中间线　印刷时套印可以它为准，当纸张伸长时若中间线套准，则两边误差较小，若靠一边套准，则该活就可能报废。

（四）常见标准测试条

上面主要介绍了测试版的一般要素，下面介绍一些常用的测试工具及其功能。

（1）GATF 星标　美国印刷技术基金会开发的印品质量控制工具，一般与各种信号条配合使用，是一种图形图案，正中是一个白的小圆点，连接圆点是 36 根黑色放射线，如图 5-10 所示。功能是用来检查网点扩大、有无重影、变形及测定胶印印版解像力。

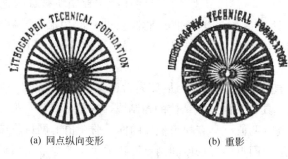

(a) 网点纵向变形　　　　　　　　(b) 重影

图 5-10　GATF 星标

利用 GATF 星标控制版面墨量，可以确保印品墨色达到印刷质量的要求。当网点没有变形、重影，版面给墨量适中的情况下，星标的中间呈空白点，在二值图像中，此部分的"0"的总量多于"1"的总量。假如印刷时版面受墨量过多时，印张上的星标中心出现大黑圈，且黑圈越大，表明墨量越多。反之，如版面墨量不够时，星标中心的空白圈扩大，网点缩小。因此，在实际生产中，建立星标处"0"的总量与"1"的总量之间的比例，就可以十分准确地判断墨量的供给情况。

若网点产生横向变形，中心的黑圈就向纵向扩展成鸭蛋形状。若网点产生纵向变形，星标中心的黑圈就向横向扩展呈鸭蛋形状。在星标的中心处建立两个指标，一个代表横向墨量的多少，也就是在中心坐标上，横向有多少个"黑"像素，另外一个指标就是代表纵向"黑"像素的多少。两个指标的比值就可以反映网点的变形情况，且反映的结果很精确。同理，若网点出现重影，星标的中央部分则消失掉，残缺的轮廓就像"8"字形。"8"字形横向扩大，重影为纵向产生；"8"字形若纵向扩展，重影就出现在横向。若是星标中央产生黑圆点状时，表明版面墨量过大。

（2）GATF 字码信号条　美国印刷基金会设计，主要功能是检查网点扩大、网点变形以及重影。如图 5-11 所示。

（3）LITHOS 信号条　美国芝加哥 LITHOS 公司研制发明。由三部分组成：晒版控制段、印刷网点扩大段、印刷变形段。主要用于控制晒版网点、监测控制印刷网点、监测印刷机故障、监测打样印品质量变化。如图 5-12 所示。

（4）GATF 标准平版印刷控制条　如图 5-13 所示，由五个单元构成：第一单元为印刷

图 5-11　GATF 字码信号条

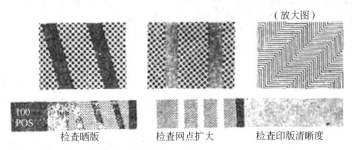

（放大图）

100 POS　　检查晒版　　检查网点扩大　　检查印版清晰度

图 5-12　LITHOS 信号条（部分）（上面为放大图）

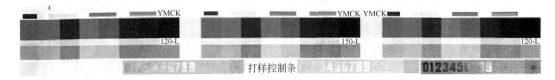

图 5-13　GATF 标准平版印刷控制条

质量控制条；第二、三、四单元为实地色标及网点叠印标，包括叠印测试条、黑色块及网点中性灰平衡、40％灰平衡印刷质量测控条；第五单元为网点增大、滑动字码信号条及星标，功能为控制印刷水墨平衡、控制印刷墨量大小及色相、检查油墨的转移情况（配合密度计）、检验灰平衡、检测网点增大、检测重影等。

（5）布鲁纳尔印刷控制条　到目前为止，各印刷厂家广泛应用的布鲁纳尔印刷控制条研制于 1984 年，共分为 7 段，根据要求尺寸可延长使用。控制条的测试内容包括印刷质量测控条、25％～75％段、布鲁纳尔三段式实地、50％和特殊测微段、中性灰还原段、印版分辨率段、四色三段式测试版。功能包括测定油墨层密度、监测网点扩大、检查印刷时网点变形、重影、判定印版解像力与曝光量、控制晒版、打样或印刷时版面深浅变化、检查网点并连范围与不同网点面积距离、晒版细网点控制、灰平衡检测、检测叠印百分比、检测三色还原黑色密度与色相、检测单色油墨印刷密度。

下面介绍布鲁纳尔印刷控制条。该控制条由许多色块组成，用于控制和显示网点增大的微线标是该系统的主要基础。

超微测量元素是布鲁纳尔系统的核心，如图 5-14 所示，该元素与一个 150 线的网点块

图 5-14　Brunnal 测控条 50％超微测量元素放大图

（50％）等效。它由覆盖率为 0.5％到 99.5％的圆网点、50％的方网点、50％的水平细线和

图 5-15　三段式 Brunnal 测控条组成

垂直细线、细小的正负十字线组成。该元素中的每对网点的平均网点覆盖率和每个部位的网点覆盖率都为 50％，因为滑版是一种有方向性的网点增大，所以平行线是滑版的检测标志。

在超微测量元素旁边是一块 25L/in、50％的粗网目线，如图 5-15 所示，通过用补色滤色片测量粗细两网点块的密度，即可得到密度差值，此差值再加上 0.05，即可得到 150 线网点近似的网点增大值。

利用微线块可以判断印版曝光的正确性。如图 5-16 所示。布鲁纳尔系统还设有 25％和 5％网点块，这样就可以与 50％网点块联合绘出网点增大曲线，并和布鲁纳尔及杜邦的样本曲线进行比较。为了得到一个中间调的中性灰，布鲁纳尔系统包括一个由 50％的青、41％的品红和 41％的黄构成的灰平衡块，还有一个 50％的黑网点块紧靠在灰平衡块的旁边，当用不同性质的油墨印刷时，应对网点覆盖率稍加调整。布鲁纳尔系统还包括红、绿、蓝实地叠印块，用以检查油墨叠印情况。布鲁纳尔系统试验印版是一个全张纸大小的试验印版（原版软片），它可以用来评价任何一个印刷机的印刷特性，印版上除了印刷控制条外，还有灰平衡表、胶印信息指南、公差范围和视觉比较用的信号条。布鲁纳尔为具有自动控制系统的印刷机设计了专门的印刷机控制条，例如海德堡 CPC 和罗兰 CCI。

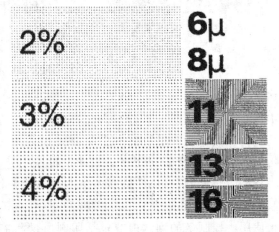

图 5-16　Brunnal 测控条微线块

（6）乌格拉（UGRA）胶印测试条　该测试条由瑞士印刷科学研究促进会于 1982 年研制，由五部分组成：连续调梯尺；同心圆微细线条；网点梯尺（60cm^{-1}）；尖点测标，阴网和阳网；移动，重影控制标。功能是控制曝光时间，控制曝光变化范围，检测印版分辨力，检测控制阶调，控制网点还原，控制印刷移动与重影，控制印刷阶调还原。

（7）DMS 印刷控制条　由格哈德·维尔纳·堪姆彼德于 1984 年研制，它能在打样与印刷中进行测试，而且也可用以测量预打样。它由下列八个检标构成：K 段为楔型线条测试段；T 段为面积率 80％的网点标，网线数为每厘米 60 线；V 段为实地标；M 段为每厘米 60 线、面积率为 40％的网点标；G 段为每厘米 12 线、面积率为 40％的网点标；D_{90}、D_{45}、D_0 段为每厘米 48 线，面积率为 62％的线条测试段，其测试线条与平行线的夹角依次为 90°、45°和 0°。其功能有：检测控制印刷网点的扩大；不同承印物上实地密度的测定；检测印刷色相误差；检测重影与图像位移；检查印版解像力；控制印版曝光量。

二、现代印刷质量测控系统

为了不断提高生产效率并且优化从印前到印刷直到印后的整个作业流程，确保整个生产过程的各个环节均能平稳、有效地相互配合，逐步实现印刷数据化，所以应采用仪器客观地

判断印刷质量，降低对操作者的熟练技能的要求，从而达到印刷过程的自动化。近几年来国外出现了多种印刷质量的自动控制系统，如德国海德堡公司、罗兰公司、高宝公司，日本的三菱公司，小森公司生产的胶印机上都设有这样的质量控制系统。

全自动印刷质量控制系统的主要组成如图 5-17 所示，包括两个基本组件：在线检测模块和中央控制台。在印刷过程中借助联机的检测仪器对印刷品进行在线检测，并实时将信息通过反馈回路输送到中央控制台，自动调节相应的印刷机部件（如供墨量的大小），实现对印刷品质量的在线（on-line）控制，整个过程无需人工干预（或很少的干预），自动实施检测印品，自动给出调整措施。

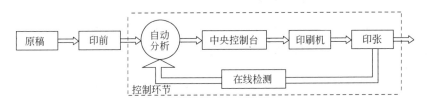

图 5-17　全自动印刷质量控制系统的组成框图

目前在线检测分密度检测和色度检测两种。在线密度测量通过传感器在专用测量信号条上测量，测量杆的各个测量头正好与信号条的各测量表面相对应。测量信号条可放在印张的叼口、拖梢或中间某个地方。光源发出的光通过测量头投射到信号条上，反射光射到测量头中的光学元件上。这个光学元件发出一个电信号给控制单元，控制单元又把信号传递给微型计算机，把该信号转化成密度并能以各种不同方式处理所测得的数据。这些过程的结果在监控器上显示出来。在线色度测量是采用色度仪或摄像头（如分光光度计、CCD 摄像头等）对印刷品进行测量，并把测得的色度数据与标准打样样张的数据比较，计算出偏离色差，通过对数据进行分析处理而获得印刷过程中各色墨量大小、水量大小及印刷压力状态等信息，调节以上信息从而控制印刷图像色彩外观。

（一）海德堡（Heidelberg）印刷质量控制模块 Prinect

海德堡设备的 Prinect 是为输墨、套准及印刷质量提供简捷、可靠及快速的预置和控制的模块化系统解决方案。它由 Prinect 生产模块、Prinect 链接模块、Prinect 控制模块以及 Prinect 管理模块组成。如图 5-18 所示。

（1）Prinect 链接模块　CIP3 数据以在线形式从数字印前传输到印前接口（Prepress Interface）。印前接口是链接印前、印刷及印后加工的海德堡 Prinect 接口。它使印刷机得以接收到从印前传输来的预置输墨及套准值。图像控制（Image Control）测量系统则可以应用所提供的色彩参考数据或者印版图像阅读器（Plate Image Reader）通过扫描单个印版获得墨区覆盖值，用于印刷机上的预置输墨，通过在线工具链接 CP2000 控制中心。

（2）Prinect 生产模块　是 Prinect 流程环节中的中枢部分，通过 CP2000 控制中心方便地使用和控制所链接的印刷机及机械设备。由印前接口 CPC32、印版图像阅读器 CPC31 产生的油墨预置数据可以通过作业存储卡，也可以通过数据控制（Data Control）系统或 CP2000 预置联结（Presetlink）模块在线传播。

（3）Prinect 控制模块　包括自动套准系统、图像控制系统以及质量控制系统。自动套准系统确保了对于套准的全自动监测及校正，也可以通过印前接口进行预置。自动套准系统在进纸开始前可以自动找到套准标记的正确位置，从而使准备工作的速度进一步加快。图像

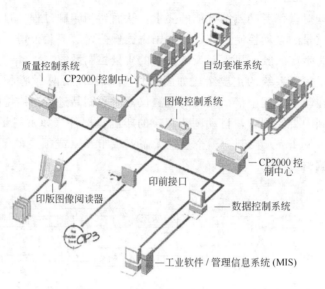

图 5-18　Prinect 模块化解决方案

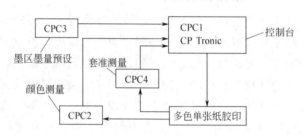

(a) 印刷机计算机控制系统

(b) 单张纸胶印机

图 5-19　用于遥控、质量测控、预设墨量的印刷机 CPC 系统

控制系统 CPC21 和质量控制系统 CPC23 通过对印刷图像的扫描，利用分光光度测量法测量印刷品的质量，把目标值和真实值一一对比，并将找出的偏差信息发送到印刷机以便校正，数字印前参考值由图像控制系统的预置连接模块从印前接口传递。

（4）Prinect 管理模块　通过数据控制系统来实现。数据控制系统将印前、印刷及印后加工与印刷厂管理网络化连接。可以进行设备及机械真实数据的收集、生产数据的自动分析、实时的电子生产控制，从而保证了更短的生产准备时间及更少的废张，实现最优的作业流程的网络化生产管理。

图 5-19（a）是印刷机计算机控制系统示意图，用于在印刷机预设、正常运行及活件交接过程中遥控和自动控制，其组件包括：CPC1 给墨量和套准遥控装置；CPC2 光密度测定质量控制装置；CPC2-S 分光色度测定质量控制装置；CPC3 印版图像阅读装置，按照印刷方向扫描印版并为每个墨区设定墨量；CPC4 套准遥控装置；CP Tronic 全数字化的印刷机控制，监测和诊断系统，CPC 和 CP Tronic 相结合组成印刷机的控制中心。

图 5-19（b）是一个单张纸胶印机的例子，它具有控制台、脱机颜色测量和控制以及图像检测系统。通过印前接口和数据传输装置将印版图像阅读器的读数传给控制系统，实现在线套准控制和墨区预设。

（二）罗兰（Roland）**印刷质量控制系统 PECOM**（Process Electronic Control Organisation Management）

罗兰 PECOM 系统是一个灵活的、模块化的、基于标准接口的系统，它将印刷厂不同的生产阶段整合成一个综合的生产系统，它包含 PEM（Process Electronic Management）、PEO（Process Electronic Organisation）、PEC（Process Electronic Control）三大部分，如图 5-20 所示。

PEM 位于整个系统的顶端，标明了一个印刷厂的行政管理范围；PEO 主要指活件任务的准备管理，包括印前、印后技术数据的整合；PEC 是指印刷的数字化控制，包括电子印版扫描器 EPS（Electronic Plate Scanner）、印前接口、控制台操作、遥控给墨 RCI、计算机控制给墨 CCI 等。

CCI（Computer Control Inking System）系统是 Roland 公司的计算机油墨控制系统，是色彩控制的关键。与海德堡 CPC 系统比较，其功能更专一，相当于 CPC 系列中的 CPC2-S/CPC2。

图 5-20　罗兰的 PECOM 系统

该系统首先预置各色版的每一油墨区的油墨量，在印刷过程中，取出四色印张，用带有密度计的油墨密度测量系统对信号条进行扫描，得到各色版的油墨在每一墨区的实地密度值，然后将数据传送到微处理器，与标准（预置）值进行比较计算，求出差值，显示在终端上，并打印出数据，指导工人利用 RCI 对油墨进行校正。

（三）高宝（KBA）**印刷质量控制系统 OPERA**（Open Ergnomic Automation System）

KBA 操作系统 OPERA 是模块式的结构，可以将所使用的印刷机和印刷厂的结构优化为多个自动化阶段，直至在已有数字数据的基础上将全部印刷厂进行联网。

KBA 操作系统包含有下列自动化部件。

（1）人机管理软件系统　包括用于操作和控制印刷机的控制台，印刷机的主要操作位置等。其操作面板的功能包括：印刷机中的定单控制；色彩管理系统；可实现油墨的调整控制；采用套准控制；印刷机组可灵活配置，包括将不需要的供墨装置排除掉；导纸装置控制；进给机组控制；定单更换；具有清洗程序的预选和释放功能；机器运行和纸张运行方便，还可为继续印刷调整回路；可以实现远程维护。

（2）色彩控制软件系统　油墨的远程调整装置（包括油墨控制台和油墨箱）包括：装备有对供墨装置、湿润装置和印版套准进行调整的远程控制台；具有色彩管理软件系统，油墨箱，每个墨箱有 30mm 宽的计量元件（区域性刮墨刀）；利用带硬金属尖和陶瓷层的计量元件，使油墨斗辊耐磨损；通过油墨箱的锁紧机理，保证了对油墨辊持续的压印压力；通过发光二极管的作用，在色彩管理软件系统的操作台上或者通过屏幕在人机管理系统的控制台上，可显示调整数值并可进行调整；通过图示在人机管理系统控制台的显示屏上进行套准调整。

（3）CIP 链接　进行数字式印前准备的 CIP3 接口。CIP3 致力于印前、印刷及印后处理流程进行整合的国际协作，开发电子化管理标准化流程，其所用的文件格式为 PPF，它是一电脑数据协定格式，使不同工作平台有一个通用电子化数据格式，沟通更直接，避免在数据转送及复制过程中产生错误及时间浪费。制版印刷所用的文件格式为 PPF，用这种文件格式可以对印前部门所使用的 KBA 公司印刷机的初始数据进行预先设置。因此 KBA 公司作为 CIP4 联合组织中的成员，其工作是对印刷的文件格式进行改进。新的数据格式 JDF（作业传票格式）是专门为 KBA-印刷机 drupa 2004 而设计开发的。CIP3 工作站是网络服务器上的客户，它也可以用离线的方式进行工作，用磁盘（在机床的控制台上进行磁盘数据读取）输出已经过换算的印刷油墨区的预调数据，而且它是专业图形管理软件系统的组成部分，在使用基本图形管理软件时可以选择使用。

（4）扫描管理系统　用于油墨预调整的印版扫描器。KBA 公司的扫描系统使用的是一套印版扫描仪器，印刷厂传统的使用方法是用胶片进行扫描。印版扫描仪的工作方式是，首先测量印版的数据，再将测得的数据换算成每个油墨区域所使用的伺服数据。印版扫描仪上有一个摄像机（规格最大为 Rapida 105）或者有两台摄像机（主要用于大型的印刷机），它可以离线工作，其方式是将数据输出到磁盘上；也可在线工作，采用在线传输数据的方式，将扫描仪与图标管理软件系统接口相连接；还可学习怎样将测量值换算成每个油墨区域所用的伺服数据；另外，扫描仪上设有活动的部件，例如设有可移动的扫描头。

（5）密度管理系统 S　显示密度、色度测试和调整系统。其密度测量仪 S 是通用的在线调整印刷质量所需要的测量系统。它不仅对检测范围内的油墨密度进行测量，而且还对图像上所需要测量的点进行光谱测量以及对油墨值进行测量。其最突出的特征是经过工艺方面的改进之后，为测量仪配备了密度计和光谱计。该系统自 1955 年问世以来已经经过了多次改进，至今该系统已具备非常强大的功能，它可以确保高品质的印刷质量。当印刷厂有三个密度值需要进行质量测定的时候，可使用基础性密度测量装置进行测量。高速密度测量装置已直接安装在 Rapida 纸张胶印机密度系统的控制台上。这样，测量密度以及用测量的密度值进行质量调节就非常容易。前端测量是沿着纸张前边缘的印刷测控条进行测量，后边缘测量可以将纸张旋转后进行测量。

（6）徽标管理系统　数字式系统搭接数据通信、定单管理、运行数据的汇总。KBA 公司的徽标软件主要是为企业内部的企业管理、生产、采购、物流以及行政管理各部门之间的数字数据交换而提供服务的。它为大中小等各类型的企业提供了其所需要的数字传输方案。在拼版时，一般已排好了页码，为了对已排好页码的印刷纸张进行终端控制，徽标软件系统内有多种专业方案可以对数据进行处理并经过印刷车间向外部进行通讯传输。

（四）日本三菱 API 印刷自动输墨控制系统

日本三菱重工业公司于 1982 年研制发表的 API 印刷自动输墨控制系统与海德堡 CPC3 略同。该系统也是利用 DEMIA 印版图像检版装置，将测得的印版图像的耗墨分布信息输入在磁卡里，然后通过 API 遥控操纵台输给印刷机的墨槽分控装置，自动调节墨量，大大节省人工调整油墨时间。

总之，当前国外在质量管理上已由用仪器检测测试条，发展到计算机程序控制，如上面所述，质量管理正朝着电子显示程控系统化发展。印刷品的检测技术随着印刷技术的迅速发展而不断提高。印刷业在引进先进的生产技术同时，必须改革旧的生产工艺、采用新的工艺控制和检测手段，以提高复制品的质量。

复习思考题

1. 印刷品质量的涵义是什么？
2. 简述影响印刷品质量的主要因素？
3. 简述控制印品质量的主要因素？
4. 简述印品质量的评价方法。
5. 简述密度测量原理及应用。
6. 简述色度测量原理及应用。
7. 简要说明色度测量在印刷复制中的优势。
8. 简述印刷测控条的概念、原理及作用。

第六章 印刷企业管理

学习印刷企业管理的基本内容，对印刷工程专业及相关专业大学生的印刷企业管理能力的提高将有所帮助。本章在简要介绍印刷企业（printing enterprise）基本特点和印刷管理（printing management）科学基本内容的基础上，简要论述诸如印刷生产与印刷设备管理、印刷成本核算与经营管理等印刷企业管理的基本内容。

第一节 印刷管理概论

一、管理科学发展的三个阶段

管理的历史由来已久，凡是有共同劳动的地方就有管理。随着蒸汽机的发明，"蒸汽磨代替了手推磨"，大机器生产代替了手工劳动，生产力得到迅速发展，管理科学随之产生。管理科学的发展大致经历了三个阶段。

1. 传统管理阶段

该阶段始于18世纪下半叶终于19世纪末，即资本主义早期。当时的工业生产已由个体生产逐步发展到手工作坊并开始使用机器。1776年亚当·斯密的"劳动价值论"特别是其分工的理论，强调价值是劳动创造的；只有分工才能产生更多的价值，生产才能发展；分工带来技术的进步、时间的节约和效率的提高以及新的机器和工具的采用。在这一时期，管理理论研究的主要内容为：分工协作，保证一定的工作效率，采用简单的科学方法进行生产管理、工资管理及成本管理等。其特点是，没有摆脱个体生产和经营的影响，靠经验管理，工艺无规程，工人操作无标准，师傅带徒弟等。

2. 科学管理阶段

该阶段始于19世纪末终于20世纪40年代，前后经历了大约半个世纪。科学管理是随着资本主义从自由竞争阶段向垄断阶段过渡而逐步发展起来的。这一时期，企业规模不断扩大，生产技术越来越复杂，竞争空前激烈。作为科学管理创始人的泰勒在1911年出版了《科学管理原理》一书，主要内容包括：①动作研究；②时间研究；③计件工资制；④按照标准操作对工人进行培训；⑤明确划分职能，使管理工作进一步专业化；⑥管理控制的分权原则。这一时期的主要特点是：①向标准化、科学化发展，工艺要有规程，操作要有标准；②用科学管理理论来指导和培养工人，改变师傅带徒弟的方法；③管理人员不能按照个人的意见管理，而是按照企业生产和发展的要求进行管理。

3. 现代管理阶段

该阶段从20世纪40年代至今。第二次世界大战以后，工业先进国家的经济发生了显著的变化，突出表现在企业规模越来越大，产品的技术复杂程度大大提高，生产的社会化程度加强，劳动生产率的提高转向智力开发。这些情况表明，过去的科学管理已不能适应新的要求。现代管理有许多学派，如经验主义学派、管理主义学派、行为学派、系统管理学派、决策理论学派、数理学派等。其主要特点是把整个企业看作为一个受多种因素影响的社会系统，而不只是技术经济系统。它从生产力、生产关系和上层建筑等各个方面的相互作用中，研究企业经营管理活动的规律，并广泛应用社会科学和自然科学的研究成果，使管理更有预见性、综合性、快速性以及可靠性等。

随着中国改革开放和市场经济体制的进一步完善，到处都在谈论管理，强调管理。人们把科学技术和科学管理视为推动人类现代文明的两个车轮。有人说，管理就是"经由他人的努力和成就而将事情做好"，也有人说，管理就是"引导大家的力量趋向同一目标"，还有人说"管理就是组织协调"。总之，可以认为，管理是为了有效地实现某种预定目标，对共同的劳动过程进行计划、组织、指挥、协调和控制的综合性劳动。印刷管理，就是对印刷企业及相关部门进行的管理。

二、印刷企业的设立及其基本特点

在 2001 年 8 月由国务院颁布实施的《印刷业管理条例》中明确规定，"国家实行印刷经营许可制度"。《条例》（regulations）规定，设立印刷企业，应当具备的条件有：①有企业的名称、章程；②有确定的业务范围；③有适应业务范围需要的生产经营场所和必要的资金、设备等生产条件；④有适应业务范围需要的组织机构和人员；⑤有关法律、行政法规规定的其他条件。同时规定，审批设立印刷企业，除依照该条件规定外，还应当符合国家有关印刷总量、结构和布局的规划。

根据《印刷业管理条例》和（国发）［2002］24 号文件《国务院关于取消第一批行政审批项目的决定》，设立从事出版物（包括报纸、期刊、书籍、地图、年画、挂历、画册及音像制品、电子出版物的装帧封面等）、包装装潢印刷品（包括商标标识、广告宣传品及作为产品包装装潢的纸、金属、塑料等的印刷品）和其他印刷品（包括文件、资料、图表、票证、证件、名片等）经营活动（包括经营性的排版、制版、印刷、装订、复印、影印、打印等活动）的企业，应当向所在地省、自治区、直辖市人民政府出版行政部门提出申请。其中，设立专门从事名片印刷的企业，应当向所在地县级人民政府出版行政部门提出申请。申请人经审核批准，取得印刷经营许可证后，持印刷经营许可证向工商行政管理部门申请登记注册，取得营业执照。印刷业经营者变更名称、法定代表人或者负责人、住所或者经营场所等主要登记事项，或者终止印刷经营活动，应当向原办理登记的工商行政管理部门办理变更登记、注销登记，并报原批准设立的出版行政部门备案。

印刷企业作为从事印刷经营活动的盈利性经济组织，具有与其他行业企业不同的特点。

1. 印刷设备技术水平提高，印刷工艺过程的复杂性增强

近 20 年来，中国印刷工业发展迅速。现有印刷企业 15 万家，其中，出版物和包装装潢印刷企业 9 万家，打字、复印等 6 万家，从业人员 300 万人。每年印刷报纸 2100 多种、杂志 8000 余种、图书 10 万余种。在 20 世纪 80 年代初期，为了尽快改变中国印刷工业的落后状况，缩短与印刷工业发达国家的距离，制订了"激光照排、电子分色、多色胶印、装订联动"的 16 字印刷技术发展方针，有效地促进了中国印刷工业的发展。20 世纪末，在总结过去经验和把握未来发展趋势的基础上，中国提出了到 2010 年"印前数字、网络化，印刷多色、高效化，印后多样、自动化，器材高质、系列化"的印刷工业发展 28 字方针。因此，印刷企业是广泛采用计算机信息处理及网络技术、机械制造及自动化技术以及新材料技术等的技术密集型企业。由于其产品的多样性，决定了印刷复制工艺过程的复杂性。

2. 印刷产品具有工业产品、精神产品和艺术品的多重属性

印刷企业的产品具有独特性。应当说印刷品，不论是书报刊还是包装制品等，都是有形

的工业产品，具有特定的使用价值，对人类文明影响深远。就印刷品的内容来讲，其本身又是无形的精神产品，具有精神文明建设的功能。印刷品的精神产品属性是通过阅读观赏来实现的。一些精美的印刷品本身就是艺术品，具有很高的艺术欣赏价值。

印刷企业的上述特点不仅使国家对印刷企业的政策有别于其他行业，同时，就印刷企业管理来讲，也有许多新的内容。

三、印刷企业管理的基本职能

印刷企业管理的基本职能包括计划、组织、指挥、协调、控制等管理职能。

① 计划（plan） 计划是企业管理的首要职能。印刷企业在国家政策、法律所允许的范围内，根据国家的宏观规划、社会需求、市场变化以及自身条件，确定经营思想、方针和战略目标，编制企业长期和短期计划，提出各项主要经济指标和实现计划的措施。制定计划，要经过调查研究，要综合平衡，既要积极先进，又要实事求是、留有余地。

② 组织（organize） 组织就是根据企业的总目标，把企业组织起来，形成有机的整体，保证企业的生产经营活动有序进行。组织的内容包括人、财物等生产要素以及产、供、销环节。一个有效的企业组织管理系统应当是，各级管理机构和管理人员职责明确、各种信息传递迅速、灵敏、准确。

③ 指挥（command） 指挥是对企业的各类人员的领导和监督，其核心是用人。要按照民主集中制的原则建立领导体制，合理设置组织机构，明确规定各职能机构的职权范围和相互关系，合理选配职能人员，按照精简、效能的原则建立统一的生产指挥系统，对企业的各个部门、各工种行使统一的指挥权，保证企业生产经营活动的各个环节步调一致和计划目标的顺利完成。

④ 协调（harmonize） 协调是指协调企业内部各部门之间的生产经营活动，以及企业与外部其他单位之间的经济联系，消除工作中的脱节现象和存在的矛盾，从而有效地实现企业的目标。协调包括纵向协调和横向协调以及内部协调与外部协调。

⑤ 控制（control） 控制是对企业的一切经济活动进行分析检查，确定实际完成情况与原定目标之间是否存在差异，分析原因，提出对策，及时纠正偏差，确保计划目标的实现。

印刷企业管理的职能有很多，还包括激励职能、创新职能、决策职能等。

四、印刷企业管理的主要内容

印刷企业管理的主要内容包括以下几个方面。

① 经营管理（marketing management） 经营是商品经济的产物，是印刷企业适应和开发市场所进行的所有管理工作的总称。经营管理工作包括市场研究、市场需求预测、经营决策、经营计划制定等。

② 生产管理（production management） 生产是印刷企业的基础工作。生产管理是企业按照印刷客户的要求生产出印刷品的全过程中各项管理工作的总称。生产管理的内容包括印刷能力的计算、生产计划的制定和分解、印刷工艺施工单的编制、生产组织和调度等。

③ 质量管理（quality management） 印刷质量管理是对印刷全过程中的半成品和成品是否满足客户要求进行的检验和评价。一旦发现质量有问题，应及时修改和补救。

④ 物资管理（material management） 印刷企业是按照订单组织生产的加工企业，其生产过程需要消耗大量的纸张、油墨、版材等印刷材料。因此，合理制定印刷材料的消耗定额和储备定额、确定采购计划并进行科学的仓储管理就成了物资管理的主要内容。

⑤ 设备管理（equipment management） 印刷设备品种多，规格大小不一，同时信息网

络化和自动化程度较高。如何保证现有设备完好并及时地进行设备更新和改造就成了设备管理的主要任务。

⑥ 技术管理（technology management） 印刷企业技术管理主要是指印刷工艺技术管理、印刷企业的数据化、规范化和标准化工作以及技术改造等。

⑦ 财务管理（financial management） 财务管理包括印刷产品成本核算、筹措资金、管好用好资金等内容，是企业管理的重点内容之一。一个印刷企业具有良好的财务状况是该企业稳定和发展的重要基础。

⑧ 技术经济分析 印刷企业的根本目的是努力提高经济效益和社会效益，多出印刷品并且要出好的印刷品。技术经济分析就是研究企业的各种技术方案、技术政策、技术措施的经济性问题，根据技术先进性与经济合理性相结合的原则做出评判，实现技术和经济的有效结合。

印刷企业管理内容丰富，各项管理内容之间相互联系又相互制约，从而构成了印刷企业管理的完整体系。

第二节　印刷生产与设备管理

印刷企业的生产管理（production management）和设备管理（equipment management）是印刷管理的基础性工作，是印刷企业高效率生产印刷品和生产高质量印刷品的根本保证。本节简要介绍印刷企业的组织结构，生产计划的编制，印刷作业控制与调度，印刷设备的选用、维修以及更新改造等内容。此外，在本节的最后，还简要介绍了被许多印刷企业所重视并逐步采用的 ISO 9000 质量管理体系以及 5S 质量管理方法。

一、印刷企业的组织结构

由于印刷企业具有先有订单、后批量生产的特点，决定了印刷企业的组织结构是以工艺专业化形式为主，兼有对象专业化形式和综合原则形式。

工艺专业化形式是按照印刷生产过程的各个工艺阶段的工艺特点来建立生产单位（车间或工段）。在工艺专业化的生产单位里集中了相同类型的机器设备和同工种的工人，对企业的各种产品进行相同工艺方法的加工。例如，制版车间、胶印车间、柔版印刷车间、装订车间等。工艺专业化形式对产品的变动具有较强的应变能力。当产品发生变动时，车间或工段的生产结构、设备布置、工艺流程不需要重新调整，就可适应新的要求；同类或同工种设备集中在一个车间，便于相互调节使用，从而有利于设备满负荷工作，保证设备的有效利用；每个车间的设备或工作具有工艺上的相同性，有利于工人之间交流经验，为工人提高技术水平创造了条件。

对象专业化形式是指加工对象的全部或大部分工艺过程集中在一个生产单位，组成以产品为对象的专业化生产单位。在大型综合性印刷厂里的报纸印刷分厂就是一个例子。综合原则形式就是综合运用工艺专业化形式和对象专业化形式来建立生产单位。在大型综合性印刷厂里的包装印刷分厂就是一个例子。

印刷厂总体布局是对组成工厂的各个组成部分，包括基本生产车间、辅助生产车间、仓库、公用设施、管理服务部门、绿化设施等进行合理布置，确定其平面位置，并相应确定物料流程、运输方式和线路。工厂总体布局应遵循的原则有：①符合印刷生产过程的总流程；②相联系的车间应靠近布置；③合理紧凑，节约用地和投资；④合理划分厂区；⑤考虑工厂发展，把近期规划和长远规划结合起来；⑥总体布局应和周围的环境相协调，要美化绿化。

二、生产计划的编制

中国的《印刷业管理条例》规定，"印刷企业接收出版单位委托印刷图书、期刊的，必须验证并收存出版单位盖章印刷委托书，并在印刷前报出版单位所在地省、自治区、直辖市人民政府出版行政部门备案"，"印刷企业接收出版单位委托印刷报纸的，必须验证报纸出版许可证"。同时还规定，"印刷企业不得征订、销售出版物"。因此，印刷企业是按照印刷客户的订货合同（例如印刷委托书等）组织生产的，而订货合同不是年初一次就能够确定下来的，这就使得编制印刷企业年度生产计划比较困难。应当说，严格执行生产计划是计划经济下的产物。在市场经济下，生产计划会随着市场需求产品销量的波动而适时做出调整，也就是说，要以销定产。印刷企业制定生产计划可以通过如下过程来完成：

① 调查研究，摸清情况；

② 确定生产指标方案；

③ 车间生产任务的确定。

三、印刷作业控制与调度

印刷作业控制是在印刷活件生产的全过程中所进行的一系列监督、检查和纠正偏差等工作。具体内容包括：①检查印刷作业准备情况；②印刷活件的分派，开列工艺施工单；③检查作业计划的执行情况；④根据需要，合理调配劳动力。

在印刷企业中，印刷作业控制的具体工作主要是由印刷调度来完成的。作好印刷调度工作所遵循的原则有：①计划性；②统一性；③预防性；④群众性。

四、印刷设备的选用

印刷设备选择的原则是技术先进、生产实用、经济合理。印刷企业采用先进设备的主要目的是获得最大的经济效益。只有技术先进、生产实用、经济合理三者相统一，先进的设备才有价值。例如，近年来，柔版印刷工艺技术在中国发展迅速，柔版印刷市场业非常活跃，我们国家到目前为止引进了近300条柔版印刷生产线。在这300条生产线中，大约有100条线，使用得非常好，满负荷运转，经济效益喜人；另有大约100条线，使用得一般，基本正常运转，经济效益一般；还有大约100条线，由于市场开发不够以及技术水平不高，时开时停，处于亏损状态。

在选择印刷设备时应考虑的主要因素有：①生产性；②可靠性；③安全性；④节能性；⑤耐用性；⑥维修性；⑦环保性；⑧成套性；⑨灵活性；⑩经济性。

在印刷企业中，能够合理、正确地使用印刷设备可以充分发挥设备的工作效率，提高生产能力，延长设备的使用寿命。要做到这一点，可以从如下几方面进行考虑：①合理配备各种类型的设备；②适当安排加工任务和设备的工作负荷；③操作者要有一定的熟练程度；④建立健全设备使用制度；⑤改善设备的工作环境；⑥重视对操作人员的教育和培训；⑦注重专业化分工和协作。

五、印刷设备维修

做好印刷设备维护保养、检查和修理工作是印刷设备管理工作的基础内容。要做好设备的定期维护保养和检查工作，发现问题要及时修理。

印刷设备修理是通过修理和更换已经磨损或腐蚀的零部件，使设备的效能得到恢复，寿命得到延长。按照对设备性能恢复程度和修理范围的大小以及修理费用的多少，可以将设备维修分为如下三类。

① 大修理　大修理是对设备进行的全面修理，需要把设备全部拆卸，更换和修复全部

磨损零件，校正和调整整体设备，恢复设备原有的精度、性能和生产效率。设备的大修理一般不改变设备的结构、性能和用途，不扩大设备的生产能力。就印刷设备来讲，大修理主要是指对多色印刷机及装订联动线进行的全面修理。对于印前计算机制版设备以及小型或自动化程度不高的印刷设备，就没有大修理的必要了。

② 中修理　中修理是指更换或修复设备的主要零件以及数量较多的其他磨损零件，检查调整机械系统，紧固所有机件，校正设备基准，以恢复和达到规定的标准和技术要求。

③ 小修理　小修理是指对设备进行的日常的、零星的、局部的修理。这是在印刷厂内由设备管理部门或使用部门更换或修复少量损坏或磨损的非关键零件，调整设备排除故障，以保证设备能够正常使用。就小修理来讲，既要大胆地修，又要谨慎，尤其是对于大型贵重且自动化程度高的设备或生产线，在没有彻底查清故障原因的情况下，不要随便小修。最好请设备生产厂家或供应商的维修人员与厂内的维修技术人员一道排除故障。

设备维修过程中应坚持的原则有：①预防为主；②先修理后生产；③专业修理和群众修理相结合；④厉行节约，讲究经济效益。

六、印刷设备更新改造

由于印刷企业属于定单加工企业，当面向竞争激烈的印刷市场时，其印刷设备的生产能力、技术水平、生产产品的质量等就构成了参与市场竞争并取得主动的主要因素之一。因此，印刷企业的印刷设备更新改造任务就显得迫切而繁重。难怪有些印刷企业家讲，印刷企业不进行技术改造不行，改造了没有市场也不行。关于市场问题将在下一节予以讨论，本小节仅简要论述印刷设备更新改造问题。

印刷设备的更新改造可以分为两种类型：①原型更新，就是用同一品牌同一型号的新设备来替换损坏或磨损的原设备，当然，随着印刷业务量的增加，在现有设备满负荷运转的情况下仍然不能满足市场需求，也可以通过添置同品牌同型号的新设备来扩大生产能力；②技术更新，就是以结构更完善、技术更先进、效率更高、性能更高、消耗更少、外观更美的新设备替代由于损坏无法继续使用或经济上不宜继续使用的原设备。旧设备的淘汰可以通过折旧得到补偿，新设备的更新可以通过投资回收期法就其经济效果予以评价。

印刷设备在使用过程中发生磨损，通常把转移到印刷品中去的价值叫做折旧。印刷设备的原始价值，需要在其整个使用年限内全部转移到印刷产品中去，并在报废前得到补偿。为了正确计算印刷品的成本和保证设备更新的资金来源，印刷企业必须按时提取折旧金。折旧金额的计算有直线折旧法和年限总额法两种。

直线折旧法也叫平均折旧法，是将印刷设备的原始价值加预计清理费并扣除残值后，除以它的预计使用年限，求得平均每年计提的折旧金额：

印刷设备的年折旧金额＝(设备原始价值＋预计清理费－预计残值)/预计使用年限　(6-1)

年限总额法也叫使用年限数字总和折旧法，是将印刷设备的原始价值加预计清理费并扣除残值后，乘以某年年初该设备预计使用年限，再除以该设备各年年初预计使用年限总和，求得该年计提的折旧金额：

印刷设备某年折旧金额＝(设备原始价值＋预计清理费－预计残值)×

该年年初该设备预计使用年限/

(1＋2＋3＋预计使用年限)　　　　　　　　　　(6-2)

印刷企业在制定设备的更新改造计划时，应对该计划的经济效果进行评价。印刷设备的投资回收期（年）可以通过该设备的总投资额除以预计每年新增利润来确定。在考虑印刷设备的更新改造方案时，在技术先进，生产可用的前提下，应尽量选择投资回收期短的技术改造方案。

七、ISO 9000 质量管理体系与 5S 质量管理方法简介

1. ISO 9000 质量管理体系简介

为了促进质量管理实践与理论的提高，也为了国际经济领域的合作，ISO（国际标准化组织）于 1987 年首次发布《关于质量管理与质量保证》ISO 9000 系列标准，并于 1994 年再次作了修订。由于 ISO 9000 系列标准总结汲取了各国质量管理与质量保证理论的精华，确切地反映了世界先进工业国家的质量管理实践与新成果，订正和统一了重要的术语及概念，而且取得了 ISO 9000 系列标准的认证，就等于取得了该产品通往国际市场的"通行证"，因此，ISO 9000 系列标准从发布之日起就得到了世界各国的关注和采用。

ISO 9000 系列标准由 5 个标准组成。第一个标准是 ISO 9000《质量管理和质量保证标准选择和使用指南》，它属于指导性标准，规定选择和使用其他 4 个标准的原则程序和方法。其他 4 个标准分别是 ISO 9001、ISO 9002、ISO 9003、ISO 9004。它们又分为两类：一类是 ISO 9001（《开发设计、生产、安装和服务的质量保证模式》）、ISO 9002（《生产、安装和服务的质量保证模式》）、ISO 9003（《最终检验和实验的质量保证模式》），属于质量保证模式标准，适用于合同情况，是在某一给定的情况下为满足质量保证的需要而建立的质量体系，通过第三方认证后，可使需方对供方的产品或服务建立信心；另一类是 ISO 9004（《质量管理和质量体系要素指南》），属于质量管理指南标准，有利于帮助客户选择适合需要的要素，建立有效的质量管理体系。

ISO 9000 的最大特点是它的通用性。印刷企业通过 ISO 9000 认证，可以规范印刷企业管理、减少差错的发生、节约检验费用、建立客户信心、有利于市场开拓等。需要指出的是，取得 ISO 9000 证书，只能说明是取得了质量管理的合格证，而不是取得了产品质量的检验合格证。

2. 5S 质量管理方法简介

"5S 管理"起源于日本，是日本企业中广泛推行的一种优秀的质量管理方法。可以说，它是改善现场，提高管理效率，降低管理成本，减少差错事故，提高产品质量的最直接、最有效的方法。近年来，在亚洲企业中"5S 管理"越来越多地进入日资、港台资企业，也逐渐被国人所了解，并在国内部分企业中开花结果。

"5S"，是整理、整顿、清扫、整洁和素养五方面。因为五个英文单词首写字母都是"S"，简称为"5S"。"5S 管理"基本内容如下。

（1）整理（Seiri）　这是开始改善生产现场的第一步。其要点是对生产现场的现实摆放和停滞的各种物品进行分类，区分什么是现场需要的，什么是现场不需要的，对于现场不需要的物品，坚决清理出生产现场。整理的目的是：腾出和活用空间，改善和增加作业面积；使现场无杂物，行道通畅，提高工作效率；防止因误用、误送物料而产生的差错事故；营造清爽的工作场所，改变作风，提高工作情绪。

（2）整顿（Seiton）　在整理的基础上，对生产现场需要留下的物品进行科学合理的布置和摆放，使之条理清楚，井然有序，各就各位。整理的要点是：物品摆放要定点、定容、定量，摆放地点要科学合理；物品摆放要目视化，使定量装载的物品做到过目知数，并且摆放不同物品的区域采用不同的色彩和标记加以区别。整顿的目的就是使工作场所一目了然，营造一个整齐有序的工作环境，消除找寻物品而耗费的时间和消除过多的积压物品，从而有利于提高工作效率和产品质量，保障生产安全。

（3）清扫（Seiso）　经常对工作现场进行清扫，对设备进行保养维护。清扫的要点是：对自己使用的物品，要自己清扫；对设备，着眼于对设备的维护、保养、清扫、润滑；对污染源要追查原因，并对其进行隔绝处理。清扫的目的在于消除脏污，保持工作场所干净、明亮，从而有助于产品质量的稳定，并减少污染和伤害。

（4）整洁（Seikeetsu）　整洁就是对前三项工作的坚持与深入，始终如一地保持现场环境的整齐和优美，营造愉快的工作场所。其要点是：环境要整齐、清洁卫生，物品要清洁，人的仪表也要整洁，要养成良好的习惯，做事遵守规则，要讲文明懂礼貌、会尊重别人。

（5）素养（Shitsuke）　素养即教养，通过对有关规章制度的进一步学习和理解，使每位员工都养成良好习惯，自觉按章办事，做到守时、守纪、守信、守份、守密，并能以实际行动参与现场改善行动，保持高昂士气，形成一支具有很强战斗力的队伍。这是"5S"管理的核心，通过人员素质的提高，从而使各项活动顺利地得到开展和坚持下去。

实施"5S管理"，对印刷企业来说可以改善产品质量，提高生产力，降低成本，确保按时交货，保证安全生产以及保持员工高昂的士气。

第三节　印刷企业财务与经营管理

印刷企业的设立、生存和发展是以能够筹集到足够的资金，并使之合理而有效地投入到印刷生产和经营活动中去为基础的。因此，加强成本与财务管理（financial management），在市场调查和预测的基础上提高经营管理（marketing management）水平和客户服务质量，对印刷企业的生存和发展具有重要意义。

一、印刷企业的成本管理

在一般工业产品中，生产费用是指企业在一定时期内生产经营活动中，为了取得一定收入，发生的企业所掌管或控制资产的消耗总额。生产费用按照其经济内容可以分为物化劳动和活劳动两部分。物化劳动消耗主要包括原料、辅助材料、燃料、动力、包装物、半成品、折旧费及计入生产费用的税金等。活劳动消耗主要包括职工工资以及提取的各种福利费等。

生产费用按照其经济用途可以分为制造成本和期间费用两部分。产品制造成本包括：①直接材料成本，即在生产中用来形成产品的材料消耗，包括原材料、动力、包装物、低值易耗品等；②直接人工成本，包括在生产中对材料进行直接加工，形成产品所用的人工工资及福利费等消耗；③制造费用，是指企业各生产单位（车间、分厂）之间为组织和管理生产所发生的各项间接费用，例如，车间管理人员工资和福利费、修理费、办公费、水电费、劳保费及修理期间的停工损失等。在现行财务会计制造成本法下，直接材料、直接人工、制造费用通过一定方法进行归集分配而形成产品成本。从价值角度讲，产品成本是产品价值的一部分，必须通过产品的销售得到补偿，以维持生产。如果需要补偿的这一部分超过了产品销售收入，不但弥补不了生产费用，还会出现亏损。

期间费用包括：①管理费，是企业行政管理部门为组织和管理生产经营活动而发生的费用，管理费的内容有企业行政管理部门职工工资、折旧费、办公费、差旅费、物资消耗、工会会费、诉讼费、待业保险费、职工培训费、劳保费、董事会费、交际费、业务招待费、场地使用费、技术转让费、无形资产摊销、车船费、土地使用费、房产费、研发费、坏账损失等；②财务费，是企业在筹资活动中发生的费用，其内容有利息支出、汇兑损失、金融机构手续费、因筹资发生的其他费用等；③销售费，是企业销售产品、对外提供劳务过程中发生的费用，其内容有运输费、包装费、装卸费、保险费、差旅费、广告费、销售人员工资以及其他费用等。期间费用反映了企业组织和管理生产经营的水平，与企业的生产有直接关系。所以，在企业对外财务报告中，它作为当期收益的扣除项目列支。

在印刷行业中，印刷企业对印刷客户的印刷品报价可以通过如下公式来计算

$$印刷品报价 = 直接人工单位工时成本 \times 标准总工时 +$$
$$直接材料成本 + 管理费用 + 利润 \qquad (6-3)$$

其中，管理费用应包括厂级和车间级管理费用。需要说明的是，该公式只是众多印刷报价计算办法的一种。

对印刷企业来讲，只有在保证印刷质量的前提下，努力降低生产成本，提高利润水平，并确定合理的交货价格，才能保持企业的稳定和发展。作为印刷企业，如果一味为了争取印刷活件，把交货价格定在低于产品生产费用的水平之下，不仅会引起印刷行业的恶性竞争，也会使自身企业陷于困难的境地。

二、印刷企业的财务管理

财务管理的内容包括资金筹集、长期投资决策、存货管理、利润及其分配管理等。

在社会主义市场经济条件下，印刷企业筹集资金的渠道多种多样。这些渠道包括资本金、资本公积金、留存收益、企业负债四个方面：①资本金，是企业在工商管理部门登记的注册资金，按照投资主体的不同可以将资本金分为国家资本金、法人资本金、个人资本金、外商资本金；按照外在形态的不同可以将资本金分为货币投资、实物投资、有价证券投资、无形资产投资；②资本公积金，是指投资人缴付出资额超出合同规定的资本金的差额（包括股票折价）、法定财产增值以及接收捐赠的财产等，资本公积金可以转赠资本金，亦可以补亏；③留存收益，是企业生产经营活动所取得净收益（缴纳所得税并扣除有关项目后的利润）的累计部分，包括盈余公积金（在净收益中按一定比例抽取）和公益金（不可用于个人消费性支出的用于职工集体福利设施的准备金，属所有者权益）两部分；④企业负债，是企业所能承担的能以货币计量，需要以资产或者劳务偿还的债务，包括对外借款以及各种应付而未付的款项等。

投资是以获得较多的"回报"为目的而发生的资本支出。"回报"不仅包括货币资金，而且也包括诸如厂房、机器、材料等非货币资金的变现价值。关于企业生产性投资的主要形式有四种：①更新原有设备；②增产或扩大销售渠道；③改进原有设备；④购置新设备。

存货是指企业在生产经营过程中为了销售或者耗用而储备的物资。内容包括材料、燃料、低值易耗品、在产品、半成品、产成品等。存货的目的是保障企业生产经营活动的顺利进行，既能够足以供应生产与销售，又能合理占用资金。存货的计价应当按照实际成本计算。

利润是企业在一定时间内生产经营活动的最终成果，是收入和费用相抵后的差额。如果收入小于费用，其净额表现为亏损。企业利润总额包括营业利润、投资净收益、营业外收支净额三部分。企业利润要依法缴纳所得税，税后利润的分配顺序为：①弥补被没收的财物损失，支付各项税收的滞纳金和罚款；②弥补以前年度的亏损（可在税前弥补）；③提取法定盈余公积金；④提取公益金；⑤向投资者分配利润。企业必须按照这一顺序分配利润，正确处理好国家、企业和个人之间的利益关系。

三、印刷企业市场调查与预测

印刷企业市场调查与预测是印刷企业为了研究掌握印刷市场的供求动态以及变化趋势，运用科学的方法，通过有系统的搜集、记录、整理、分析和研究市场营销全过程的各种信息、情报和资料，预测印刷市场发展变化的趋势，提出解决问题的建议，为印刷企业经营决策提供依据。

市场调查的原则可以概括为四个方面：①客观性，必须坚持实事求是的原则，尊重客观事实，切忌以偏概全，主观武断；②目的性，市场调查服务于企业的营销决策，应有的放矢，提高针对性；③系统性，要注重全面分析掌握市场经济现象之间的内在联系，禁忌浅尝辄止；④效益性，注重降低成本，提高实效。印刷市场调查的内容包括：①市场环境调查；②技术发展状况调查；③市场需求和容量调查；④印刷客户调查；⑤印刷产品调查；⑥印刷工价调查；⑦竞争对手调查等。印刷市场调查可以采用访问调查、电话调查、邮寄调查来完成。

印刷市场预测是在市场调查的基础上完成的。预测内容可以分为三个方面：①印刷市场需求预测，包括印刷品品种和需求量预测；②市场可供量预测，包括对印刷企业现有生产能力及发展趋势的预测；③市场价格和市场竞争的预测。印刷市场预测可以通过定性（同行或专家评议）或定量（时间序列预测或回归分析）的方法来完成。

四、印刷企业经营管理

企业经营是指根据企业目标对企业各项重要经济活动进行运筹、谋划的综合性活动。经营管理就是对企业从事经营活动所进行的各种管理工作的总称。企业的经营和管理是相互依存而又有所区别的两类工作。首先，经营离不开管理，管理也离不开经营；其次，管理的职能是计划、组织、指挥、协调、控制，经营职能的核心表现为决策。管理的作用对象是企业以及企业内部的各生产工作现场，而经营的作用对象是企业外部环境及企业与外部环境的结合点。将经营和管理结合起来，经营管理的职能可以概括为决策、计划、组织、指挥、协调、控制。

企业的经营目标是企业生产经营活动在一定时期内预期要实现的经营成果。经营目标一般分为三部分内容：①企业发展目标，包括职工增长率、固定资产增长率、总资本增长率、销售额增长率、附加价值增长率、含税纯利增长率、内部留存增长率等；②为职工设定的目标，包括增加工资目标、奖励目标、提高福利目标、缩短工时目标、职位提升目标、培训目标等；③基层目标，包括营销部门目标、生产部门目标、管理部门目标等。

对企业生产经营活动方向的规定以及解决经营活动所遇到问题时应遵循的全局性和长远性的指导原则构成企业的经营战略。企业经营的总体战略可以分为三种类型：①发展战略，是企业在已稳定原来经营领域的情况下，积极主动扩大经营规模和实行经营多样化，从而促进企业发展的战略；②稳定战略，是企业在现有经营领域中巩固成果并逐步发展的战略；③紧缩战略，是企业在现有经营领域处于不利地位而又无力改变的情况下，逐步收缩或者逐步退出原有经营领域、收回资金、另谋生路的战略。在制定企业经营战略时必须集思广益，既要勇于开拓，又要务实稳妥。

五、印刷客户服务

在中国现有的出版物和包装装潢印刷品的印刷企业中，经营销售部门的营销业务人员是既做销售工作，又做市场开发工作和客户服务工作。这种做法看似提高了效率，其实对扩大市场份额、提高企业的市场竞争力有缺陷。现在，在一些国际知名的印刷公司以及中国的一些三资印刷企业等大规模现代化的印刷企业里，一般都设有公共关系部、销售部、客户服务部等市场营销部门。这些部门共同面向市场和客户，各司其职，做好印刷品的市场开发、销售、客户服务工作。

印刷客户服务的主要内容是就印刷活件加强与客户的沟通，商定生产工艺方案，确保产品质量和交货期，并做好售后质量跟踪反馈和服务工作。

第四节　印刷数字化工作流程简介

随着计算机技术、激光技术、网络技术等的飞速发展以及全球数字网络经济时代的到来，传统的制版印刷领域迎来了全新的机遇和挑战。新科技、新产品、新的软件技术、新的解决方案、新的服务理念、新的商业模式、新的管理思维等等已经越来越多地被试图继续在印刷行业保持领先地位的企业所接受和采用。在印刷工业中，伴随着 CTP 技术的日趋成熟，大幅面激光照排依旧保持应用，数码打样、数字化拼版折页应用逐渐普及，数字快速印刷、按需印刷方兴未艾，网络远程校样/输出、印刷电子商务的需求日渐强烈。在这样的技术发展背景下，作为帮助印刷企业解决传统流程无法克服的种种问题、提高效率品质、完善管理、拓展网络业务、推动企业发展的有力工具的印刷数字化工作流程已越来越受到市场和印刷业的关注，进入了商业运用的实际阶段，担当起了改造传统印刷流程的重任，并给印刷企业带来了良好的经济和管理效益。

广义的数字化工作流程（Digital Workflow）包括图文信息流和控制信息流两大部分。图文信息流解决的是"做什么"的问题；而控制信息流则解决"如何做"、"做成什么样"的问题。将印前处理、印刷、印后加工工艺过程中的多种控制信息纳入计算机管理，用数字化控制信息流将整个印刷生产过程联系成一体，这就是数字化工作流程的基本宗旨。

在印前处理领域，"桌面出版技术（DTP）"是图文信息数字化、计算机信息处理在印前处理领域广泛应用的革命性变革时期。经过它的洗礼后，图文信息流已经基本数字化。在印刷领域，以 1991 年"直接成像（DI）印刷机"的出现为标志，图文信息流突破印前领域的限制，传递到印刷机上制版、印刷，表现了全数字信息化的通行性。此阶段上，印刷机也实现了计算机全数字化控制。在印后领域，从实现数字化折手开始，自动配页、折页、订书、上胶、附页粘贴、三面裁切到销售、运输，也基本实现了计算机数字化管理。至此，传播信息的数字化工作流程已经建立起来，但整个过程中生产控制信息的生成和传递机制并没有完整地建立起来，生产控制信息流还不能较为顺畅地与图文信息流融为一体。

1993 年，由海德堡公司发起，有数十家印前、印刷、印后公司参与，成立了 CIP3 国际合作组织（International Cooperation for Integration of Prepress，Press and Postpress）。CIP3 定义了印刷生产格式 PPF（Print Production Format），用它来描述印前、印刷、印后的各种操作。印刷生产格式 PPF 用 PostScript 语言写成，它所包含的主要信息有：①针对本项印刷任务的信息管理，每个印张的信息包括印张构成（双面/单面）、晒版/印刷的网点传递特性曲线、折页方式和数据、计算墨区和控制数据用的四色低分辨率图像、裁切数据、套准规矩的位置及印刷控制条各测量块的密度和色散数据、允许的密度差、色差等；②印后加工的方式（精装/平装、配页、折页、订书、上胶、附页粘贴、三面裁切等）和各种对应的数据；③私有数据。然而 PPF 存在着不足：①无法描述新的印刷领域，如数字印刷，印刷电子商务等；②PPF 文件中只有该印刷作业需要的各个处理环节的参数和数据源，无法控制处理环节的先后顺序，也无法反馈各作业的当前进度和状态，即 PPF 不能提供处理过程的描述和控制；③不能为管理信息系统 MIS（Management Information System）提供足够的数据，还不能代替管理信息系统的功能。最后 CIP3 组织未能实现它的理想，PPF 格式中只有油墨控制内容得到了比较广泛的应用。

在 2000 年的 Drupa 博览会期间，实施从 CIP3 到 CIP4（International Cooperation for Integration of Processes in Prepress, Press and Postpress）组织的变更，加入"Process"一词，制定了标准的作业传票格式 JDF（Job Definition Format）。JDF 格式由 Adobe、AGFA、Heidelberg 和 MAN Roland 公司开发，用可扩展标识语言 XML（eXtensible Markup Language）写成。建立 JDF 格式文件的目标是：①用 JDF 作为一种"数字化的标准工作传票（Job Ticket）"，从一个印刷任务诞生、执行直至终结的各个阶段上，一直伴随着它，对它的状况随时进行记录、跟踪，为系统、设备进行正确的控制提供信息；②用 JDF 将客户、印刷商务机构、管理信息系统、印前、印刷、印后生产部门联系起来，这种联系是紧密而且有机的。可见，JDF 是要在更宽泛的领域内对印刷的生产、商务、相关信息的管理等进行信息的交流，进行更高效的控制。

采用印刷数字化工作流程，在整个印刷品的加工过程中，从承接印刷任务和印前处理开始，采集并获取各种数字化的生产控制信息，并随着图文复制进程不断更新，逐步传递到印刷、印后加工过程所涉及的设备上，对印刷、印后过程进行控制，使整个生产工艺过程、生产设备状态都在生产控制信息流的掌管之下，达到合理、高效、优质生产的目标。目前几乎所有的主要印前和印刷厂商（如海德堡、爱克发、网屏、北大方正等）都推出了自己的数字化流程解决方案。这些方案充分强调开放性和各环节间的可操作性，给管理者和操作者能通过一定的方式有效地结合设备、系统、技术等各方面因素，使整个流程达到一种最佳的生产状态和效果。

本节作为一个例子，仅简要介绍方正畅流（ElecRoc）印刷数字化工作流程系统。方正畅流（ElecRoc）印刷数字化工作流程系统主要应用于出版印刷企业、商业印刷企业、制版输出中心等生产实际环境。该系统总体上由服务器端和客户端组成，其中服务器端基于 XML 数据库，客户端基于 IE WEB 浏览器。主要功能部件包括：JDF 解释器、数据库、规范化器、预飞处理、屏幕预览、黑白校样、折页拼大版、版式校样、数码打样、CTP/CTF 输出、CIP4 油墨控制信息输出、作业统计等。该系统的主要特点如下。

① 采用 JDF 作为电子工作传票。JDF 是 CIP4 组织制定的最新的开放的出版印刷完整流程的规范。JDF 采用 XML 语言编码，包含了内容制作、印前、印中、印后、发行等印刷产品整个流程的所有的控制信息，并且具有非常好的可扩展性。方正畅流采用 JDF 作为电子工作传票，真正实现了印刷作业的高速顺畅、自动化、可管理的生产流程，并将生产流程和管理信息系统连接起来，为出版印刷企业拓展网上业务和实施电子商务奠定了基础。

② 采用 PDF 作为流程的内部标准文件。PDF 具有内嵌图文、可靠、开放、适合网络传输等优越的适合高品质印刷的特性。此外，其页面独立、可编辑的特点易于实现数字化拼版折页以及输出前最后一刻的内容修改。

③ 全面支持中文字体。方正畅流加强了 CID 字库的嵌入功能。经方正畅流转换的 PDF 文件真正做到了跨平台、跨语言，印刷所需的全部元素尽在其中。

④ 支持远程提交、远程打样、远程管理。方正畅流基于 Internet 的开放结构和浏览器界面，可以在任何平台和任何互联网终端进行操作。不仅可以顺利地实现远程提交、远程打

样、远程管理，同时还为远程输出和网络在线业务奠定了基础。

⑤ 优良的作业管理特性。强大的 XML 数据库大大加强了网络化的业务追踪和数据统计能力，并且能把相关的数据导出给印刷企业的管理信息系统 MIS（Management Information System）或企业资源计划 ERP（Enterprise Resource Plan）系统，把企业的生产流程和管理流程自动联系起来，帮助企业实现全数字化管理，全面提高竞争力。

⑥ 兼容 CTP/CTF 设备以及数码打样印刷设备。通过方正 TDL（TIFF Downloader）接口，可以连接几乎所有厂家和型号的 CTP/CTF 设备，同时支持众多厂家和型号数码打样印刷设备。

⑦ 界面设计遵循用户习惯。作为在 IE 浏览器上操作和管理的工作流程，全中文的作业流程设置、操作完全遵循印刷业用户的习惯，简单明确易用，并且不易出现误操作。

⑧ 账号管理。使用账号对操作者进行管理。操作者根据权限的不同执行不同的操作，数据库实时记录监控各个账号所做的任一项操作，从而确保了系统的安全性。

⑨ 本地化、个性化解决方案。方正畅流具备完善的中文本地化、个性化解决方案，可以满足客户个性化开发和支持的需要。印刷数字化工作流程系统由于其丰富的功能和重要的地位使得及时响应和本地化快速支持显得更为重要。

复习思考题

1. 什么是印刷企业，它有哪些特点？

2. 印刷企业管理的主要内容是什么？

3. 设立印刷企业应具备什么条件？"两证一照"的含义是什么？取消特种行业许可证的意义是什么？

4. 印刷企业的组织结构形式有哪些？

5. 印刷厂的布局应遵循的原则有哪些？

6. 印刷设备选择的原则是什么？应考虑哪些因素？

7. 印刷设备的折旧金额是如何计算的？

8. 印刷活件报价中应包括哪些内容？

9. 印刷财务管理的主要内容有哪些？

10. 什么是印刷数字化工作流程？

参 考 文 献

1　范慕韩. 中国印刷业大全（1994 年版）. 杭州：浙江科学技术出版社，1994

2　冯瑞乾. 印刷工艺概论. 北京：印刷工业出版社，1984

3　刘真等. 印刷概论. 北京：印刷工业出版社，1996

4　万晓霞等. 印刷概论. 北京：化学工业出版社，2001

5　王野光. 印刷概论. 北京：中国轻工业出版社，2001

6　蒲嘉陵. 印刷技术发展的回顾与展望. 今日印刷，2001，（6）：46

7　中国印刷科学技术研究所. 2003 年中国印刷业年度报告. 印刷技术，2003，（3）

8　中国印刷科学技术研究所. 2004 年中国印刷业年度报告. 印刷技术，2004，（3）

9　中国印刷科学技术研究所. 2005 年中国印刷业年度报告. 印刷技术，2005，（3）

10　李守仁. 中国印刷及设备器材工业的现状与发展. 印艺学会月刊，2002，（1）：25

11　谭俊峤. 积极发展我国包装印刷工业. 今日印刷，2004，（10）：24

12　中国印刷及设备器材工业协会. 印刷科学实用手册. 北京：印刷工业出版社，1992

13　车茂丰主编. 现代实用印刷技术. 上海：上海科学普及出版社，2001

14　刘世昌. 印刷品质量检测和控制. 北京：印刷工业出版社，2001

15　王强. 电子分色原理与工艺. 武汉：武汉测绘科技大学出版社，1993

16　顾萍. 印刷概论. 北京：科学出版社，2002

17　刘武辉. 丝印 CTS 系统. 印艺学会月刊，2000，（12）：34

18　万晓霞. 印刷复制技术研究综述. 出版科学，2002

19　张秋实. 彩色桌面出版技术问答. 北京：印刷工业出版社

20　张树栋等. 中华印刷通史. 北京：印刷工业出版社，1999

21　金银河. 柔性版印刷. 北京：化学工业出版社，2001

22　智文广. 特种印刷技术. 北京：印刷工业出版社，2003

23　张海燕. 印刷机与印后加工设备. 北京：中国轻工业出版社，2004

24　郑德海等. 丝网印刷工艺. 北京：印刷工业出版社，1994

25　邓普君. 现代印刷技术概论. 苏州：苏州大学出版社，2003

26　向阳等. 印刷材料与适性. 北京：印刷工业出版社，2000

27　范凌群. 平版胶印技术问答. 北京：印刷工业出版社，1996

28　董明达等. 纸张油墨的印刷适性. 北京：印刷工业出版社，1993

29　胡更生等. 凹版印刷原理与工艺. 长沙：国防科技大学出版社，2002

30　金银河. 印刷工艺. 北京：中国轻工业出版社，2001

31　窦翔. 塑料包装印刷与复合技术问答. 北京：印刷工业出版社，1996

32　骆光林. 印刷包装材料. 北京：中国轻工业出版社，2002

33　Ruben J. Hernandez 等著. 塑料包装. 杨鸣波等译. 北京：化学工业出版社，2004

34　姚海根. 数字印刷技术. 上海：上海科学技术出版社，2001

35　蒲嘉陵. 数字印刷技术的现状与发展趋势. 印刷技术，2000，（9）：69

36　赫尔穆特·基普汉著. 印刷媒体技术手册. 谢普南等译. 广州：广东世界图书出版公司，2004

37　工野光. 印刷概论. 北京：中国轻工业出版社，2001

38　王淮珠. 精平装工艺及材料. 北京：印刷工业出版社，2000

39　曹华等. 最新印刷品表面整饰技术. 北京：化学工业出版社，2004

40　魏瑞玲. 印后原理与工艺. 北京：印刷工业出版社，1999

41　金银河. 印后加工. 北京：化学工业出版社，2001

42　高鸿飞. 彩色印刷质量管理的测试方法及工具. 北京：印刷工业出版社，1988

43 维尔纳著. 胶印质量控制. 蔡立民等译. 北京：印刷工业出版社，1990

44 彭策. 印刷品质量控制. 北京：化学工业出版社，2004

45 陈德荣. 印刷品质量的检测与控制. 北京：印刷工业出版社，1992

46 张道宏. 印刷企业管理. 西安：西安交通大学出版社，1995

47 熊亮原. 数位印刷方程式：E化印刷估价实务. 台北：中国文化大学出版部，2002

48 袁禾. 第三批行政审批项目调整前后. 印刷经理人，2004，(8)：59

49 田全慧等. 印刷色彩管理. 北京：印刷工业出版社，2003

50 金扬. 数字化工作流程和印刷生产的集成化. 今日印刷，2002，(7)：2

51 王剑. 数字化工作流程. 数码印刷，2003，(2)：1

52 中国印刷及设备器材工业协会. 中国印刷年鉴（2001）：北京：中国印刷年鉴社，2001

53 中国印刷及设备器材工业协会. 中国印刷年鉴（2003）：北京：中国印刷年鉴社，2003

54 魏隐儒. 中国古籍印刷史. 北京：印刷工业出版社，1988

中 文 索 引

189

英 文 索 引

彩图1

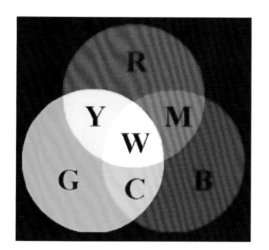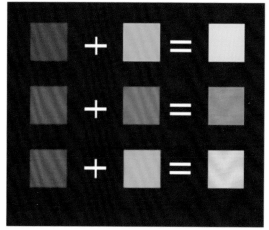

彩图2

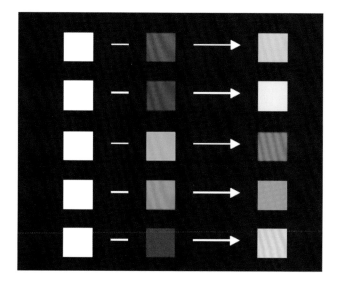

彩图3

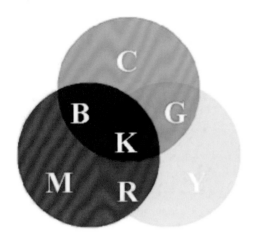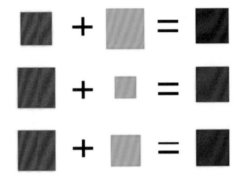

彩图4

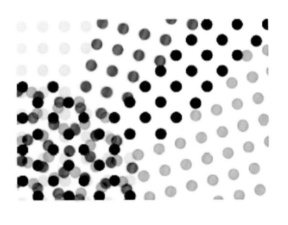

彩图5

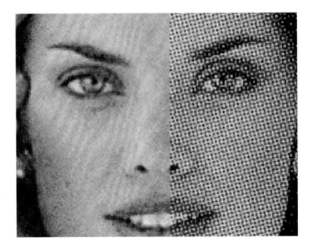

彩图6

彩图7

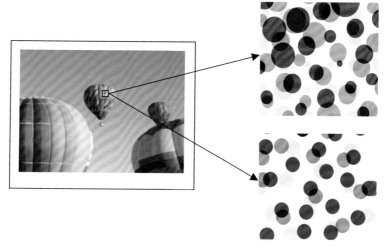

彩图8

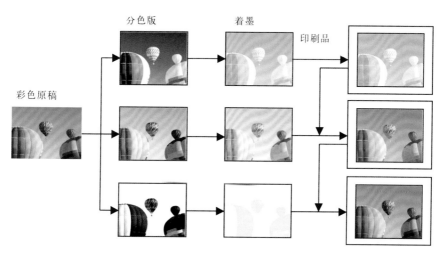

彩图9

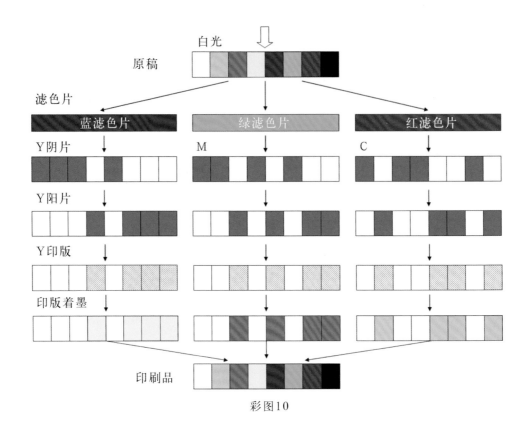

彩图10

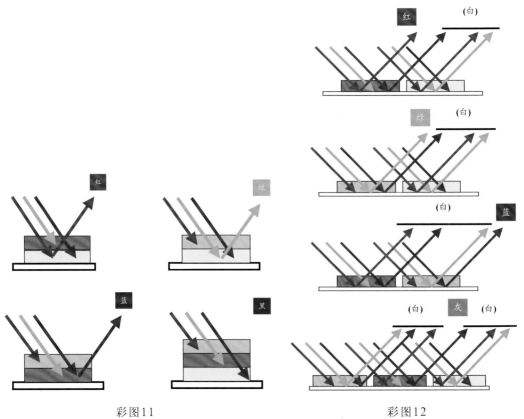

彩图11

彩图12